中日
狐文化与狐戏的
比较研究

刘艳绒 著

U0396787

浙江工商大学 出版社
ZHEJIANG GONGSHANG UNIVERSITY PRESS
·杭州·

图书在版编目(CIP)数据

中日狐文化与狐戏的比较研究 / 刘艳绒著. -- 杭州：
浙江工商大学出版社，2024. 12. -- ISBN 978-7-5178
-6357-1

Ⅰ. Q959.838；J8

中国国家版本馆 CIP 数据核字第 202448NR52 号

中日狐文化与狐戏的比较研究
ZHONG-RI HU WENHUA YU HU XI DE BIJIAO YANJIU

刘艳绒 著

策划编辑	姚　媛
责任编辑	鲁燕青
责任校对	林莉燕
封面设计	张　瑜
责任印制	祝希茜
出版发行	浙江工商大学出版社
	（杭州市教工路 198 号　邮政编码 310012）
	（E-mail：zjgsupress@163.com）
	（网址：http://www.zjgsupress.com）
	电话：0571-88904980，88831806（传真）
排　　版	杭州浙信文化传播有限公司
印　　刷	杭州宏雅印刷有限公司
开　　本	710 mm × 1000 mm　1/16
印　　张	19
字　　数	281 千
版 印 次	2024 年 12 月第 1 版　2024 年 12 月第 1 次印刷
书　　号	ISBN 978-7-5178-6357-1
定　　价	78.00 元

本书为以下项目的阶段性成果：

1. 东华理工大学江西戏剧资源研究中心开放基金
   项目"中日狐戏钩沉与比较研究"（22XJ03）

2. 东华理工大学江西戏剧资源研究中心开放基金
   项目"中日鬼神戏剧演艺的比较研究"（18XJ01）

3. 江西省高校人文社科重点研究基地项目"汤显祖
   戏剧在日本的翻译与传播研究"（JD23033）

4. 国家社会科学基金冷门"绝学"和国别史等研究
   专项"东亚民俗演剧假面史论"（19VJX154）

"狐变"的背后

——序刘艳绒《中日狐文化与狐戏的比较研究》

如果追溯源头，孙悟空大约不属于中国原产，很有可能来自它域。古老的印度传说中的神猴"哈努曼"与中国的孙悟空有诸多相同、相似之处。

除了猴外，在中国文学、戏剧史上，几乎没有其他动物既能够像狐那样占有数量比的前端，也像狐那样被描绘得栩栩如生。在自然界林林总总的动物中，可与猴类比的、被赋予丰富文化色彩的大约非狐莫属。

唐人瞿昙悉达修撰的《开元占经》载录关乎狐的古籍文献颇多，举数例如下：

《礼斗威仪》曰："君乘火而王，其政讼平，则南海输文狐。"

《瑞应图》曰："王者德及禽兽，则南海输文狐。"

《援神契》曰："德至鸟兽，则狐九尾。"宋均注云："王燕嘉宾，则狐九尾也。"

《淮南子》曰："狐九尾者，九配得其所，子孙繁息，明后当旺也。"

《瑞应图》曰："六合一统，则九尾狐见。一云，王者不倾于色，则至。文王得之，东夷服。"

《吕氏春秋》曰："禹年三十未娶，行于涂山，恐时晚，慕失制，

1

乃曰：'吾之娶必有应焉。'乃见白狐九尾，而造于禹。禹曰：'白者，服也，九尾，其征矣。'涂山人歌曰：'绥绥白狐，九尾庞庞。成家成室，我都彼昌。'禹因娶涂山氏女。"

陈思王上《九尾狐表》曰："黄初元年十一月二十三日，于甄城县北，见众狐数十，首在后，大狐在中央，长七八尺，赤紫色，举头，树尾，尾甚长大，林丛有之，甚多。然后知九尾狐，斯诚圣王德正，和气所应也。"

从早期文献来看，狐的出现尚属吉兆，或"政讼平"，或"子孙繁"，或"东夷服"，或"成家成室"，或"圣王德正"，或"和气所应"，等等。可见，在早期历史文献中，狐尚有"文狐"之美称，狐之现身，是"圣王德正，和气所应"，为和气、为昌明，皆属吉言、吉兆。

大约在汉代，情况开始发生逆转。西汉焦延寿的占卜书《易林》开了狐拟人化之端，其也可能是狐性逆转的"始作俑者"。狐的拟人化这一潘多拉盒子打开后，很快被传奇小说吸纳，旋即在戏剧舞台上大显异彩，就连国门也阻挡不住，在日本的能、狂言、歌舞伎，以及各县市的民俗艺能中以各种形象被演绎着，迄今不辍。

明代朱谋㙔在其所著的《骈雅》一书中写道："灌灌，九尾狐也。蠪侄，九首狐也。皆食人。"狐，特别是九尾狐，不但不再是什么吉利征兆，反而变为吃人的凶兽。著名的《封神演义》问世之后，随着它的流传，由九尾狐变化的苏妲己把狐的负面拟人化形象推向顶峰，害人、祸国、残忍、狡猾、魅惑等劣性大帽，一股脑地扣在狐妖妲己头上，一些了解这些传说故事的人，连见到自然界的狐的时候，也多少在心理上产生或大或小的距离感。文学作品、舞台形象对人心理的影响之深，可见一斑。

中国自古以来浩如烟海的狐传奇、狐故事，随着文化传播而流入东瀛。继之，在能、狂言、歌舞伎及民俗艺能中，狐也以各种形象被演绎着，成为常见的舞台形象。可见，九尾狐不但在中国传说中是历史悠久、危害巨大的妖精，也是足迹遍及亚洲的精灵。据传说，狐最早在印度为害而被驱杀，无奈之下，逃来中国，在周幽王时代幻化为褒姒，又在商纣王时期变为妲己，以一狐之力，祸灭了两个朝廷。如此劣迹斑斑的狐妖不得已而东渡日本。在日本，狐妖形象最早出现在小说《源平盛衰记》中。据说，东渡之后的妲己混入宫廷，以其幻化的美貌，轻易地博得了鸟羽天皇的宠爱，获得"自体内散发玉色光芒之贤德之姬"的美誉，被赐名为"玉藻前"而日日专宠、夜夜侍寝。天皇被狐妖吸精纳髓日久，身体迅速羸弱。时有著名的阴阳师安倍泰成者，经其打卦查算，揭开了玉藻前实为九尾狐之变的秘密，旋即展开追杀。无奈之下，玉藻前跑到枥木县那须野避难。在九尾狐神力面前，讨伐军屡战屡败，最终安倍泰成发出三支神箭，断去狐妖九尾，使其妖法失灵，最终一命呜呼。然则，九尾狐怨灵不灭，化为一块大石。从此，无论天上飞的、地上走的，只要接近这块大石便立即毙命，遂该石有"杀生石"之名。据此传说而敷演为戏者，有人形净琉璃《玉藻前曦袂》、壬生狂言《玉藻前》、黑川能《杀生石》等，皆为常演的剧目。而在广岛神乐中，有名为《黑冢》者，分为上、中、下三本，上本《黑冢》、中本《安达原》、下本《恶狐》或称《杀生石》，以上三本戏，既可单独登场，也可依次上演，依照中国戏曲的说法，谓之"连台本戏"，似也未尝不可。

以上这些例证，包括神魔传奇在内的中国古老文化对日本俗文化乃至精英文化影响之深，可窥一斑。日本能、狂言、文乐（人形净琉璃）、歌舞伎四大古典戏剧无不或多或少、或显或隐地从中国古代文化中吸收营养，经某些变异而融于其本民族文化之中。

在刘艳绒考入中央戏剧学院攻读博士学位之后，鉴于种种客观因素，经师生多次磋商，最终确立博士论文选题范围——中日狐文化、狐戏比较研究。大方向既定，刘艳绒旋即进入状态，殚精竭虑地在中、日两端撒下漫天大网，数月间，便将海量文献，举凡传说、诗文、戏剧等等收入囊中，为毕业论文的撰写奠定了深厚的文献基础。正所谓"天下无粹白之狐，集腋而成裘"。

近期，刘艳绒拟将该文出版，请我作序，思忖良久，欣然命笔。

举凡上述，大都在书中有所论述，笔者再述，无非赘言。鉴于此，停笔为是。

麻国钧
于京东什刹海畔惜宝刀斋
岁次甲辰·龙

『狐变』的背后

CONTENTS

目 录

绪　论

　　法国让－保罗（Jean-Paul）曾这样说过："比起植物，人们身边的动物拥有着变化莫测、充当神的化身的作用。不管是令人恐惧的动物，还是受人喜爱的动物，都通过各种方式被圣化。……动物是人的本能与情念的象征。如果说人体内都沉睡着一个动物的话，那是因为人们认为每种动物身上都有着类似人类的及超人类的东西。动物，英语说法是 animal，也有灵魂的意思，其被赋予了生命、本能与理性，是冥界、人界、神界的媒介物。"① 事实上，不管是现实存在的还是人们想象中的动物，这些动物身上都多多少少被打上了人们思想文化的印记，其中狐身上所蕴含的文化意义无疑是极为丰富的、复杂的，较其他动物明显处于特殊的地位。很少有动物能像狐那样获得文人墨客的诸多青睐。

　　狐是中日戏剧和祭祀艺能中的重要角色。中国的京剧《青山石》、川剧《狐仙恨》、越剧《秀才遇仙记》、湖南花鼓戏《刘海砍樵》等，日本的歌舞伎《义经千本樱》、文乐《芦屋道满大内鉴》、能《杀生石》《小锻冶》、狂言《钓狐》等，都是非常经典的狐戏剧目。这些剧目中的狐，或者是作恶多端的狐妖，或者是情意深重的情狐，或者正气凛然的义狐，或者是能给人带

---

① 参见ジャン＝ポール・クレベール. 動物シンボル事典［M］. 竹内信夫，他，訳. 東京：大修館書店，1989：36.

来吉祥的神狐，每个都个性鲜明，令人印象深刻。狐艺能主要体现在日本。在日本民间举行的各种风流舞、狮子舞、门付艺等祭祀艺能活动中，经常能看到狐的身影。艺人们扮作神狐模样，模仿狐的动作跳狐舞。此外，日本各大神社定期上演的神乐中，也有《神剑助幽》《耕种》等具有一定故事情节的狐演剧。这些狐艺能的产生，是稻荷信仰在日本民间广泛渗透的结果日本人认为狐是稻荷神、农神、福神的化身，能使五谷丰登，能为人招福纳祥。

植根于不同的民族文化土壤中的狐戏和狐艺能，往往会呈现出不同的风貌。例如，中日两国共通的"人狐婚恋"戏，日本的狐妻一般都会因为外界因素所迫暴露出狐身份，最终悲伤离开，人与狐之间界限分明。而中国的狐妻即使身份暴露，往往依然可以继续和凡人丈夫一起生活。当然，中国也有狐妻最终离开的情况，但一般都是狐妻主动选择离开，离开的理由往往是在人界缘满，要回去继续修仙。在这种情况下，狐妻都会给丈夫物色好下一任妻子，然后才放心离开。不管是哪种结局，中国的"人狐婚恋"戏总体展现出来的是人狐和谐共处的一面，人狐之间的界限十分模糊。为什么相同类型的狐戏会表现出如此大的差异呢？其他狐戏的情况又如何呢？中日狐戏舞台呈现方面又有什么差异呢？笔者初次接触狐戏时心中不免产生了以上种种疑惑，这也激发了笔者对中日狐戏的研究热情，开启了笔者对中日狐戏的探究之旅。

第一节　研究综述

一、中日狐文化、狐信仰研究

中日狐文化、狐信仰方面的研究成果浩瀚如烟，可谓汗牛充栋，研究主要集中在狐文献汇编、狐仙信仰历史源流的梳理、狐信仰的田野个案研究，以及中日狐信仰、狐文化的比较研究等方面，以下分别阐释。

中日学界很早就开始了对狐文献的收集、整理与汇编工作。麻国钧先生领衔主编的《历代狐仙传奇全书》①，汇编收录了散见于中国古代小说笔记中的所有狐精故事。日本学者金子准二编著的《日本狐凭史资料集成》②（包含上、下两部），全面收集了日本有史以来的所有狐文献记载，涵盖了医书、小说、传说、传记、谚语、诗歌、佛教书、演剧、民俗等。这些汇编类资料所涉猎的狐文献非常丰富，为中日两国狐文化、狐信仰、狐精故事的研究，乃至世界范围内的狐文化比较研究奠定了坚实的基础。

在国内，较早开始研究中国狐信仰的是胡堃，他在《中国古代狐信仰源流考》③一文中，对中国古代狐信仰的发生和流变进行了详细梳理，认为中国古代狐信仰是按照"狐妖—狐神—狐仙"这样的逻辑序列演进的。但依据胡堃的论述，无法解释同一个历史时期狐既是妖兽又是神兽、瑞兽的现象。事实上，中国的狐狸观念是随着社会时代思想的变迁而呈现出复杂多样且看似矛盾的样态的。

之后，山民、康笑菲、李寿菊、李剑国等学者对中国狐文化、狐信仰也都进行了深入探讨，其研究成为该方面研究的代表之作。

山民在《狐狸信仰之谜》④一书中，选用了相当丰富的地方志资料和现当代田野调查的实证材料、图片，巨细靡遗地介绍了中国各地的狐狸信仰事项，包括狐信仰中的禁忌、祭祀、巫、医、宗教，以及狐仙的性格特征等，还对狐信仰的历史流变进行了详细梳理，在此基础上对狐狸这种不起眼的小动物为何能引发人们如此深远的迷信崇拜进行了较为详尽的阐释，行文深入浅出、雅俗共赏，是从民俗学视角出发研究狐信仰的一部力作。

美籍学者康笑菲在《说狐》⑤中，利用大量各时代的笔记小说、民俗学研究报告和田野调查资料等，追溯了中国狐仙信仰的起源与发展流变，以及蕴藏底层的丰富意蕴。康笑菲运用权力话语分析法，敏锐地指出"狐＝边

① 麻国钧. 历代狐仙传奇全书［M］. 北京：农村读物出版社，1990.
② 金子準二. 日本狐憑史資料集成［M］. 東京：金剛出版，1966. 金子準二. 日本狐憑史資料集成：続［M］. 東京：金剛出版，1967.
③ 胡堃. 中国古代狐信仰源流考［J］. 社会科学战线，1989（1）：222-229.
④ 山民. 狐狸信仰之谜［M］. 北京：学苑出版社，1994.
⑤ 康笑菲. 说狐［M］. 姚政志，译. 浙江大学出版社，2011.

缘群体"的本质特征，认为狐仙敬拜具有多样性、模糊性、边缘性、流动性及盲目性。其观点新颖、论证透彻，给狐信仰研究提供了一条新的思路。不过，康笑菲的研究也遭到了批判。岳永逸认为，康笑菲将文献作为事实并服务于"权力—话语"分析，看似精彩的解读却忽视了小说、笔记、传奇等文学创作的审美性、娱乐性，也忽视了中国乡土宗教基本的情感取向，剥离了敬拜主体的身与心。①

李寿菊在《狐仙信仰与狐狸精故事》②一书中，采用历史分析法对中国各个历史时期的狐狸观，以及由这些狐狸观所引发的不同社会现象和问题进行了论述。除此之外，此书还重点探讨了狐仙信仰的内容、产生渊源，以及狐仙信仰的心理因素、狐仙信仰与文学的深层架构等问题，深入剖析了狐仙信仰与狐狸精故事的关联。

李剑国的《中国狐文化》③可以说是狐文化研究的集大成之作。李剑国认为，在狐文化中狐基本不以其原生形态形式出现，而是经过夸张、变形、抽象化，成为一种观念的载体，体现出中国人的伦理观、宗教观、审美观等，折射了不是对狐而是对人的认识和评价，因此它才能在漫长的历史岁月中形成一种独特的内涵丰富的文化现象。此书采用文献学、历史学、民俗学、宗教学、美学等多学科交叉的综合研究方法，对狐从远古的图腾，到符瑞，继而为妖、为神、为仙的发展历程进行了详细的梳理，还从民俗审美和文学审美的角度出发，对蒲松龄《聊斋志异》中的狐意象进行了详尽的文化阐释，最后从狐文化观念角度探讨了狐药中的民俗宗教含义。其研究既注重资料的收集，又强调理论的把握，显示了作者扎实的文献整理和理论分析功底。

在狐文化、狐信仰研究方面，日本较有代表性的是吉野裕子和中村祯里。

---

① 岳永逸. 多面的胡仙与另一只眼：评《胡仙敬拜：帝国晚期和现代中国的权力、性别与民众宗教》[J]. 开放时代，2011（9）：148-158.
② 李寿菊. 狐仙信仰与狐狸精故事[M]. 台北：台湾学生书局，1995.
③ 李剑国. 中国狐文化[M]. 北京：人民文学出版社，2002.

吉野裕子在《神秘的狐狸——阴阳五行与狐崇拜》一书中指出，日本的狐的面貌非常复杂，仔细观察可以发现，形成这些现象的原因无外乎有两个：其一，狐的生态；其二，"中国的狐狸"的影响。关于第一点，吉野裕子引用狐狸研究中最有权威的学者的论考、广播、著述等，对日本狐狸的生态进行了详细的考察、分析。第二点也是此书的核心观点，吉野裕子以中国的阴阳五行说为理论基础，阐释日本的稻荷信仰，她指出，在日本，狐狸就是稻荷神，受到日本人的普遍信仰，这是源于中国的狐狸观念，即狐狸的毛色是黄色而为土气，土气的本质是"稼穑"，因此狐狸具有农业神的特质。此外，按照阴阳五行的理论，土气可抵御水患，亦可以生金，所以土气（狐狸）除了常常被用于祈求五谷丰登外，还用于求取财富。如果离开这些五行法则，稻荷，即狐狸信仰，是无法理解的。①

中村祯里的《狐的日本史》一书，包含古代·中世篇②和近世·近代篇③两大部分，该书梳理了从古代至战国时期关于狐的文献记载，分析总结了日本狐观念的发展变化历程，是了解、研究日本狐文化，乃至进行世界范围内的狐文化比较研究绕不开的著作。

在中日狐文化比较方面，中国学者王琦和日本学者坂井田做了较为细致的研究。

山东大学的王琦在其硕士学位论文《中日狐狸信仰异同比较》④中，对中日两国的狐信仰进行了详细的比较。他指出，中日狐信仰虽然同根同源，但受不同的文化、宗教、风土环境等的影响，两国的狐信仰分别呈现出不同的走向，中国狐在历经"瑞兽—妖兽—农耕神"阶段后，以"狐狸精"之名永垂千古。而日本狐虽然承袭了中国狐的两面性，但随着时间的推移，其农耕神的意象被逐渐发扬光大，而今作为稻荷神受到日本人的广泛信仰。此文的不足之处在于，对中日两国狐文化的梳理过于简单。

---

① 吉野裕子. 神秘的狐狸：阴阳五行与狐崇拜[M]. 井上聪，汪平，杨华，等，译. 沈阳：辽宁教育出版社，1990.
② 中村祯里. 狐の日本史：古代・中世篇[M]. 東京：日本エディタースクール出版部，2001.
③ 中村祯里. 狐の日本史：近世・近代篇[M]. 東京：日本エディタースクール出版部，2003.
④ 王琦. 中日狐狸信仰异同比较[D]. 济南：山东大学，2010.

坂井田在《日中狐文化探索》①一文中，通过对中日狐相关的文学作品进行梳理、比较分析，概括总结了中日狐文化的特征及异同点。他认为，中日两国狐文化的相通之处在于狐都可以化人，都具有亦正亦邪的两面性。在中国的狐精故事中，人狐界限模糊，甚至没有界限，人即使知道了对方是狐，也可以继续和狐为友，和狐恋爱结婚、生儿育女，因此狐拥有与人无二的形貌、情感。而日本的狐，一旦身份暴露就得离开，人狐界限非常分明。关于中日狐文化的异同点，此文提出了一些独特的看法，但仅停留在现象上，没有挖掘现象背后的原因，略显遗憾。

除此之外，还有很多学者做了有关狐信仰的田野调查研究，较有代表性的有国内的朱月、王加华，以及日本民俗学家柳田国男和大森惠子。

朱月的《天保村的狐信仰》对辽宁南部山村天保村现今尚留存的狐信仰进行了田野调查，考察了其独特的历史背景、成因、活动方式及发展态势。②王加华在《赐福与降灾：民众生活中的狐仙传说与狐仙信仰——以山东省潍坊市禹王台为中心的探讨》一文中，对山东省潍坊市禹王台及其周边村落的狐仙信仰形态做了细致考察。他指出该地区的狐仙信仰形态大致由三个层面组成：其一是各种狐仙传说营造了语境氛围；其二是禹王台上存有大量狐仙庙宇、墓冢等物质载体；其三是祭日及平日的参拜祭祀行为。正是通过上述三个层面的相互结合，才营造出了一个狐仙信仰的氛围，寄托人们丰富多彩的思想与情感。③

柳田国男在《狐冢传说》中，通过大量田野调查发现，除了没有狐狸出没的佐渡和四国外，日本北至秋田，南至九州最南端，叫作"狐冢"的地名有两百余个。据推测，这些地方均是因有狐的墓冢（简称"狐冢"）而得名，这反映了这些地方存在狐崇拜观念。此外，这些狐冢大多位于毗邻田地的小高坡上，从那里可以守望田地。由此，柳田得出"狐冢即田神的祭祀

① 坂井田ひとみ. 日中狐文化の探索［J］. 中京大学教養論叢，1996（4）：1291-1330.
② 朱月. 天保村的狐信仰［J］. 文化学刊，2007（1）：151-160.
③ 王加华. 赐福与降灾：民众生活中的狐仙传说与狐仙信仰：以山东省潍坊市禹王台为中心的探讨［J］. 民间文化论坛，2012（1）：82-88.

场，狐神即田神"的结论。①这一观点在日本学界得到了广泛认可。大森惠子通过考察日本多地的狐民俗艺能活动指出，这些民俗艺能基本都具有祈福禳灾的功用，是日本稻荷信仰渗透的结果。②

总之，上述研究或全面收集和整理与狐相关的文献资料，或考察狐文化的发展演变历史、民众生活中的狐信仰特征，或广泛而系统地进行狐信仰的田野调查，或是从比较的视域出发，做中日狐文化、狐信仰的比较研究等，研究均取得了相当程度的进展，有关狐的文献也无处不有涉猎，为本研究的开展奠定了坚实的基础。

二、中日狐戏研究

中日两国的狐戏的诞生都比较早。据笔者目前收集到的剧目情况，中国的狐戏产生于明清时期，有明传奇《长生记》《蕉帕记》《恒娘记》、明清传奇《双珠佩》《平妖传》《黑牡丹》《凤鸟缘》《琴隐缘》，以及清代兴起的封神戏等，开中国狐戏的先河。中国戏曲由早期的宋杂剧、南戏而至一代文坛风骚之元曲，再由明、清传奇到花部勃兴，及至 20 世纪三百多个地方戏剧种形成，顷刻间百花齐放、争奇斗艳。在此浪潮中，《聊斋志异》《封神演义》及其他大量古典小说、传奇故事、演义小说、话本等纷纷被改编成地方戏曲剧目，狐戏也由此迎来了繁盛期。据笔者初步统计，中国历史上曾上演过的狐戏约计一百三十一个（同一剧目被不同剧种改编，且剧情差异不大的按照一个剧目统计），在统计过程中不免会有所疏漏，因此实际数目应远远在此之上。不过，目前统计到的剧目也足以体现出中国狐戏的基本情况。详情可参见附录一"中国狐戏剧目一览"。

日本的第一部狐戏是诞生于室町（1336—1573）中期的能《杀生石》。后来，元禄（1688—1704）、宝永（1704—1710）时期迎来了日本狐戏创

---

① 柳田国男. 狐塚の話［M］. 東京：修道社，1954.
② 大森惠子. 狐と民俗芸能：特に、風流踊り・獅子舞・門付け芸を中心にして［J］. 民俗芸能研究，1994（20）：28-40.

作的高峰期，诞生于这一时期的狐戏超过四十七个。之后，日本狐戏开始频频出现在日本大众的视野中。时至今日，日本传统戏剧舞台上演过的狐戏约有一百七十五个（同一剧目被不同剧种改编，且剧情差异不大的按照一个剧目统计）。与中国狐戏的统计方式一样，不排除会有疏漏的情况，但目前统计到的剧目足以反映日本狐戏的基本情况。详情可参见附录二"日本狐戏剧目汇总表"。

可以看出，狐戏在中日戏剧中都为数不少。同时，也不可否认，狐戏有着强大的魅力和生命力，即使在今天，在两国的戏剧舞台上也不时可以看到它们的身影，如中国的《青山石》《狐仙恨》《刀笔误》《云翠仙》等，日本的《义经千本樱》《芦屋道满大内鉴》《杀生石》等，这些均是两国人民喜闻乐见的剧目。数量如此不容小觑的狐戏，关于它的研究却不乐观、不匹配。根据笔者收集到的资料，中国关于狐戏的研究很少，且基本是对某个具体剧目的个案研究。反观日本，虽然也是以个案研究为主，但数量上比中国丰富了很多。也就是说，中日两国对于狐戏的研究从数量上表现出了明显的不平衡，且基本都是聚焦个案，缺乏宏观研究，更没有看到该类剧目的中日比较研究。

个案研究方面，国内关注的热点问题主要有五个。（1）人物形象研究：王隽分析了"双红堂"藏清末四川唱本《狐凤配》中的狐女春花的形象[①]；周君对古典妖戏中的群妖形象（含狐妖）进行了比较研究[②]。（2）本事考：蒋宸对《蕉帕记》"真假小姐"关目本事进行了探究，认为该关目的结撰受到了《广艳异编·蒋生》及沈璟传奇《坠钗记》的影响[③]；欧阳驹里探讨了湖南花鼓戏《刘海砍樵》的形成过程[④]。（3）舞台艺术：李晓静探究了川剧鬼狐旦人物的表演艺术[⑤]；王方舟等探讨了湖南花鼓戏《刘海砍樵》的服饰

---

① 王隽. "双红堂" 藏清末四川唱本《狐凤配》研究 [J]. 四川戏剧，2011（6）：45-46.
② 周君. 古典妖戏中的 "群妖肖像" 比较研究 [D]. 桂林：广西师范学院，2018.
③ 蒋宸.《蕉帕记》"真假小姐" 关目本事探原 [J]. 乐山师范学院学报，2010（3）：24-26.
④ 欧阳驹里. 从鬼魅的神话到人间爱情：湖南花鼓戏《刘海砍樵》的前世今生 [J]. 艺海，2019（8）：28-30.
⑤ 李晓静. 探究川剧鬼狐旦人物的表演艺术 [J]. 戏剧之家，2017（4）：54.

与艺术表现①。（4）剧评：蒋国江从叙事手法和人物塑造两方面对黄梅戏《画皮》进行了评述，并兼谈了狐戏的戏剧性②；江正楚对湖南花鼓戏《刘海砍樵》的舞台演出进行了鉴赏③。（5）演员、导演的舞台创作心得：陈伟萍谈论了自己饰演狐仙施舜华及张鸿渐的夫人方秀娘时的心得体会④；晓艇谈论了自己导演川剧《狐仙恨》的体会⑤。

　　日本学界个案研究的热点问题主要有四个。（1）本事考证：森田考察了歌舞伎《义经千本樱》的形成过程⑥；川岛朋子细致考证了室町物语《玉藻前》与能《杀生石》的关系⑦；川濑一马考察了狂言《钓狐》的形成过程⑧。（2）人物形象考察：越川力哉考察了文乐《玉藻前曦袂》中的玉藻前形象⑨；上田广子探究了净琉璃《芦屋道满大内鉴》中的狐妻"葛之叶"形象诞生的渊源⑩。（3）田野调查：大森惠子考察了风流舞、狮子舞、门付艺中的狐艺能情况⑪。（4）舞台艺术：清水久美子分别考察了能与文乐《小锻冶》中稻荷神狐的舞台装扮⑫；横山泰子从比较文化角度出发，考察了能、歌舞伎中九尾狐的艺术表现⑬。

① 王方舟，钟文燕，周衡书，等. 花鼓戏《刘海砍樵》中人物服饰特征与艺术表现[J]. 湖北第二师范学院学报，2018（6）：80-84.
② 蒋国江. 东邻心悦君，君心亦易知：简评黄梅戏《画皮》兼谈人狐恋戏曲的戏剧性[J]. 影剧新作，2015（3）：32-36.
③ 江正楚. 祝天下夫妻恩爱一路同行：湖南花鼓戏《刘海砍樵》赏析[J]. 艺海，2010（3）：45-46.
④ 陈伟萍. 一个关于狐仙的传说[J]. 剧影月报，2013（1）：78.
⑤ 晓艇. "凭藉传统七分力，还我艺事十分功"：导演川剧《狐仙恨》的体会[J]. 戏剧报，1987（2）：50-51.
⑥ 森田みちる.「義経千本桜」の成立をめぐって：歌舞伎との関係を中心に[J]. 国文目白，2006（45）：86-94.
⑦ 川島朋子. 室町物語『玉藻前』の展開：能〈殺生石〉との関係を中心に[J]. 国語国文，2004（8）：18-34.
⑧ 川瀬一馬. 日本書誌学之研究[M]. 東京：講談社，1971.
⑨ 越川力哉. 善なる悪狐：『玉藻前曦袂』にみる玉藻の前[J]. 近世文学研究，2010（2）：53-69.
⑩ 上田ひろ子.「芦屋道満大内鑑」についての一考察：葛の葉狐を中心に[J]. 国文研究，1996（39）：71-88.
⑪ 大森惠子. 狐と民俗芸能：特に、風流踊り・獅子舞・門付け芸を中心にして[J]. 民俗芸能研究，1994（20）：28-40.
⑫ 清水久美子.「小鍛冶」における能と文楽の扮装[J]. 民族芸術，1999（15）：136-145.
⑬ 横山泰子. 比較文化的に見た歌舞伎の妖怪：九尾の狐を中心に[J]. 怪異・妖怪文化の伝統と創造：ウチとソトの視点から，2015（1）：293-305.

上述研究均是侧重具体剧目的个案研究，从中看不出狐戏整体性的面貌和规律。从宏观视角考察狐戏，据笔者调查所知，日本仅有一例，即森谷裕美子的研究①。森谷裕美子通过考察日本元禄时期的狐戏（以歌舞伎、净琉璃为主）及其特征，指出元禄时期是狐戏高发的时期，歌舞伎中以《钓狐》系统的作品居多，且这些狐多出现在滑稽搞笑的场面中，以舞蹈、动作表演为主。除了能《杀生石》中的外来恶狐外，其他狐戏中很少出现恶狐。净琉璃中基本是善狐，滑稽搞笑的场面较少。森谷裕美子的考察为我们了解日本元禄时期的狐戏状况提供了很大便利，但她对其他历史时期的狐戏并未涉及，这无疑是一个遗憾。而在国内，张梅珍在探讨古典戏曲人妖情缘剧时涉及了几部人狐恋剧目，主要分析了该类剧目的文化内涵。②周君在古典妖戏中群妖肖像的比较研究中，谈及了几部古典狐戏，分析了这几部狐戏中的狐女形象。③此外，杜建华④、王菁⑤等人在探讨聊斋戏时涉及了部分狐戏，但由于作者的目的在于整体研究聊斋戏这类剧目，故对狐戏的探讨非常有限，有的甚至是一笔带过，并未展开论述。同样的情况也体现在有关封神戏与西游戏的研究中。总之，中日狐戏的个案研究相对比较丰富，但狐戏的宏观研究十分匮乏，中日狐戏的比较研究更是空白，亟待研究探索。

第二节　研究思路与研究价值

本研究是一项多学科交叉的综合性研究，旨在探求中日狐戏在两大典型题材方面和舞台艺术表现方面的异同之处，并从民俗学、文化人类学等多重视角出发全面解读这些差异现象。

---

① 森谷裕美子. 近世演劇における狐：元禄期を中心に［J］. 国文学研究资料馆纪要：文学研究篇，2019（45）：183-200.

② 张梅珍. 古典戏曲人妖情缘剧研究［D］. 福州：福建师范大学，2006.

③ 周君. 古典妖戏中的"群妖肖像"比较研究［D］. 桂林：广西师范学院，2018.

④ 杜建华.《聊斋志异》与川剧聊斋戏［M］. 成都：四川文艺出版社，2004.

⑤ 王菁. 清代"聊斋戏"研究［D］. 泉州：华侨大学，2017.

一、研究思路

首先是资料的全方面收集。笔者通过中日各大图书馆及权威网络数据库，全面收集中日狐戏的剧目、剧本，以及相关研究文献、影像资料等。

中国资料方面，主要通过《中国戏曲志》、各地市级编撰的戏曲志、各剧种剧目汇编、剧目著录、剧目考索类文献，以及诸如戏考网等权威网络资源平台收集狐戏剧目及剧本。

日本资料方面，主要通过日本国立国会图书馆、传统艺能情报馆、早稻田大学演剧博物馆等馆藏的各剧种上演年表集、《日本民俗艺能事典》《日本戏曲全集》《歌舞伎脚本杰作集》《谣曲全集》《净琉璃脚本集》《狂言全集》等文献，以及日本立命馆大学艺术研究中心的"日本艺能演剧综合上演年表数据库"、公益社团法人日本艺人协会开发制作的"歌舞伎公演数据库（战后至现代）"、早稻田大学演剧博物馆的"演剧信息综合数据库"（包括"演剧上演记录数据库""净琉璃、歌舞伎剧本数据库""现代能、狂言上演记录数据库"）等权威网络数据库，全面收集日本狐戏剧目及剧本。

其次是完成狐戏剧目汇编。笔者在收集资料的基础上，合并重复项，按历史年代制作中日狐戏剧目汇编表。

再则是狐戏的田野调查。笔者对当今仍活跃在中日戏剧舞台上的典型狐戏和祭祀艺能进行田野调查，拍摄相关演出视频、照片，同时对研究者、策划者、演员进行访谈，收集有关狐戏演出的第一手资料。[①]

最后是中日狐戏题材及舞台艺术比较。在完成上述工作的基础上，笔者对收集到的所有资料进行归纳、整理与分类。对典型文本进行深度研读，挖掘中日狐戏的基本特征与规律，比较分析中日狐戏在题材与舞台艺术方面呈

---

① 由于疫情，笔者不能外出考察，因此本书涉及祭祀艺能方面的内容，皆援引前辈、学者们的考察资料。

现的异同点，并深入探讨异同发生的文化根源。

需要说明的是，在收集资料的过程中，笔者虽力求全面收集中日自古以来上演过的所有狐戏剧目、剧本，但许多历史久远的剧目，由于缺乏文字记载或剧本佚失，很难再得知其具体剧情内容，再加上受时间及个人能力所限，不免有所遗漏，只能做到尽可能典型、尽可能全面。

研究方法方面，笔者在资料研究上运用文献学方法。首先，注重历史文献和现当代相关文献资料的收集、整理与分析。其次，笔者使用田野调查法，对当今仍活跃在中日戏剧舞台上及祭祀艺能中的狐戏进行系统调研，收集第一手狐戏演出资料。最后，笔者运用比较分析法，对中日狐戏的两大典型题材与舞台艺术进行比较，在此基础上，充分运用民俗学、宗教学、心理学、伦理学、审美学、文化人类学等知识，对两国狐戏呈现出的差异现象进行全面解读，以期能够宏观把握两国狐戏的基本特征与艺术规律，为包含狐在内的"异界之物"登场的戏剧发展提供参考。

二、研究价值

本研究的价值主要体现在以下三个方面。

第一，有助于探究对外艺术交流的历史经验。中国的狐文化早在唐代就已经传入日本，对日本的民俗文化、宗教信仰、戏剧艺能等产生了巨大的影响。思考中国狐文化对日本的影响关系，以及中日狐戏的因缘关联，进而思考中外艺术文化交往史的整体"史述"框架，在展现艺术交流的历史经验与历史规律，解释出可资后人借鉴、发展本民族艺术文化的重要途径等方面，具有重要的学术价值。

第二，有助于增强文化自信。中国艺术文化在国外的接受和传播，可以从根本上打破中外艺术关系研究领域内长期存在的西方主义中心思想思维定式，使得中国学者的民族自尊心和自豪感大大提升，有助于增强文化自信，也有助于中国文化"走出去"，因此具有重要的实际应用价值。

第三，有助于促进中日戏剧研究与实践的发展。首先，对狐戏进行剧目钩沉、汇编，可以为今后的研究提供可按图索骥的便利，推动狐戏的研究。其次，对狐戏的系统考察，不仅可以整体把握该类剧的特征，还可以为包含狐在内的"异界之物"登场的戏剧发展提供参考。

| 第一章 |

中日狐文化概述

狐，是哺乳类犬科动物。如果仅仅把狐当成生物界的一种普通动物，粗略来看似乎还比较平凡：狐既没有大象的壮硕体魄，也没有狮虎的威猛气势；既不如豺狼凶恶，也不如麋鹿温顺，甚至没有蛇蝎狠毒，也不似熊猫般珍稀。

不过，在中日两国的神话传说、民间故事中，狐频频登场。在中国，狐能除魔（《山海经》"食者不蛊"[①]），为仁（《礼记》"狐死正丘首"[②]）、为德（《白虎通义》"德至鸟兽，则狐九尾"[③]）、为祥瑞（《竹书纪年》"白狐九尾之瑞当尧之世"[④]）、为灵兽（汉代石刻画像中狐与龙、凤、麒麟同列）。同时，狐又是妖兽（《说文解字》"狐，兽也，鬼所乘之"[⑤]），品性狡猾（《战国策》"虎求百兽而食之，得狐。狐曰：子无敢食我也，天帝使我长百兽"[⑥]）、善变化（《玄中记》"狐五十岁能变化，百岁为美女、

① 郭璞. 山海经传［DB/OL］. 四部丛刊景明成化本. 北京：爱如生中国基本古籍库，2021.

② 戴圣，郑玄. 礼记［DB/OL］. 四部丛刊景宋本. 北京：爱如生中国基本古籍库，2021.

③ 班固，陈立. 白虎通疏证［DB/OL］. 清光绪淮南书局刻本. 北京：爱如生中国基本古籍库，2021.

④ 沈约. 竹书纪年注［DB/OL］. 四部丛刊景明天一阁本. 北京：爱如生中国基本古籍库，2021.

⑤ 桂馥. 说文解字义证［DB/OL］. 清同治刻本. 北京：爱如生中国基本古籍库，2021.

⑥ 高诱. 战国策注［DB/OL］. 士礼居丛书景宋本. 北京：爱如生中国基本古籍库，2021.

为神巫，为丈夫与女子交接，能知千里外事，即与天通，为天狐"①）、喜作祟（《焦氏易林》"老狐屈尾，东西为鬼，病我长女"②）、截人发（《魏书》"太和元年五月辛亥，有狐魅截人发"③）、采精气（男狐采女：《萤窗异草》"沈阳一女子，年甫及笄，貌美而见祟于狐，摄其精气，日渐羸尪"④。女狐采男：《阅微草堂笔记》"狐女假形摄其精"⑤），且法力无边。

在日本，《万叶集》时代的狐还只是普通动物（《万叶集》仅有一首出现狐，大意是对野外狐生存状况的怜悯⑥），吸取中国传统文化后，狐成为祥瑞（《续日本记》"和铜五年伊贺国献玄狐"⑦。又《延喜式》"九尾狐神兽也，白狐岱宗之精也，玄狐神兽也"⑧），能化作女子与人结婚（《日本灵异记》"娶狐生子缘"⑨），为妖（《倭名类聚抄》"狐能为妖怪，至百岁化为女也"⑩），喜欢报复（《宇治拾遗物语》"狐放火"⑪），等等。日本的狐基本继承了中国《山海经》《玄中记》《抱朴子》等文献中的狐的意象，这些一并构成了日本狐文化的祖形。

可以说，中日两国的狐意象基本类似，均具有神性、灵气、义气、有恩必报、妖气、奸邪、谄媚、睚眦必报等多重属性，差异之处也不过是各自对上述某特征有所取舍和发扬。总之，中日两国的狐都同时具备神圣与低贱的矛盾特质，两国人民对狐也同时拥有崇拜与畏惧的矛盾心理。为什么中日两国人民在同一种动物身上都表现出完全截然相反的复杂情感呢？下面先从自然属性论述狐。

① 茆泮林. 玄中记［DB/OL］. 清十种古逸书本. 北京：爱如生中国基本古籍库，2021.
② 焦赣. 焦氏易林［DB/OL］. 四库着录书. 北京：爱如生四库系列数据库，2021.
③ 魏收. 魏书［DB/OL］. 清乾隆武英殿刻本. 北京：爱如生四库系列数据库，2021.
④ 浩歌子. 萤窗异草［DB/OL］. 清光绪申报馆丛书本. 北京：爱如生中国基本古籍库，2021.
⑤ 纪昀. 阅微草堂笔记［DB/OL］. 清嘉庆五年望益书屋刻本. 北京：爱如生中国基本古籍库，2021.
⑥ 高木市之助，五味智英，大野晋. 万葉集四［M］. 東京：岩波书店，1962.
⑦ 経済雑誌社. 国史大系第 2 卷：続日本紀［M］. 東京：経済雑誌社，1901：109.
⑧ 藤原時平，ほか. 延喜式：第4［M］. 東京：日本古典全集刊行会，1929：129.
⑨ 遠藤嘉基，春日和男. 日本古典文学大系 70：日本靈異記［M］. 東京：岩波书店，1967：67-69.
⑩ 京都大学文学部国語学国文学研究室. 諸本集成　倭名類聚抄　本分篇［M］. 京都：临川书店，1981.
⑪ 渡辺綱也，西尾光一. 日本古典文学大系 27：宇治拾遗物语［M］. 東京：岩波书店，1960：152.

第一节　狐的自然生态

中国科学院中国动物志编辑委员会主编的《中国动物志：兽纲　第八卷　食肉目》"狐属"记载：

狐属广泛分布于亚洲、非洲大部分地区、欧洲及北美，但马达加斯加、东南亚、南美及大洋洲和一些大洋岛屿均不见其分布。历史分布大致从更新世起直到现代。现生种计九种，其中三种分布于我国。国内分布亦广，基本上除台湾、海南岛及南海诸岛外，各省区均有分布。在毛皮兽驯养业中，除对赤狐进行驯养外，国际上主要驯养对象为银狐（原产加拿大）及北极狐（原产欧亚洲之最北部，亦称兰狐），亦曾引入我国少量饲养，但目前不占重要地位。①

由上述记载可以看出，自然生物狐几乎遍布世界各地，而生活在中国的主要有赤狐、沙狐、藏狐三种，广泛分布在中国除台湾、海南岛及南海诸岛外的各省区，其外形及生活习性各有差异。

生活在日本的大都是赤狐，主要分布在北海道、利尻岛、礼文岛、本州、四国和淡路岛（现已灭绝），南部主要分布在九州和五岛列岛。②此外，可以肯定的是，日本佐渡（属新潟县辖区）是没有狐狸的。日本著名狂言《佐渡狐》也说明了佐渡没有狐。该剧讲的是佐渡国和越后国的农民在去京城缴纳年贡的途中相遇，并决定结伴而行。当两人谈到狐狸时，越后男子说佐渡没有狐狸，但佐渡男子坚持说有，于是两人决定打赌，赌注是他们的腰刀。到了京城，佐渡男子先行向领主交纳年贡，顺便说明了情况，并贿赂了

---

① 高耀亭，等. 中国动物志：兽纲　第八卷　食肉目[M]. 北京：科学出版社，1987：52.
② 今泉忠明. 狐狸学入門[M]. 東京：講談社，1994：151.

领主。领主将狐狸的样子详细告诉了从未见过狐狸的佐渡男子。当越后男子向佐渡男子提问狐狸相关的问题时，在领主的帮助下，佐渡男子顺利蒙混过关，赢了这场赌局。越后男子越想越不对劲，于是叫住了佐渡男子，提出了另一个问题：狐狸是怎么鸣叫的？此时，佐渡男子没有了领主的帮助，终于露出了马脚，竟搞错了狐狸的叫声。越后男子最终夺回了腰刀。

狐的栖息地较为多样，森林、草原、沙漠、高山、丘陵、平原均可栖息，但多水地区和水位高的场所因有碍于挖洞筑巢，不利于狐生存。[①]

狐具有很高的经济价值。首先，狐肉可入药，李时珍《本草纲目》云："狐肉羹，治惊痫恍惚，语言错谬，歌笑无度，及五脏积冷，蛊毒寒热诸病。"[②] 其次，狐皮毛细而绒厚，柔软光滑，是制作皮裘的上等原料。正如《白虎通·衣裳》云："天子狐白，诸侯狐黄，大夫苍，士羔裘，亦因别尊卑也。"[③] 由此可见，狐裘是身份地位的标志，一般为贵族所专享。狐裘中，属狐白裘最为珍贵，是天子之服。

因为狐具有较高的经济价值，所以自古便有猎狐活动。在长期的猎狐过程中，古人开始仔细观察狐，对狐的习性逐渐有所了解。

狐是杂食性动物，以"小型哺乳动物到中大型哺乳动物或腐尸"为主要食物，同时狐又是"机会主义捕食者"，从"鸟类和植物果实及昆虫"乃至"两栖爬行动物和鱼类"均有捕食。[④] 狐的食物根据地区差异而略有不同，种类多样而从不择食。食品既杂，求生自易。

狐生性机警聪慧，在避敌、猎食等方面展现出来的手段非常多且妙。避敌方面，狐善于自乱足迹，会诈死，能潜水，可暂停分泌狐臭或将臭味转嫁于其他动物，能在快跑时急速转弯。因此，当狐逞技之时，"即便它的大敌——具有灵敏的感觉、锐利的目光和善于持久迅跑的猎狗，竟也常常束手无策"[⑤]。狐同时善于猎食，或装疯卖傻，或独自表演，或二狐假打，或模

---

① 高耀亭，等. 中国动物志：兽纲　第八卷　食肉目[M]. 北京：科学出版社，1987：52.
② 李时珍. 本草纲目：兽部第五一卷[M]. 北京：人民卫生出版社，2004：2878-2880.
③ 班固. 白虎通德论[DB/OL]. 四部丛刊景元大德覆宋监本. 北京：爱如生中国基本古籍库，2021.
④ 马勇，孙兆惠，刘振生，等. 赤狐食性的研究进展[J]. 经济动物学报，2014（1）：53-58.
⑤ 刘秋生. 狐狸习性谈[J]. 化石，1982（1）：12.

第一章　中日狐文化概述

017

拟小羊及野鼠等动物的声音。动物学家认为，狐在猎食时所表现出来的各类花招，"反映了它们是一类极机灵、极聪明的生物"[①]。从另一个角度来看，狐的这种机智狡黠往往也会给人一种奸诈狡猾的印象，因而出现了大量狐狸欺骗、愚弄其他动物的寓言故事，如《狐狸与乌鸦》《狐狸和山羊》《狐狸和鸭子》等。

狐性多疑是被古人确认的习性。听冰渡河是一个有关狐性的著名传说，在南北朝时就广为流传。北魏郦道元《水经注》卷一《河水》引晋郭缘生《述征记》："盟津、河津恒浊，方江为狭，比淮、济为阔，寒则冰厚数丈。冰始合，车马不敢过，要须狐行，云此物善听，冰下无水乃过，人见狐行，方渡。"[②]事实上，早在战国时期屈原的《离骚》中便有"心犹豫而狐疑兮，欲自适而不可"[③]的诗句。更早的《国语》（春秋末期）还有"狐埋之而狐撒之，是以无成功"[④]的谚语，意思是狐狸实在多疑，刚把东西埋起来又掘出来看看，比喻人疑虑太多，不能成事。虽用于贬义，但古人对狐的自然习性的观察是正确无误的。多疑的习性其实是狐生存在残酷的大自然中所表现出来的机警与敏锐。

"狐者，隐伏之物也。"[⑤]狐是伏兽，具有昼伏夜出的习性。现代生物学证实，狐"白天蜷伏洞中，抱尾而卧"[⑥]。古人也早就注意到狐的夜行昼居特性："夫丰狐、文豹，栖于山林，伏于岩穴，静也；夜行、昼居，戒也。"[⑦]意思是说狐在夜间出来，白天不动，这是它的戒备。这种夜晚行动、高度戒备的动物从而也就带上了阴暗色彩和神秘感。

狐的婚育习性，与人类高级野蛮时代的"偶婚制"有着类似之处。所谓偶婚制，指的是"缺乏独占的同居"[⑧]。狐平常是独居的，只有在交配、哺

① 刘秋生. 狐狸习性谈[J]. 化石，1982（1）：13.

② 郦道元. 水经注校证[M]. 石家庄：河北科学技术出版社，2018：7.

③ 屈原. 楚辞[M]. 哈尔滨：北方文艺出版社，2018：9.

④ 王辉斌. 商周逸诗辑考[M]. 合肥：黄山书社，2012：375.

⑤ 黎子耀. 周易导读[M]. 成都：巴蜀书社，1990：149.

⑥ 高耀亭，等. 中国动物志：兽纲　第八卷　食肉目[M]. 北京：科学出版社，1987：55.

⑦ 杨柳桥. 庄子译诂[M]. 典藏版. 上海：上海古籍出版社，2017：401.

⑧ 摩尔根. 古代社会[M]. 杨东莼，马雍，马巨，译. 北京：中央编译出版社，2007：330.

育期间，雄狐和雌狐才会有类似于婚姻的生活。这段时间，母子所需的食物完全由雄狐独立承担提供。雌狐的孕期约两个月，每胎约产四至九只幼崽。当小狐长到四个月大时，雌狐会开始驱逐小狐令其自力更生，此时雄狐也会选择离开，结束配偶关系。也许是狐狸天生喜欢培养孩子，会出现当父狐离开后，别的雄狐又进来了的情况。也就是说，一个旅途中的外来雄狐拿来食物又加入了培育幼狐的过程中。

狐狸驱逐子狐又称为"别子仪式"，狐出生两个月后就会和父母同胞一起学习狩猎的本领，四个月起双亲开始疏远子狐，到七个月就开始实习旅行，其后母狐会狠命地咬子狐，驱赶其离开巢穴。大自然是残酷的，子狐能安然无恙长大的不到一成。[①] 所谓"别子仪式"只不过是狐狸按照本能，以最合理的方式保存种族的延续，而在人类（特别是日本人）的眼中，狐的这种"别子仪式"是充满无限的悲情与哀伤的。正是基于此，日本的文人墨客很早就创作了"信太妻"（也称"信田妻"）的故事，其中的"狐妻别子"也是作家们浓墨重彩渲染的一节，深受日本人的喜爱。该故事后来不断被引入戏剧当中，敷演出诸如人形净琉璃《信田妻》《芦屋道满大内鉴》、歌舞伎《葛之叶》等脍炙人口的剧目。这些都是日本非常有名的狐剧目，时至今日也常演不衰，后面章节将会涉及，在此不作展开。

今谓"狐狸"者，在动物学中实则是狐和狸的总称。"狐狸"一词较早见于《诗经》"一之日于貉，取彼狐狸，为公子裘"[②]。又见《左传》襄公十四年："狐狸所居，豺狼所嗥"[③]。狐狸与豺狼对举，可知狐狸为二兽[④]。在现代动物学分类上，狐属于犬科而狸属于猫科[⑤]，两者外形区别较大（见图1-1和图1-2）。

---

① 吉野裕子. 神秘的狐狸：阴阳五行与狐崇拜［M］. 井上聪，汪平，杨华，等，译. 沈阳：辽宁教育出版社，1990：5-6.
② 孔子，等. 四书五经全本：第二册［M］. 崇贤书院，编译. 北京：北京联合出版公司，2017：546.
③ 孔子，左丘明. 春秋左传［M］. 哈尔滨：北方文艺出版社，2016：373.
④ 类似例证较多，如《孟子·滕文公上》"狐狸食之，蝇蚋姑嘬之"，又如《后汉书·张纲传》"豺狼当道，安问狐狸"。
⑤ 李剑国. 中国狐文化［M］. 北京：人民文学出版社，2002：4.

图1-1　沙狐　　　　　　　　　　　图1-2　狸

（图1-1和图1-2均引自壹号图编辑部主编《哺乳动物图鉴》）

值得一提的是，中国古代典籍中所谓的"狐"，有时不仅指现代生物学上的狐，还包括貉、狸、貒在内的野生小动物①。而在日本，狐和狸均能变幻骗人，不过狐通常化作女，狸通常化为男。②

第二节　中国的狐文化

狐是一种自然物，但当它进入文化范畴，就基本上不再以原生态形式出现，而是被夸张、变形、虚化，成为人们观念的载体。狐最早是图腾、瑞兽，后来不断堕入妖途，成为妖兽、妖精。当然，人们的脑海里不可能完全抹去狐最原初的神圣、祥瑞记忆，因此狐又被当作狐神、狐仙来崇拜。但毕竟狐身上承载了太多妖兽的负面信息，狐神、狐仙终究未列入祀典，一直属于淫祀范围。在漫漫历史长河中，可以说狐身上所承载的文化信息是多元化的、错综复杂的，而它恰恰折射出了我们中华民族几千年的文化底蕴，是非常值得去深入探究的。

---

① 这一类小动物均为穴居，昼伏夜出，以虫类、野果、鼠、蛇、蛙、家禽等为食物。按：唐徐坚编著《初学记》卷二十九"狐之类、貉、貒、狸也"。《太平广记》四百四十九卷《李元恭》"初得貒、貉及其他狐数十枚"，可见"貒、貉"属于狐类。

② 今泉忠明. 狐狸学入门［M］. 東京：講談社，1994：118.

一、狐图腾

东汉赵晔在《吴越春秋》卷六《越王无余外传》中记载了一则大禹娶涂山女的神话故事，兹引载如下：

> 禹三十未娶，行到涂山，恐时之暮，失其度制。乃辞云："吾娶也，必有应矣。"乃有白狐九尾造于禹。禹曰："白者，吾之服也；其九尾者，王之证也。涂山之歌曰：'绥绥白狐，九尾庞庞。我家嘉夷，来宾为王。成家成室，我造彼昌。天人之际，于兹则行。'明矣哉！"禹因娶涂山，谓之女娇，取辛壬癸甲。①

这则神话里，九尾白狐无疑是一种吉祥的象征物，但它与涂山女有何关联？李剑国先生认为，这则神话记录于符瑞思想盛行的汉代，显然是被涂上了浓重的瑞应符命色彩，失去了它本来的面貌，应该剥去其中的符瑞天命的内容去看九尾白狐的本质。如此便很容易看出，九尾白狐实质上与涂山女是二位一体的，也就是说大禹娶的就是九尾白狐。②这个神话实质上反映了涂山氏是以狐为图腾的氏族，涂山狐女与大禹联姻后，遂有了大禹娶涂山狐女之说。

从动物种类的物理存在上看，确实有白狐这一物属③，但九尾白狐显然是不存在的，是经虚化了的意象，其中包含生殖崇拜的意义。这里的"九"是极数，表示数量最多。"九尾"，即多尾。有种说法是，雌狐阴户接近尾根，故尾多则阴户多，阴户多则产子多，必能子孙昌茂、氏族兴旺。因此，涂山氏以九尾白狐作为本氏族的图腾物，大抵是抱有子孙繁衍、氏族兴旺的

---

① 赵晔. 吴越春秋［DB/OL］. 明古今逸史本. 北京：爱如生中国基本古籍库，2021.
② 李剑国. 中国狐文化［M］. 北京：人民文学出版社，2002：21-25.
③ 中国最早的词典《尔雅·释兽》云："貔，白狐。"说明解释此词条的人对白狐应有见闻。另，宋人陆佃《埤雅·狐》云："白狐盖有之矣，非常有也。"明确肯定了白狐的存在。更有明人李时珍《本草纲目》云："有黄、黑、白三种，白色者尤稀。"

美好祈愿吧。

中国历史上的另一个狐图腾氏族是纯狐氏。纯狐氏与涂山氏的存在时间相去不远，她是真实存在的历史人物。关于纯狐氏的身份，屈原的《天问》中这样记载："浞娶纯狐，眩妻爰谋。何羿之射革，而交吞揆之？"上文提到，纯狐氏是浞的妻子，人称"眩妻"（玄妻）。那么，浞又是何许人物？浞，即寒浞，是夏朝初期活跃在今山东地区的东夷族部落首领后羿之相，而后羿，就是我们所熟悉的神话传说中的射日英雄。后来，寒浞杀死后羿，自立为王。也就是说，纯狐氏是东夷部落数一数二的首领之妻，其地位非比寻常。①

那么，纯狐氏与狐图腾有何关系？上文引用《天问》中的"玄妻"，又见于《左传·昭公二十八年》："昔有仍氏生女，黰黑而甚美，光可以鉴，名曰玄妻。"②"黰"即"黑发"，可见"玄妻"是一名拥有一头乌发的美艳女子。此外，闻一多在《天问疏证》中探讨纯狐氏的身份渊源时提出"纯狐未尝不可实指狐"③，肯定了纯狐乃是以图腾之狐为名的。图腾文化的一个显著特征是部落和个人必须以动物——图腾动物名称命名。④由此可以推断，纯狐氏显然是以"纯狐"命名的狐图腾部落。著名历史学家顾颉刚先生与童书业先生曾指出"'纯狐'就是黑色的狐狸，也就是'玄妻'"⑤。而李剑国先生在《中国狐文化》中也提道："用图腾崇拜说来解释，纯狐氏（即玄狐氏）乃是以黑狐为图腾的。"⑥作为辅证，李正学先生对《山海经》中的"玄狐"进行了考证，指出"'玄狐''玄妻'之'玄'色的生成，与其所居之地独特的水土条件有关。黑水黑土地上的人，以毛色发黑的动物为图腾，符合自然之理"⑦。总结一下，也就是说纯狐氏是以黑狐为图腾的氏族

---

① 乐国培.《天问》解读［M］. 上海：上海人民出版社，2015：142-145.
② 阮元. 十三经注疏［M］. 扬州：江苏广陵古籍刻印社，1995：2118.
③ 孔党伯，袁謇正. 闻一多全集 5：楚辞编·乐府诗编［M］. 武汉：湖北人民出版社，1994：577.
④ 弗洛伊德. 图腾与禁忌［M］. 文良文化，译. 北京：中央编译出版社，2005：111.
⑤ 吕思勉，童书业. 古史辨七：下［M］. 上海：上海古籍出版社，1982：226.
⑥ 李剑国. 中国狐文化［M］. 北京：人民文学出版社，2002：30.
⑦ 李正学. 狐狸的诗学［M］. 北京：中国社会科学出版社，2014：37.

女子，发黑而貌美，故亦称"玄妻"。

涂山氏助大禹兴夏，受到万民尊崇。那么，同为狐图腾出身的纯狐氏缘何能出现在历史叙事中呢？《左传·襄公四年》记载，纯狐氏原是羿的妻子，据传她与寒浞私通，合谋烹杀了羿，又生下浇、豷两个大逆不道的孽种。闻一多先生更是在《天问疏证》中提出，玄妻亦即后羿之妻雒嫔，雒嫔本系河伯封豨之妻，后羿射死河伯，夺为己妻，之后，雒嫔又与寒浞合谋杀死羿，做了寒浞的妻室。甚至有清人创作了传奇剧目《自燃鼎》敷演这个"淫狐女"的故事，全剧充满了魔幻色彩。不过该剧将纯狐氏改换成了修炼千年的九尾狐，它变幻成绝世美女洛嫔迷惑后羿，挑拨后羿与嫦娥的关系，并与寒浞私通，合谋烹杀后羿。羿死后，她又成了寒浞的后妃，蛊惑寒浞广选美女，耽溺于女色。全剧两卷，遗憾的是，现仅存少部分手抄残本，剧情至此戛然而止，之后敷演什么内容不得而知，但大抵会走向狐精祸国殃民的方向吧。总之可以看出，纯狐氏在历史上基本被定性为淫荡的狐精形象，与殷商之妲己一样，成为中国正统历史中为人津津乐道的反派、亡国的征兆，故而载入史册，用以警告后人谨防"红颜祸水"。

不过，对于上述纯狐氏的叙事，李正学先生提出了不同的看法。李正学认为，在历史上，夏后氏与夷羿部落之间多有争夺，最终以夏兴夷亡为结局，历史重构权归于胜利者手中，昔日的敌人必然会成为正统史中贬斥的对象，羿、寒浞等东夷势力遭到贬抑的同时，纯狐氏也被牵连进去，成为男人的政治牺牲品，一再被抹黑、丑化。[1] 同时，李正学对《左传》的记载也提出了批判，他认为这完全是作者出于憎恨羿篡夺夏政而故意扭曲史实之举，丑诋纯狐氏也是为了给这些东夷"叛贼"最有力的一击。[2] 此外，李正学对纯狐氏的社会作用也进行了极力肯定。他通过对《天问》中"爰谋"一词含义的考证，指出寒浞与纯狐氏是一对颇有作为的夫妻，他们对东夷部落的发展和进步做出了重大贡献[3]，明确肯定了纯狐氏在辅助寒浞振兴东夷部落中

---

① 李正学. 狐狸的诗学[M]. 北京：中国社会科学出版社，2014：33-35.
② 李正学. 狐狸的诗学[M]. 北京：中国社会科学出版社，2014：35.
③ 李正学. 狐狸的诗学[M]. 北京：中国社会科学出版社，2014：37.

发挥的作用。

不管怎么说，可以肯定的是，中国远古时代就有狐图腾部落的存在，不过涂山氏和纯狐氏狐图腾部落给后世留下的印象是截然不同的。

二、狐瑞

在经历了狐图腾之后，狐又被符命化了，狐崇拜由原始社会的图腾崇拜逐渐转变为封建国家的符瑞崇拜。所谓符瑞，也称"祥瑞"，是指被赋予了神异色彩的各种物象。在中国古代，人们认为这些物象是统治者拥有天命的象征，统治者借助它们，以天命的名义来实现自己的政治统治。[①] 它旨在宣传王权天授、天命有德的观念，从而为统治者巩固其统治地位提供了合乎情理的依据。祥瑞之物有很多，中国现存最早的行政法典《唐六典》（成书于738年）中就列出了瑞物一百四十八种，且根据符瑞象征的政治意义的大小，这些瑞物又分为大瑞、上瑞、中瑞和下瑞，其中九尾狐、白狐、玄狐为上瑞，赤狐为中瑞。可见，直至唐代，狐都被视为祥瑞之物。

狐瑞并非一般的狐，主要是古老的九尾狐、白狐、玄狐，此三者也是远古先民部族的图腾。图腾具有神圣性，故在符命思想兴起后，也被纳入符瑞系统。《艺文类聚》卷九十九《祥瑞部》记载："潜潭巴曰：白狐至，国民利；不至，下骄恣。"[②]《古文渊鉴》卷二十六云："帝伐蚩尤，梦西王母遣道人，衣玄狐裘，以符授之。……黄帝禽杀蚩尤于涿鹿之野。"[③] 又《艺文类聚》卷九十九《祥瑞部》云："孝经援神契曰，德至鸟兽，则狐九尾。"[④] 前文大禹娶涂山狐女神话中有"其九尾者，王之证也"。这些无不在说明狐所具有的预示祥瑞的功能，它甚至成为王者天命和太平盛世的象征。此外，狐的这种神圣地位也可从汉代石刻画像中窥探一二。在汉代石刻画像与砖

---

① 胡晓明. 图腾、图腾神话与古代符瑞：中国古代图腾文化新说[J]. 中国矿业大学学报（社会科学版），2012（2）：85.
② 欧阳询. 艺文类聚[DB/OL]. 清文渊阁四库全书本. 北京：爱如生中国基本古籍库，2021.
③ 徐乾学. 古文渊鉴[DB/OL]. 清文渊阁四库全书本. 北京：爱如生中国基本古籍库，2021.
④ 欧阳询. 艺文类聚[DB/OL]. 清文渊阁四库全书本. 北京：爱如生中国基本古籍库，2021.

画中，常有九尾与白兔、蟾蜍、三足鸟之属列于西王母座旁（见图1-3），以示祯祥。①

图1-3　四川汉画像"九尾狐"

（四川博物院藏）

狐瑞兴于汉，盛于北魏。据李剑国先生统计，在《魏书》中，太和二年（478）至武定三年（545）年间，九尾狐七见、白狐十九见、黑狐二见，共二十八见。②狐如此频繁地见载于史书，可见时人对狐瑞何等痴迷。狐为什么能受到人们如此推崇？或许与狐的"三德"有关。东汉许慎在《说文解字》中对狐做了如下解说："狐，兽也，鬼所乘之。有三德：其色中和，小前大后，死则丘首。"③许慎将狐描述为"妖兽"，大抵是受《山海经》中"狐能食人"④的影响吧。加之，狐经常出没于墓地，人们很容易把它与鬼联系起来，这里要强调的或许是动物狐的神秘性与特异性，与后世所说的"狐妖"概念不同。狐之"三德"中，"其色中和"说的是狐毛色棕黄，基本属

---

① 钱玉林，黄丽丽. 中华传统文化辞典［M］. 上海：上海大学出版社，2009：44.
② 李剑国. 中国狐文化［M］. 北京：人民文学出版社，2002：52.
③ 桂馥. 说文解字义证［DB/OL］. 清同治刻本. 北京：爱如生中国基本古籍库，2021.
④ 《山海经》云："青丘之山有兽焉，其状如狐而九尾，其音如婴儿，能食人，食者不蛊。"

于黄色调，黄在五色中处于中间位置①，色调柔和，故谓中和。儒家中庸之道讲究和谐不偏执，故中和即指中庸。"小前大后"指的是从体形来看，狐头小尾大，由小渐大，秩序井然，符合尊卑秩序。"死则丘首"是说狐死的时候头会朝向自己出生时的巢穴，意其不忘本始，是仁德的模范。很显然，许慎的"三德"之说乃是在狐是瑞兽的前提下生发而来的。

三、狐妖

当人君臣子为九尾狐、白狐和玄狐披上神圣、祥瑞的外衣，炽热追捧时，民间的狐却已开始失去神性堕落为妖精，后来连最尊贵的九尾狐也失去了其瑞兽的地位，成为最恶劣的精怪之一。

狐成为妖兽始见于西汉，突出体现在西汉昭帝时焦延寿所作的《焦氏易林》中。《焦氏易林》是一部模仿《周易》的占卜书，其中许多地方写到狐，多是些狐作祟的描写，如"长女三嫁，进退多态。牝狐作妖，夜行离忧"②、"老狐曲尾，东西为鬼。病我长女，哭涕屈指。或西或东，大华易诱"③等，说的都是狐附体惑人之事。《焦氏易林》之卦辞多是民间谣谚，或是对民间传闻的概括，因此其关于狐的记载直接反映的是汉代民间的狐观念。从上述描写来看，在汉代普通老百姓的眼里，狐是善蛊惑、使人迷惑失智的妖兽。

此外，狐也可预示凶兆，"卢奴令田光与公孙弘等谋反，其且觉时，狐鸣光舍屋上，光心恶之，其后事觉坐诛"④，更强化了狐为妖兽的观念。

狐为妖，便可变人。《太平广记·说狐》曰："狐五十岁，能变化为妇人。百岁为美女、为神巫，或为丈夫与女人交接。能知千里外事。善蛊魅，

---

① 根据中国的五色五位说，水属黑（北），木属青（东），火属赤（南），土属黄（中），金属白（西），黄处于"中"位。

② 焦延寿. 焦氏易林注译［M］. 芮执俭，注译. 兰州：甘肃人民出版社，2015：405.

③ 焦延寿. 焦氏易林注译［M］. 芮执俭，注译. 兰州：甘肃人民出版社，2015：579.

④ 郭超. 四库全书精华：子部第3卷［M］. 北京：中国文史出版社，1998：2123.

使人迷惑失智。千岁即与天通，为天狐。"①从这段文字中可以明确看出，狐既可变男，又可变女，而且书中特别强调了狐妖作祟中的性因素：雄狐变男人与女人交接，雌狐变妇人或美女自然是与男人交接，都是通过性蛊惑使人迷惑失智。于是乎，狐之性淫特征被反复强调、大肆渲染。在此背景下，《搜神记》中的狐妖阿紫的故事便应运而生。故事讲的是后汉建安年间，一个叫王灵孝的男子被一个美貌女子所魅惑，随之而去。当人们发现他时，其形貌颇像狐狸，他如同着魔、呓语般，直啼呼"阿紫"之名。恢复知觉后，他仍能忆起和阿紫男欢女爱。一名道士对此谈了他的看法："此山魅也。"《名山记》曰："狐者，先古之淫妇也，其名曰阿紫，化而为狐。故其怪多自称阿紫。"②淫妇阿紫化为狐，便把淫性带给了狐，狐因而生性淫荡。狐既为淫妇所化，那么自然是雌狐更具淫性，因而它在化为人形后又还原为淫妇。至此，狐妖与美女、淫妇便被自然地联系在了一起，对后世产生了巨大的影响。此后的文学艺术作品中，狐妖便多为女性，且多以美女、淫妇的形象出现。唐代诗人白居易在《古冢狐》"戒艳色也"中写道：

> 古冢狐，妖且老，化为妇人颜色好。头变云鬟面变妆，大尾曳作长红裳。徐徐行傍荒村路，日欲暮时人静处。或歌或舞或悲啼，翠眉不举花颜低。忽然一笑千万态，见者十人八九迷。假色迷人犹若是，真色迷人应过此。彼真此假俱迷人，人心恶假贵重真。狐假女妖害犹浅，一朝一夕迷人眼。女为狐媚害即深，日长月增溺人心。何况，褒妲之色善蛊惑，能丧人家覆人国。君看为害浅深间，岂将假色同真色。③

白居易认为，狐妖可以幻化成美女，非常迷人，但迷惑仅在朝夕之间，祸害尚浅。若世间女子有狐妖般的低劣品行，狐媚惑主，可致覆国丧家，那

---

① 李昉. 太平广记[DB/OL]. 民国景明嘉靖谈恺刻本. 北京：爱如生中国基本古籍库，2021.
② 干宝. 搜神记[DB/OL]. 明津逮秘书本. 北京：爱如生中国基本古籍库，2021.
③ 曹寅. 全唐诗[DB/OL]. 清文渊阁四库全书本. 北京：爱如生中国基本古籍库，2021.

才是真正令人恐惧的。很显然，在中唐之际，狐媚观念与女色亡国观念已经结合在了一起，这为日后妲己的妖魔化奠定了基础。

妲己被定性为九尾狐妖起于何时，学术界尚未有定论，但据大江匡房《狐媚记》中所载的"殷之妲己为九尾狐"[①]，是康和三年（1101）的事，相当于中国北宋徽宗建中靖国元年。这说明至迟在北宋末年已有妲己为九尾狐之说，并流传至日本。[②] 元代讲史话本《武王伐纣平话》通过小说的形式明确将妲己与九尾狐联系起来。书中讲到妲己本是苏护之女，九尾狐吸掉她的魂魄骨髓，借其躯壳化为妲己，狐妖妲己入宫后魅惑纣王，戕害众庶，成为祸水亡国的典型代表。到了明代，九尾狐妲己的故事在长篇章回小说《封神演义》中被发挥到了极致，其把狐妖媚人的狐媚观念和女色亡国观念推向了终极。在此之前，从未有任何狐妖具有如此大的魅惑力，能产生如此大的危害性。至此，九尾狐彻底丢失了图腾之神性、祥瑞之瑞性，堕入妖途，成为万恶不赦的千古第一狐妖。九尾狐妲己的狐妖形象太深入人心了，乃至后世的戏剧作品也争相敷演它，如清传奇《千秋鉴》、京剧连台本戏《封神榜》、香童戏《迷心小姐》等，这些剧作将书写于纸面的妲己立体化、形象化了，直至大街小巷的普通老百姓皆耳熟能详。

在唐代淫妇型狐妖大行其道的同时，一种美善型女狐妖也在悄然诞生，其代表便是狐妖任氏。任氏是中唐传奇作家沈既济《任氏传》中的女主角，故事讲的是狐妖化作美女任氏，与一名叫作郑六的男子邂逅。郑六爱慕任氏的美貌，任氏也中意郑六，欣然接受了他的追求，二人自此结缘。但很快，郑六便知晓了任氏的狐妖身份。尽管如此，他仍对任氏念念不忘，一往情深地思念她、追求她。任氏感念郑六对自己的一片痴情，从此与郑六过上了凡人般的夫妻生活。后来郑六因官赴任，任氏明知此行于己不利，但禁不住郑六的再三恳请，毅然随之赴任，结果途中被犬咬死。在《任氏传》文末，作者感叹："嗟乎！异物之情也有人焉。遇暴不失节，徇人以至死，虽今妇人，

① 塙保己一. 羣書類従：第1—9辑 [M]. 東京：続群書類従完成会，1939-1942：319.
② 李剑国. 中国狐文化 [M]. 北京：人民文学出版社，2002：151.

有不如者矣。"①由此体现作者对任氏狐女的赞赏。至此，一种全新的狐妖原型即任氏原型被确立，并开启了后世赋予狐妖以美好形象的风气。清代蒲松龄在《聊斋志异》中塑造了许多善良、可爱的狐女形象，显然受到了这部作品的影响。这些狐女形象生动鲜明，令人耳目一新，文人墨客也乐于将她们的故事搬上戏曲舞台，像明传奇《蕉帕记》、京剧《婴宁一笑缘》、京剧《青凤传》、川剧《仙狐配》等，都是敷演任氏型狐女的代表性剧作。

四、狐神

唐代人对于狐的情感是矛盾的：一方面把狐视为妖，认为它可化人成精，媚男祟女；另一方面又把狐当作神一样顶礼膜拜，以期得到狐神的庇佑。《太平广记》卷四百四十七引唐人张鷟的《朝野佥载》云：

> 唐初以来，百姓多事狐神。房中祭祀以乞恩，食饮与人同之。事者非一主。当时有谚曰："无狐魅，不成村。"②

由上述文字可以看出，唐初，狐神崇拜已广泛流行于民间，百姓在自家设供祭祀狐神，而所供狐神各不相同，各有各的名号。虽然这种祭狐现象非常普遍，遍布乡村，但似乎尚未有狐神庙、狐神祠之类的公共祭祀场所。狐虽被尊奉为神，但仍未脱离其妖魅的本质，属于妖神，非正神，故民间的祭狐确切地说属于淫祀范畴。人们之所以会祭祀狐神，其一是因为狐曾为神灵之物，这种古老神性记忆尚存，人们出于对狐神的崇敬来祭祀它，希望得到它的庇佑；其二是因为狐亦是妖兽，可作祟于人，非常恐怖，因而人们希冀通过祭祀狐神免除灾祸，所谓无灾便是福。除此之外，日本学者吉野裕子也提出了她的看法。狐狸的皮毛是黄色的，黄色象征土德，孕

---

① 李昉. 太平广记［DB/OL］. 民国景明嘉靖谈恺刻本. 北京：爱如生中国基本古籍库，2021.
② 李昉. 太平广记［DB/OL］. 民国景明嘉靖谈恺刻本. 北京：爱如生中国基本古籍库，2021.

育万物，故狐也是谷物神，中国农民把狐狸作为谷物神而加以祭祀 [①]，以祈求五谷丰登。

唐以后，狐神崇拜也一直存续于民间。《宋史·五行志》载："宣和七年秋，有狐由艮岳直入禁中，据御榻而坐，诏毁狐王庙。" [②] 讲的是，宣和七年（1125），狐窜入宫禁，坐上御榻。此处"狐"即"胡"，预示着金兵将要攻陷京城，是不祥的征兆，故徽宗下诏毁狐王庙以禳之。果然，翌年（1126）就发生了靖康之祸，金兵南下，攻取北宋首都东京，掳走徽、钦二帝，北宋灭亡。《五行志》的记载反映了两方面的问题：其一，狐可兆示吉凶的观念在宋代依然继续存在；其二，北宋末年已有了狐王庙这样的公共祭祀场所。也就是说，祭狐已经由唐代的个体行为演变为一种群体行为。称"狐神"为"狐王"，说明狐神地位的提高，唐宋时期"王"是神祇中一个相当尊贵的称号，仅次于"帝"。

五、狐仙

当唐代狐神崇拜盛行之时，一种新的狐化观念也在悄然萌生，即狐妖可以修炼成仙。晚唐牛僧孺《玄怪录》卷四《华山客》载："妾非神仙，乃南冢之妖狐也。学道多年，遂成仙业……" [③] 讲述了一只得道成仙的华山南冢女狐的故事。从上述引文中我们可以看出，唐代已经产生了狐修炼成仙的思想，只不过此时还未提出狐仙的概念。到了明代，道教极为盛行，内外丹采补等邪说风靡天下，不断在狐妖文化中渗透，为狐妖的仙化提供了有利条件，狐仙观念应运而生，到了清代终于形成影响日渐广泛的狐仙崇拜。"狐仙"成为对狐妖、狐精最敬重的称呼。此外，人们还常称它们为"上仙""仙家""大仙""圣仙""仙人"等。

---

① 吉野裕子. 神秘的狐狸：阴阳五行与狐崇拜 [M]. 井上聪，汪平，杨华，等，译. 沈阳：辽宁教育出版社，1990：67.
② 脱脱. 宋史 [DB/OL]. 清乾隆武英殿刻本. 北京：爱如生中国基本古籍库，2021.
③ 牛僧孺. 幽怪录 [DB/OL]. 明书林陈应祥刻本. 北京：爱如生中国基本古籍库，2021.

这里有个问题需要阐明，那就是狐神与狐仙的关系。在宗教理论中，仙、神有别，神栖居于天宫或祠庙中，拥有神秘力量，人们对其所持的态度大抵是敬鬼神而远之，缺乏亲近感。仙则反之，人们对仙的情感亲近多于敬畏。狐与人的关系极为密切，明清流行人狐共居，《五杂俎》卷九云："今京师住宅，有狐怪者十六七，然亦不为患，北人往往习之，亦犹岭南人与蛇共处也。"[1] 人狐共居，无形当中，会使人们产生狐近人的感觉，反映出一种人与狐和谐共处的状态。在这种情况下，人们自然会更倾向于将狐视为仙，而不是令人敬而远之的神祇。事实上，一方面，在清代，不仅是狐妖，大凡妖精之属大多都列入仙班，这种妖的泛仙化，也是清代妖精文化的一个显著特征。另一方面，在民俗观念中，仙、神往往不分彼此，而在清代泛仙化的文化语境下，仙人最为流行，凡神皆可曰仙，自然，狐神也可称作狐仙。在此背景下，狐神逐渐被纳入狐仙系统，最终被狐仙取而代之。

清代狐仙信仰相当盛行，民间为狐仙建祠立庙，普通百姓在家设供祀狐。一直被视为淫祀的民间事狐活动，到了清代，也悄然走入官宦之家，官署也堂而皇之祀狐仙。清代官民奉祀狐仙，而狐仙也显得非常万能，既可祛病消灾，又可预知福祸，还能招财进宝、守护官印文书等。

狐仙信仰习俗自清代以后延绵不绝，时至当代已日显衰落，但这并不意味着狐仙信仰的绝迹，事实上，在中国北方某些乡村地区仍有强烈的崇狐现象存在。

山东省潍坊市禹王台村及周边村落以禹王台为中心形成了狐仙信仰的神圣空间。禹王台是一座由泥土层层堆砌而成的高土台子，据说是大禹治水时所筑，便于居高临下，指挥治水。村落里代代流传着各种狐仙传说。一说是大禹治水得到其妻九尾白狐相助，百姓感念狐仙恩德，故在禹王台上除建造禹王庙外，还建造了狐仙庙。禹王台上还随处可见狐仙洞及数座狐仙墓冢。每年农历正月十六禹王台上会举办大型庙会，远近村落的人都会来烧香、参

---

① 谢肇淛. 五杂俎卷九[DB/OL]. 明万历四十四年潘膺祉如韦馆刻本. 北京：爱如生中国基本古籍库，2021.

拜狐仙，整个禹王台及周边村落都弥漫着浓厚的狐仙信仰氛围。

青岛即墨马山的狐仙居也远近闻名。狐仙居有主殿、中殿、东偏殿之分。主殿内供胡大太爷及胡二太爷；中殿内供胡三太爷，胡三太爷身着八卦道袍，慈眉善目，白须飘逸，额头有醒目的红点，是道教神仙的模样；东偏殿内供胡大仙姑及眼光菩萨。中殿后侧是狐仙洞区，岩石嶙峋，洞穴深邃，据传古今皆是狐狸之洞穴。狐仙居庙宇中供奉的（狐）仙契合了当地人求平安、祛病消灾、送子送福的愿望，因此无论是逢年过节，还是寻常日子，狐仙居的香火都非常旺盛，来求仙许愿者络绎不绝，至今依旧盛况空前。①

此外，山西省也是狐仙信仰的主要集中地，省内多个地方建有狐仙庙。例如，太原市古交市岔口乡安家沟狐仙庙、吕梁市交城县石侯村狐仙庙、运城市新绛县磨头村狐仙庙（见图1-4），内奉有狐仙塑像或牌位（见图1-5），至今仍不时有人来供奉香火。值得一提的是，即使是首都北京，多处也建有狐仙庙，其中香火最旺盛的恐怕是什刹海旁边敕建的火德真君庙（简称"火神庙"）里的狐仙堂。这座火神庙是京城最早，也是唯一的皇家庙宇，里面供奉的主神是火神——火德真君。火神庙左侧偏殿就是狐仙堂，狐仙堂里供奉的狐仙娘娘是一个九尾狐美女。据庙殿介绍可知，这位狐仙娘娘掌管贵人、求子、夫妻和顺、化解"小三"、增强人缘等运势，要是有上述困惑，皆可在火神庙狐仙堂供灯、供福牌，如此可心愿达成、事事顺遂。可以看出，这位狐仙娘娘的功能完全紧跟时代需求，这或许也是这座狐仙堂常年香火不断的原因吧。

---

① 李传军，马文杰. 庙会与乡土社会的建构：以青岛即墨马山庙会的狐仙信仰为中心[J]. 民间文化论坛，2009（6）：47-54.

图1-4　磨头村狐仙庙　　　　图1-5　磨头村狐仙牌位

（图1-4和图1-5皆为山西师范大学曹飞拍摄、麻国钧教授提供）

事实上，除了山东、山西、北京外，当今仍崇信狐仙的地方还很多，这里不再一一赘述。

第三节　日本的狐文化

狐与日本的关系，历史由来久、涉及范围广、形式内容多。日本文学中有大量狐传说故事、小说，戏剧中有相当数目的狐戏，神道教、佛教中有狐神。现代精神医学专用"狐凭"代指精神分裂症中的凭依妄想症，相比蛇凭、猫凭、犬凭、猿凭等诸多关于动物附体的词语，狐凭最广为人知。[①] 此外，狐的面部、尾部、颜色等特征成为日本诸多生活常见植物、动物、菌类

① 星野五彦. 狐の文学史[M]. 増補改訂. 松戸：万葉書房，2017：2.

的命名基础，而与狐有关的地名就更加不胜枚举。[①] 狐在日本各个领域的渗透程度简直令人惊讶，时至今日，狐信仰已经融入日本人的生活，对日本人的文化、艺术、政治、经济等的发展产生了深厚的影响。综观日本的狐文化特征可以发现，日本人的狐观念很大程度上是受中国的影响形成的。和中国人一样，日本人也认为狐可以预示吉凶。同时，他们认为狐也具有两面性，它时而是受万人尊奉的狐神，享受无上的尊荣，时而又是祸害人类的狐妖，受到人们的忌惮。

一、狐图腾

日本绳文时代（公元前 1.3 万年至前 4 世纪左右）的遗迹表明，日本列岛自古就是狐的栖息地[②]，绳文人狩猎鹿、野猪、狸、狐，捕食真鲷、黑鲷、鲈。[③] 一般认为现代北海道的阿伊努人是绳文人的后裔，河野广道指出，阿伊努是狩猎民族，与动物有着密不可分的关系，他们的日常生活、土俗、传说等与动物的联系十分紧密，随处可见图腾的遗影[④]，现今仍有一些阿伊努人依然声称自己是熊、狐、狼的后裔。宇田川洋具体统计了从北海道境内绳文古墓中出土的与动物意象相关的遗物，其中陆地动物中熊出现七十七例、

---

① 据笔者不完全统计，日本常用词汇中含有狐的植物、菌类、动物名称如下（括号内为中文名，括号外为和名汉字表记）：狐牡丹（钩柱毛茛）、狐蓟（泥胡菜）、狐孙（六角英）、狐剃刀（血红石蒜）、狐柳（中文名不详）、狐茅（疏花雀麦）、狐百合（嘉兰）、狐手套（毛花洋地黄）、狐松明（细皱鬼笔）、狐枕（王瓜）、狐豇豆（獐牙菜）、狐花（彼岸花）、狐草（及己）、狐提灯（宝铎草）、狐茸（红蜡蘑）、狐唐伞茸（冠状环柄菇）、狐蜡烛·狐绘笔（蛇头菌）、狐茶袋（网纹马勃）、狐猿（一种比较原始的猴）、狐眼张（带斑平鲉）、狐鲷（尖头普提鱼）、狐鱼（黄带锥齿鲷）、狐遍罗（双带普提鱼）等。此外，含有狐字的地名广泛分布于日本各地，其中以东北地区的青森、岩手、宫城、秋田、福岛五县，以及中部地区的爱知县居多。代表性的地名有狐池、狐岛、狐冢、狐穴泽、狐峰、狐丘、狐川、狐坡、狐原、狐越岬、狐崎堤下、狐桥、狐井、狐石等。含狐的地名，除了指河流、山脉、原野、岛屿、森林外，更多指村镇中的街道或小地名。
② 大塚初重. 考古学による日本歴史 2：産業 I　狩猟·漁業·農業［M］. 東京：雄山閣，1996：8.
③ 西本豊弘. 動物考古学の現状と課題［M］. 東京：国立歴史民俗博物館，1991：5.
④ 河野広道. アイヌとトーテムの遺風［J］. 民族学研究，1936（2）：45-53.

狐一例、犬一例、獭三例。①宇田认为熊代表"山神"，我们可知此时的绳文人更加关注的动物是熊而非狐。而仅有的一例狐骨，出土于网走市网走河河口的育莫罗（yomoro）贝冢，这暗示绳文时代北海道地区存在过狐图腾信仰。

值得注意的是，日本民族文化具有多重性与混合性的特点，正如冈正雄所言，石器时代以来，有若干不同异质文化的民族或种族来到日本列岛，形成多重、混合的日本民族。②在万物有灵与萨满交织存在的日本上古时代，人们信奉、敬畏熊，或者是鹿与野猪。《图说日本文化史大系》中记载，日本原始人以鹿与野猪，特别是以鹿的骨头或鹿角为材料来制作服饰品及渔具。③大厂磐雄也指出，绳文时代的人，除了土偶外，还制作了各种动物像，包括野猪、熊、猴、犬、龟等，造型非常写实。④服饰、渔具、土偶等物件中高频率出现了鹿与野猪，而未见狐。因此，我们有理由相信，除少部分部族外，史前时代的狐在绳文人心目中存在感甚微。

二、狐瑞

正如上一节所指出的，在大部分史前时代的日本人心目中，狐的存在感甚微。狐的这种地位在 8 世纪的日本民间依然没有多大改变。元明天皇于713 年下诏命诸国编撰地方志《风土记》，报告各诸侯国的物产、地名的由来、地势、古老的传说等。现完整本仅存《出云国风土记》（岛根县），残本存常陆（茨城县）、播磨（兵库县）、丰后（大分县）、肥前（长崎县和佐贺县的一部分）的《风土记》。从这五部记录地方风土人情及庶民思想的文献来看，蛇、鳄、鹿、猪、猿、犬、马都曾在日本的传说故事中出现，而

---

① 宇田川洋. 動物意匠遺物とアイヌの動物信仰[J]. 東京大学文学部考古学研究紀要，1989（8）：33.
② 児玉幸多. 図説日本文化史大系：第 1 卷[M]. 東京：小学館，1965：110.
③ 児玉幸多. 図説日本文化史大系：第 1 卷[M]. 東京：小学館，1965：148.
④ 児玉幸多. 図説日本文化史大系：第 1 卷[M]. 東京：小学館，1965：301.

狐仅仅只是在列举地方栖息的动物时才被提及。①例如《出云国风土记》中记载狐："禽兽则有雕……熊、狼、猪、鹿、兔、狐、飞鼯、猕猴之族。"由此可知狐与其他动物一起，仅仅被列举为自然存在之物。此外，荟萃5世纪初至8世纪中叶四千五百余首和歌的日本最早的诗歌总集《万叶集》（成书于8世纪末）中，仅第三千八百二十四首提及狐，大意为"用壶烧点水吧，给从栎津桧桥那边来咕咕叫的狐泡个澡吧"（原文「さし鍋に湯沸かせ子ども樺津の桧橋より来む狐に浴むさむ」②）。这首和歌是宴会上的即兴命题诗歌，要求作诗者加入当时的眼见与耳闻。创作当时宴会已至半夜三更，诗人听见户外狐鸣，充满了对野外狐生存状况的怜悯，不过作品中的狐依然只是自然生物。《万叶集》的作者既包含天皇、贵族，也包括妓女、乞丐，几乎囊括当时的所有阶层。在该书中，仅提及了一例的狐依然是作为自然之兽登场。可以看出，8世纪的日本民间并未出现狐信仰的痕迹。

与民间不同的是，狐在日本统治阶层中被当作瑞兽而备受珍视，这通过日本六国史③便可看出些许端倪。日本最早的史书《日本书纪》（720年成书），齐明天皇三年（657）云"石见国言，白狐见"④，说的是石见国（今岛根县）上呈报告说，看见了白狐。这似乎没有什么特别的含义，但在日本正史中特意记载，想必一定是具有重大意义的事情，或许可以由此推断白狐出现是祥瑞的征兆，白狐是一种瑞物，这样似乎才讲得通。这种推断在《续日本纪》中可以得到进一步的验证。《续日本纪》编撰于延历十六年（797），是一部记载日本奈良历史的书。根据该书的记载，狐常被当作贡物来进献，如：和铜五年（712）七月伊贺国献玄狐（即黑狐），灵龟元年（715）正月远江国献白狐，养老五年（721）正月甲斐国献白狐，天平十二年（740）正月飞驒国献白狐。为什么日本各地会乐此不疲地向朝廷进贡狐呢？我想这正说明了在当时的日本人的眼里，狐绝非寻常之物，尤其是白狐和黑狐。再

① 中村禎里. 狐の日本史：古代・中世篇[M]. 東京：日本エディタースクール出版部，2001：5.
② 高木市之助，五味智英，大野晋. 萬葉集：四[M]. 東京：岩波書店，1962：140.
③ 所谓六国史是指：《日本书纪》（720）、《续日本纪》（797）、《日本后纪》（840）、《续日本后纪》（869）、《日本文德天皇实录》（879）与《日本三代实录》（901）。
④ 坂本太郎，家永三郎，井上光貞，ほか. 日本書紀：下[M]. 東京：岩波書店，1965：231.

看伊贺国献黑狐条，同年九月元明天皇降诏如下：

> 朕聞。舊老相傳云。子年者穀實不宜。而天地垂祐。今茲大稔。
> 古賢王有言。祥瑞之美無以加豐年。況復伊賀國司阿直敬等所獻黑
> 狐。即合上瑞。其文云。王者治致太平。則見。思与衆庶共此歡
> 慶。宜大赦天下。①

从这段记载中我们可以得知：和铜五年是鼠年，虽有说法认为鼠年不利于谷物生长，但那年日本取得了大丰收，更何况那年伊贺国进献了黑狐（玄狐），是祥瑞之兆，于是天皇下令大赦天下。这里明确提到黑狐是上瑞，也就无怪乎伊贺国会进献黑狐了。同样的道理，各地纷纷进贡白狐，无疑也是因为白狐是一种瑞物。事实上，平安时代中期的律令实施细则《延喜式》卷二十一治部省之祥瑞篇中，就将冠以黑白红之物按照稀有程度分为大、上、中、下瑞四个等级，其中就明确规定，九尾狐、白狐、玄狐属于上瑞，赤狐为中瑞。详细记载如下：

> 九尾狐（神獸也、其形赤色、或曰白色、音如嬰兒）。白狐（岱
> 宗之精也）。玄狐（神獸也）。……右上瑞②

这段记载与中国最早的行政法典《唐六典》（738 年成书）中对狐瑞的规定完全一致。由此可以断定，日本的狐瑞观念完全承袭自中国。众所周知，日本与中国的文化交流源远流长。阿部武彦认为古代中国的先进文化对古代日本的显著影响主要在如下五个时期。③ 第一时期是汉武帝在朝鲜半岛设立乐浪郡的公元前 108 年至乐浪郡消亡的公元 313 年，此间四百余年，

---

① 経済雑誌社. 国史大系第 2 卷：続日本紀[M]. 東京：経済雑誌社，1901：109.
② 藤原時平，ほか. 延喜式：第 4[M]. 東京：日本古典全集刊行会，1929：129.
③ 阿部武彦. 研究史と文化の概観[M]// 児玉幸多. 図説日本文化史大系：第 2 卷. 東京：小学館，1965：39-40.

以金属器为主的中国文化大量输入日本。中国文化的输入不仅仅体现在单个物品上，还体现在技术者及制造技术上。第二时期是 4 世纪末 5 世纪初，乐浪郡遗民，即身怀高度文化教养的汉人子孙，包括弓月君、阿知使主[①]等率数十万百姓移居日本。王仁此时也携《论语》《千字文》等归化日本。这些人多从事文笔、养蚕、纺织、缝纫等职业。第三时期是 5 世纪中后期，所谓"今来汉人"（新归化人，又作"新汉人"），包括雄略天皇七年（463）移居日本的陶作部高贵、鞍作部坚贵等，他们被早前来到的东汉氏（倭汉氏）、西汉氏（河内汉氏）所组织统领，对手工业的发展做出了重要贡献。第四时期是 6 世纪继体天皇至钦明天皇时期，这一时期天皇积极招聘以五经博士为首的僧侣、易博士、历博士、采药师、乐人。此段时间也是佛教公传的时期。第五时期是 7 世纪日本积极向隋唐派遣使者、留学生及留学僧，他们全面学习中国的政治韬略、礼乐制度、文化思想等。在中国先进文化多次大规模传入古代日本的历史背景下，中国的狐瑞思想也随之传到了日本，正是因为狐被看作祥瑞之物，在日本的正史中才会多次出现献狐的记载。

三、狐神

如前所述，狐是一种瑞兽，是吉祥的征兆，与此相反，狐也可以预示灾祸，在这一点上中日两国是一致的。《日本书纪》记载，齐明天皇五年（659），"是岁，命出云国造，修严神之宫。狐啮断于友郡役丁所执葛末而去"[②]。这里狐与葛关联出现，颇具意味。此载是否为后世"葛之叶"系列传说故事的祖源，目前还难以断定。日本学者星野五彦将狐咬葛藤视为自然兽性[③]，似乎忽视了葛藤在此处是被当作拉曳木材的绳索，用以修建神宫。

---

① 坂本太郎，家永三郎，井上光貞，ほか. 日本書紀：上[M]. 東京：岩波書店，1965：375.（应神二十年九月条记载："倭汉直之祖阿知使主，其子都加使主，并党类率十七县众人来归。"）

② 坂本太郎，家永三郎，井上光貞，ほか. 日本書紀：下[M]. 東京：岩波書店，1965：341.

③ 星野五彦. 狐の文学史[M]. 増補改訂. 松戸：万葉書房，2017：14.

狐用行动，客观上违抗了天皇的命令。狐啮葛藤与随后的"又狗啮置死人手臂于言屋社"对仗使用，是为文章小字注"天子崩兆"。事实上，未过二年"天皇崩于朝仓宫"①。

此外，六国史中还多次出现狐鸣、狐遗屎预示凶兆的记载。《续日本纪》宝龟五年（774）条载："去年十二月……野狐一百许。每夜吠鸣。七日乃止。"②《日本三代实录》元庆六年（882）四月条载："十日壬午，东宫狐昼鸣，自辰至申、其声不绝。"③同书贞观十七年（875）十月戊午九日及十九日，两次"紫宸殿前版上，狐遗屎"④。虽然上述文献均未载明狐鸣、狐遗屎有什么特殊含义，但大抵不是什么好的征兆。关于这一点的答案，我们或许可以从《日本灵异记》中得到。《日本灵异记》是奈良僧人景戒于822年左右完成的一部佛教故事集，其卷三十八中有一篇题为《福祸有先兆而后生》的故事。⑤该故事是景戒根据自己的亲身经历写成的，讲的是景戒的居室附近夜夜有狐鸣，不仅如此，狐还破壁登堂入室，在佛座上拉了屎，如此在持续了二百二十余日后，景戒身边的侍从突然死掉了。两年后，景戒家又听到狐鸣，第二年正月景戒家的马也突然死了。由此可见，在日本人看来，狐可以预示灾祸，狐鸣、狐遗屎等都是不吉祥的征兆。《续日本后纪》天长十年（833）八月条载："有狐，走入内里，到清凉殿下，近卫等打杀之。"⑥可见，狐也经常遭到帝王之家的忌讳而被打杀。

狐拥有超强的预示凶吉的神力，充满了神秘感，令人又爱又恨，或许正是在这种复杂心理的作用下，人们一方面把狐当作神来敬奉，另一方面又把它当作妖来避讳。也就是说，日本人对狐的信仰与畏惧是分开的。本节将谈谈日本人的狐神观念。与中国明显不同的是，日本的狐神和稻荷结下了不解之缘。稻荷是日本人非常重要的信仰，其地位之高、之重，可以通过《伏见

① 坂本太郎，家永三郎，井上光貞，ほか. 日本書紀：下［M］. 東京：岩波書店，1965：342.
② 経済雑誌社. 国史大系第2巻：続日本紀［M］. 東京：経済雑誌社，1901：574.
③ 経済雑誌社. 国史大系第4巻：日本三代実録［M］. 東京：経済雑誌社，1901：585.
④ 経済雑誌社. 国史大系第4巻：日本三代実録［M］. 東京：経済雑誌社，1901：418.
⑤ 遠藤嘉基，春日和男. 日本古典文学大系70：日本霊異記［M］. 東京：岩波書店，1967：431.
⑥ 佐伯有義. 六国史：巻7［M］. 東京：朝日新聞社，1941：25.

稻荷大社略记》中的一段文字看出来。

> 稻荷大神，原来是作为司掌以五谷为主的所有食物、桑蚕的神
> 受到信仰的，而到了平安朝时，此社被当作东寺的镇守之后，便集
> 朝野尊崇于一身，开始走向隆盛，同时它的信仰也一度广为传播，
> 进而由中世纪到近世（江户时代，1603—1853 年），工业兴起、
> 商业兴旺，其神格也由农业神向殖产兴业神、商业神、房屋神扩
> 大。不仅仅在农村，还广泛地在大名、武士之家得到劝请、奉祀。
> 现在，稻荷神社之数约有四万，占日本神社总数十万多神社数的约
> 三分之一，加上各家庭的祇内祠等，几乎近于天数……①

可以看出，以京都伏见稻荷神社为中心，日本各大公司及普通家庭祭祀
的稻荷②，数量简直惊人。大约在日本绳纹晚期，东渡日本的大陆居民为日
本列岛带来了水稻栽培技术及先进的生产工具，日本人自此开始了稻作农耕
的生活。对一个农业国来说，没有什么比风调雨顺、五谷丰登更重要的了，
因此日本人格外重视稻荷神。天庆五年（942），稻荷神被日本朱雀天皇授
予"正一位神阶"，"正一位神阶"是神明的最高位阶。③ 至此，稻荷神享誉
神明的无上尊荣，而这份尊荣同时也被狐狸所分享。这是因为，在日本，狐
狸被认为是稻荷神的使者，甚至被当作稻荷神来看待。因而在伏见稻荷神社
里随处都可见形态各异的石狐，嘴衔稻穗（见图 1-6）、卷轴（见图 1-7）、
宝珠（见图 1-8）、钥匙（见图 1-9）等，这些情景似乎都在传达着狐狸和
稻荷神的这层关系。

---

① 吉野裕子. 神秘的狐狸：阴阳五行与狐崇拜［M］. 井上聪，汪平，杨华，等，译. 沈阳：辽宁教
  育出版社，1990：130-131.
② 这里需要说明的是，只要得到官方许可，公司或私人家里可以任意设稻荷小祠，供奉稻荷神。因
  此，到了江户时代有"伊势商人、稻荷神社，还有狗粪"这样的谚语，用来形容稻荷社数量非常
  之多。
③ 榎本直樹. 正一位稻荷大明神：稻荷の神階と狐の官位［M］. 東京：岩田書院，1997：185.

图1-6　神狐衔稻穗　　　　　　　　　图1-7　神狐衔卷轴

（图1-6和图1-7由麻国钧教授拍摄、提供）

图1-8　神狐衔宝珠　　　　　　　　　图1-9　神狐衔钥匙

（图1-8和图1-9皆选自网站图片，京都神社巡り
https://kyoto-shrine.com/husimiinari-kitune/ ）

　　在日本稻荷信仰中，人们相信狐乃是稻荷神出现于人间所借用的姿态，护持稻谷良性生长。随着日本社会的不断发展、商业社会的兴起，稻荷神社里的狐狸除了作为谷物神的象征而享受祭祀，又被人们当作祈求商业繁盛的财神。正如流传于日本民间的名为《狐狸灯笼》的童谣所唱：

　　　　狐狸灯笼呦，狐狸灯笼呦，

　　　　噢——噢——排在一起呦，

　　　　地上粮食丰收，天上落下金钱呦，

　　　　出海大鱼满网，海里涌出金钱呦，

噢——噢——狐狸灯笼排在一起哟。①

很明显，人们寄予狐狸的期望，已经不仅仅是"粮食丰收"了，更渴望狐狸能够给自己带来源源不断的财运，甚至在当今日本的某些商店里，还能看到笑容可掬的大肚子狐狸。

那么，狐为什么能和稻荷神结合在一起呢？关于这个问题，得从稻荷的起源谈起。伏见稻荷神社是日本全国稻荷神社的总社本宫，也是稻荷信仰的发源地。历史上稻荷社与东寺有着很深的渊缘。然而，对于稻荷的起源，双方却有着不同的史料记载。

伏见稻荷神社主张的是秦氏创社说，这也是日本神道系稻荷信仰的源头。秦氏是古代日本最大的渡来氏族。《日本书纪》记载，应神天皇十四年（283）"是岁，弓月君自百济来归。因以奏之曰，臣领己国之人夫百廿县而归化。然因新罗人之拒，皆留加罗国"，又十六年（285）八月"新罗王愕之服其罪。乃率弓月之人夫，与袭津彦共来焉"②。弓月君据信为"秦始皇十三世孙功满王之子，弓月君之后称秦氏，钦明天皇时，秦氏的户数有7053户"③。秦氏氏族凭借先进的养蚕、纺织、青铜制造技术，积累了大量的财富，成为京都深草地方的一大豪族。最终于和铜年间（708—715）受命，建造了日本稻荷神社的大本宫——伏见稻荷神社。对此，《山城国风土记逸文》记载如下：

　　风土记曰，称伊奈利者，秦中家忌寸等远祖，伊侣具秦公，积稻粱有富裕，乃用饼为的者，化成白鸟，飞翔居山峰，伊祢奈利生，遂为社名。至其苗裔，悔先过而拔社之木，殖家祷祭之，今殖其木，苏者得福，殖其木，枯者不福。④

---

① 吉野裕子. 神秘的狐狸：阴阳五行与狐崇拜[M]. 井上聪，汪平，杨华，等，译. 沈阳：辽宁教育出版社，1990：145.
② 坂本太郎，家永三郎，井上光贞，ほか. 日本书纪：上[M]. 东京：岩波书店，1965：371-373.
③ 儿玉幸多. 图说日本文化史大系：第2卷[M]. 东京：小学馆，1965：166.
④ 秋本吉郎. 风土记[M]. 东京：岩波书店，1958：419-420.

所谓《风土记》，是和铜六年（713）元明天皇命诸国编撰的地方报告公文书。《山城国风土记》记载的是平安迁都以前，山城国（京都）的风土人情、历史文物、地理状况等，全书已遗失，只在其他书中以引文的形式留存下来，故称作"逸文"。从上述记载可知，稻荷社（伊奈利社）是由渡来氏族秦氏建造的。该社名是由传说中白鸟落地处生出水稻即"稻生"的读音演变而来的。"稻生（伊祢奈利）"的日语读作「イネナリ」，缩略为「伊奈利（イナリ）」，"伊奈利社"由此而得名。

除此之外，《神祇官勘文》《年中行事秘抄》等古籍曾引用的《稻荷社祢宜祝等申状》提道，此神于和铜年间首次显灵，镇坐于伊奈利山（稻荷山）之三山峰的平坦处，而秦氏族人等则以祢宜、祝（神职职称）之身份于春秋祭典中奉祀。而社记中也记载，元明天皇和铜四年（711）二月壬午之日，治理伏见稻荷所在的京都深草地区之长者"伊吕具秦公"奉天皇命令，于伊奈利山之三山峰开始祭祀三尊神明，该年五谷结实累累，得以养蚕织物，天下百姓因而享丰足之福。

从上面的文献可以获得以下信息：一是和铜四年（711）二月初午神明首次显灵，开始镇座于伊奈利山（稻荷山）；二是祭祀神明当年，"五谷结实累累，得以养蚕织物，天下百姓因而享丰足之福"。由此可以看出，该镇座神明是掌管人类食粮的谷物神，也就是稻荷神。细心的读者也许会发现，这些史料均载明了稻荷社与秦氏的渊源关系，却未提及狐狸。那么，狐狸是如何与秦氏所创建的稻荷社，乃至与社中的祭神产生关联的呢？对此，日本学者吉野裕子给出了一个解释：秦氏所在的时代，中国农村盛行祭祀狐神。根据阴阳五行思想，狐神是土德之神，可以说是关涉农作物丰饶的谷物神。当秦氏经由朝鲜半岛东渡日本时，很有可能将中国的这种狐神信仰也带了过来。因此，狐狸成为秦氏所创祀的稻荷社的主神也没有什么不可思议的。[①]

---

① 吉野裕子. 神秘的狐狸：阴阳五行与狐崇拜[M]. 井上聪，汪平，杨华，等，译. 沈阳：辽宁教育出版社，1990：121.

为了进一步证明自己的这一观点,吉野裕子又从阴阳五行思想出发,分析了和铜四年(711)稻荷创祀的实质,即利用狐的土气,克制预测到的和铜四年、五年将发生的水祸,简言之,稻荷创祀就是狐神镇祭。[①] 在此,我们暂且不论吉野裕子的论断是否妥当,单从秦氏身负中国的思想文化东渡日本,并在深草一带建社、创祀这一史实来看,秦氏将本国的狐神信仰带入稻荷社也不是没有可能。

稻荷起源的另一传说是弘法大师(空海)稻荷劝请说,发生在弘仁年间(810—824),晚于秦氏创建伊奈利社百余年,主要见载于《稻荷大明神流记》和《稻荷大明神缘起》。这两则史料均为东寺僧人的传承本,是由东寺僧人撰写而成的。《稻荷大明神流记》约成书于14世纪中叶,其中关于稻荷的起源记载可总结如下:

> 弘仁七年(816)夏天,大和尚(空海)在纪州田边的旅店遇见稻荷神化身的异相老翁,只见他身高八尺,体格健硕,内有超凡之气,外现凡夫之相。翁见到空海高兴地说:"吾在神道。圣在威德也。方今菩萨到此所。弟子幸也。"空海答曰:"于灵山面拜之时,誓约未忘,此生他生,形异心同,予有秘教绍隆之愿,神在佛法拥护之誓,请共弘法利生,同游觉台,夫帝都坤角九条一坊有一大伽蓝,号东寺,镇护国家,可兴密教灵场也。必奉待而已。化人曰,必参会寺和尚之法命。"

> 弘仁十四年(823)正月十九日,天皇御赐东寺给空海用作密教的道场。同年四月十三日,纪州所遇化人背着稻米,提着杉树叶,伴二女二子来到了东寺南门前。弘法大师非常高兴,盛情款待了这一行人,怀着由衷的敬意,将饭菜供奉给神,并献上点心。在那之后的一段时间里,一行人在八条二楼的柴守家里寄宿,其间

---

① 吉野裕子. 神秘的狐狸:阴阳五行与狐崇拜[M]. 井上聪,汪平,杨华,等,译. 沈阳:辽宁教育出版社,1990:82-89.

空海在东寺的杣山定了胜地，镇坛十七日，之后便将稻荷神供奉于此。①

《稻荷大明神流记》关于稻荷起源之"空海东寺镇守劝请说"的主要内容充满了传奇色彩。关于供奉稻荷神的杣山的具体地址，据松前健考证，东寺的杣山就在稻荷山中。②事实上，空海与稻荷山在历史上的交集仅在于天长三年（826）空海建东寺的五重塔时采伐了稻荷山的神木。这件事后，淳和天皇受到牵累，因祟患病。《日本后纪》天长四年（827）春正月条云：

> 辛巳（十九日），诏曰，天皇诏旨，稻荷神前申给申，顷间御体不愈大坐，依占求，稻荷神社树伐罪祟出申，然此树，先朝御愿寺塔木用为东寺所伐，今成祟申故……差使，礼代从五位下冠授奉治奉，实神御心坐，御病不过时日除愈给。③

淳和天皇身体不适，经占卜得知，是先朝天皇（恒武天皇）的御愿寺——东寺建塔时采伐了稻荷神社的神木，致神灵作祟所致。故天皇遣使授予稻荷神从五位下神阶，后追封为正一位神阶。此举可解读为神（稻荷社）与佛（东寺）的政治冲突。从稻荷社的立场来看，空海砍伐稻荷社的神木，必然会引起神社的不满。天皇为稻荷神加封神格，是统治者对本土宗教的安抚，而东寺劝请稻荷神为东寺的镇守之神，则是佛教日本化的真实缩影。

到了后世，空海稻荷劝请传说又添加附会了稻荷山神龙头太让山给空海、空海劝请稻荷神至稻荷山等情节，详情见载于《稻荷大明神缘起》之龙头太条。《稻荷大明神缘起》大致成书于文明年间（1469—1487），关于这段记载兹引用如下：

---

① 参见伏见稻荷大社. 稻荷大社由緒记集成：信仰著作篇[M]. 京都：伏见稻荷大社社務所，1957：37.
② 松前健. 稻荷明神：正一位の实像[M]. 東京：筑摩書房，1988：53-54.
③ 佐伯有義. 六国史：卷6[M]. 東京：朝日新聞社，1941：211.

古老传云：彼三御之龙头太，自和铜年以来，既达一百年。山麓结庵，以昼耕夜樵为业，其面如龙，颜上有光，照夜似昼，人名之云龙头太。云其姓为荷田氏，乃稻荷之故。然弘仁之顷，弘法大师居此山，修难行苦行时，彼龙头太来而申曰：我乃是所山神，有愿守护佛法，愿大师授真言之妙味。然愚老忽耀应化之威光，长隐垂迹之灵地，让山与大师云云。

其时，大师深以为敬，以是写其面貌，作彼神体。大师御作安置于当社灶殿。每岁祭礼之时，与神舆同出。当社名为荷田社而镇座。自龙头太让山与大师之后，劝请稻荷神于当山。其时，藤尾大明神居彼山麓。大师奏请嵯峨天皇，迁座深草。于其旧迹据奉老翁五人。老翁乃稻荷大明神，二女为下宫、中宫。①

关于龙头太的身份，这里提到"云其姓为荷田氏"，可以推断龙头太可能是荷田氏的氏族神。吉野裕子通过对龙头太的名称、出典、形态进行考察，认为"太"和"蛇"的日语读音相同，都读作"da"，故"龙头太"是具有龙头的巨大的蛇。另，上文中龙头太自称"我乃是所山神"，即山神，且稻荷山同三轮山、伊吹山等情形相似，均呈圆锥形山貌，这些山的山神多数是蛇神。再加之龙头太"其面如龙，颜上有光，照夜似昼"，其眼中发光，与古代日本人对神蛇的印象"闪光物"不谋而合，这说明了龙头太与蛇之间的关联，从而得出结论"荷田的龙头太是稻荷山的山神，被待之以蛇神"。②稻荷山神（蛇神）龙头太在遇见空海时，显得非常谦卑，为了表示守护佛法的诚心，将自己长年居住的稻荷山让给了空海。空海奏请嵯峨天皇，迁走了原本镇坐于稻荷山麓的藤尾大明神，将稻荷神正式劝请至此，标志着佛教系稻荷信仰的开端。

---

① 参见伏見稻荷大社. 稻荷大社由绪记集成：信仰著作篇[M]. 京都：伏見稻荷大社社務所，1957：51.
② 吉野裕子. 神秘的狐狸：阴阳五行与狐崇拜[M]. 井上聪，汪平，杨华，等，译. 沈阳：辽宁教育出版社，1990：129.

事实上，日本学术界对空海稻荷劝请说颇有质疑。冈田庄司在《〈稻荷大明神流记〉的成立》一文中，通过详细辨析考证空海的生平事迹，并比照"丹生明神让予高野山给空海的传说"与"龙头太让予稻荷山给空海的传说"的故事模式及形成背景，指出后者是对前者故事模式的模仿，都是空海在传布真言密教过程中杜撰出来的故事。①

在此，我们暂且不论空海稻荷劝请说的可信度有多少，但至少该故事传达给我们这样一个信息，那就是空海在传布真言密教的过程中，和稻荷紧密结合在了一起，这也直接导致了佛教系稻荷信仰的产生。总之，两部东寺僧人传承本《稻荷大明神流记》和《稻荷大明神缘起》最大的特征是，里面记载的名称不再是"伊奈利"，而是"稻荷"②，且稻荷神与弘法大师空海交往密切，稻荷社与东寺也有着很深的渊源。该传说的产生是日本神佛习合的结果。6世纪佛教传到日本后，得到统治阶级的大力扶植而迅速成为当时日本社会的主要宗教，而日本本土的神道教因没有系统的教典和完备的组织，一时成为佛教的附庸。佛教提出"佛主神从"的"本地垂迹"说，宣称佛或菩萨是"本地"（本来面貌），日本神道教所奉之神是佛或菩萨的"分身"或"垂迹"（暂变面貌），并把日本诸神作为佛教的护法神。在此背景下，围绕佛家僧人空海与诸神的传说故事应运而生。

佛教系稻荷信仰以密教中的茶枳尼思想进入日本为发端，狐则是其中重要的媒介物。平安时代初期，佛教神茶枳尼天通过空海的《大日经疏》进入日本人的视野，逐渐成为日本人重要的信仰对象。茶枳尼天，梵名 Dākinī，是印度民间信仰中的下级女神。《大日经疏》卷十载，茶枳尼天"有自在神通力，能于六个月前得知人之死期，遂预先食其心，而代之以他物，直至此人合当命终时，始告败坏。盖修此法者可得神通，大成就；毗卢遮那佛为除此众，故以降伏三世之法门，化作大黑神而收伏之，令彼皆皈依于佛"③。

---

① 冈田庄司.『稻荷大明神流記』の成立［J］.神道宗教，1972（68）：27-39.
② "稻荷"一词的来源，有这么几种说法：一是由"伊奈利（イナリ）"转讹而来；二是由接下来将提及的肩挑稻谷的稻荷神形象启发而来，"肩挑稻谷"的日语表达为「稲を荷う」，略称为「稻荷」。
③ 弘学.佛教诸尊全图：胎藏界曼荼罗［M］.成都：巴蜀书社，2003：235.

荼枳尼天被佛教吸纳后，成为密宗中归属天部的神，掌管人类的寿命、福德与爱欲等原初欲望。荼枳尼天在印度常以胡狼的姿态出现，胡狼在汉译佛典中译为"野干"，当汉译佛典进入日本时，日本没有与胡狼对应的动物，但"野干"对应的是狐狸，狐狸经常出没在墓地，食死尸，这一点与荼枳尼天很相似。因此，在日本，荼枳尼天常以白狐的姿态示人，狐是荼枳尼天的化身，也是其神使，发挥着咒术作用。而狐又是稻荷神的使者，甚至被看作稻荷神本身。由此，以狐为媒介物，荼枳尼天与稻荷神便同一化了。荼枳尼天与稻荷神的结合，彻底改变了其恶神、祟神形象，转变为慈悲的善神，而狐正是因为与这样的荼枳尼天合体，身份、地位骤然提升，成为能给世人带来福运的白辰狐王菩萨，受到世人的尊崇。正如《和训刊》所云："狐，佛家称陀祇尼天之别号为白辰狐王菩萨，世所云稻荷神体之形象乃也。"[1] 荼枳尼天神的形态通常有两种：一种是女神形象（见图1-10、图1-11），身骑白狐，右手执剑或镰刀，左手捧宝珠，该形象有着慈悲和恐怖的两面性；另一种是老翁形象（见图1-12），身骑白狐，右手持稻谷，左手捧宝珠。

图1-10　善觉稻荷　　　　图1-11　丰川　　　　图1-12　笠间
　　荼枳尼天像　　　　　　荼枳尼天像　　　　　稻荷社荼吉尼

（图1-10、图1-11、图1-12均引自大森惠子《稻荷信仰的世界：稻荷祭与神佛习合》[2]）

① 参见谷川士清. 和训栞 [M]. 東京：皇典講究所，1898：601.

② 大森惠子. 稻荷信仰の世界：稻荷祭と神仏習合 [M]. 東京：慶友社，2011.

狐、荼枳尼天、稻荷神这种相互融合的情况，在日本镰仓时代（1192—1333）已经形成，这从《稻荷大明神流记》之船冈山白狐传说中便可看出端倪。

> 昔洛阳城北，船冈山之旁有老狐夫妇。夫身毛白，如银针排列。尾端之上，似插嵌秘密之五钴。妇乃鹿首狐身。且手牵五子，各呈异相。弘仁年间之顷，两狐伴五子参诣稻荷山，各跪神前，显申词语云，我等虽得畜类之身，然天生备灵智，深愿守世利物，然以我等之身，难遂此愿，故仰愿自今日成此社之眷属，藉神威，遂此愿。时，神坛忽感动，明神宣敕曰，显我和光同尘之善功，回化度利生之方便，汝等誓愿，又不可思议，故自今应久为本社之侍者，扶怜参诣之人，仰望之辈。夫仕上宫。其名可称小芝。妇候下宫，其名曰阿古町。依是，各立誓约十种，以满万人之愿望。然，欲信该社之人，梦里现实皆欲见狐姿，是云告狐。[①]

一方面，白狐"毛白，如银针排列。尾端之上，似插嵌秘密之五钴"，其中的"五钴"也称"五钴杵""五峰杵""五智光明峰杵""神杵"等，是金刚杵中最受重视的法器。这里说夫狐身白，尾巴上似插嵌着秘密五钴杵，也就是间接地说明了白狐夫妇都是佛教中的狐。此外，这对白狐夫妇怀着守世利物本愿，要满足众人的愿望，并最终成为万人信仰的对象。由此不难看出，这对白狐夫妇很可能就是上文提到的白辰狐王菩萨，也就是荼枳尼天。另一方面，日本镰仓时代，佛教"本地垂迹"思想盛行，日本人一般认为荼枳尼天菩萨是稻荷神的"本地"，为了普度众生而化身为稻荷神。因此，人们都渴望在梦中或现实里见到的狐，实际上是"白辰狐王菩萨＝稻荷神"的化身，它的身份、地位非常尊贵，是世人信仰的对象。稻荷明神让白狐夫妇充当了自己的眷属、使者，这实质上也正是佛教、神道教习合的迹象。

① 参见伏见稻荷大社. 稻荷大社由绪记集成：信仰著作篇[M]. 京都：伏见稻荷大社社务所，1957：39.

第一章　中日狐文化概述

狐能与稻荷结合，与日本人对狐本身的认识也不无关系。

首先，在日本民间，狐除了被看作稻荷神的使者外，其本身也被当作谷物神或田神来敬奉。在农耕时代，稻谷是日本人赖以生存的最重要的食粮，而稻田的鼠害则主要依靠狐来消除。因此，狐自然成为日本农民心目中的护粮英雄，逐渐被当作"农业神"或"田神"来崇拜。这里举一个事例。在日本近畿地区，每年大寒时节各家各户都会准备赤饭团和油炸豆腐，放在森林、丘坡等狐狸可能出没的地方，当然也包括稻荷祠和稻荷堂，供给狐狸食用，人们把这种祭祀活动称作"狐施"或"寒施"。同时，在"寒施"的过程中人们还会向神明祈求来年的五谷丰登、穰穰满家。由此可见，日本人将宗教祭祀与农业生产紧密结合在一起，对稻荷神的使者狐的供奉极为重视，因为在日本人的心目中，狐是稻荷大明神的代表，同时它本身又作为谷物神、田神而受到人们的祭祀。

其次，在日本原始宗教信仰中，狐（「キツネ」）的名称有"食物灵"之意。五来重在《稻荷信仰研究》中指出，狐（「キツネ」）的古语说法是「ケツネ」。其中，「ケ」是"食"的古语，「ツ」相当于日语中的助词「の」，表示所属，「ネ」是"根"，所以「キツネ」指的是"食之根源"。[①]可见狐是被视为食之根源的稻谷的保护神，成为稻荷神的使者实乃水到渠成之事。

再则，狐与稻荷神在名称上有相通之处。这里主要有两种说法。其一，从读音来看，"御馔津＝三狐神"。稻荷神是掌管人类食肆的谷物神——仓稻魂命，又名"御馔津神"，其中的"御馔津"在日语中读作「ミケツ」，而「ミケツ」也对应汉字"三狐"，因此日本俗信中的谷物神又被称作"三狐神"。[②]而三狐神被认为是后来居于稻荷山上的三只狐狸，分别叫作阿古町、黑尾（或黑鸟）和小芋（或薄），它们作为稻荷神的使者长期栖身于稻荷社的上、中、下三社中，在人、神之间起着重要的媒介作用，如此一来，狐便与稻荷紧密联系在了一起。其二，"狐"与"稻荷"的读音相同，故人们经

---

① 五来重. 稻荷信仰の研究［M］. 冈山：山阳新闻社，1985：456.
② 五来重. 稻荷信仰の研究［M］. 冈山：山阳新闻社，1985：23.

常将二者等同看待。日本学者日野岩在《动物妖怪谈》一书中，全面考察了狐狸的名称①，兹引录如下（见表 1-1）。

表 1-1　"狐"在日语中的名称及所载文献

日语名称	所载文献
キツ	《万叶集》《八云御抄》《伊势物语》
キツネ	《本草和名》《和名类聚抄》《东雅》《本朝食鉴》《类聚名义抄》
キツニ	《倭训刊》
クツネ	《类聚名义抄》《下学集》
ケツネ	《物类称呼》《本朝食鉴》
タウメ	《河海抄》《山槐记》《宇治拾遗物语》
命妇的御前	《壒囊抄》
野干、射干	《和名类聚抄》《水镜》
ヨルノトノ	《物类称呼》
ヨルノヒト	《物类称呼》
トウカ	《物类称呼》
マヨワシドリ	《燕石杂志》
イカダトメ	《本草纲目译义》

日野岩提到，狐狸在白天和晚上有不同的称呼。在关西地区，狐狸在白天被叫作「キツネ」，在晚上被叫作「ヨルノトノ」；在西国地区，晚上的狐狸被叫作「ヨルノヒト」；在东国地区，白天的狐狸被叫作「キツネ」，晚上的狐狸被叫作「トウカ」。这些在《物类称呼》中均有记载。此外，这里的「ヒト」「トノ」包含对狐狸的亲密感或某种敬意。「トウカ」同时也是"稻荷"一词的音读（模仿汉语的读法），即"稻荷"和"狐"有着相同的读音，或许是出于这一原因，在当时的日本人看来，稻荷就是狐。

---

① 日野巌. 動物妖怪譚[M]. 東京：養賢堂，1926：284-285.

日本人尊崇、信仰狐神，认为狐神能够帮助他们实现愿望，这一点在戏剧中也多有体现。能《小锻冶》敷演稻荷神狐显灵，帮助铸刀名匠三条小锻冶宗近锻造"小狐丸"。人形净琉璃《本朝廿四孝》敷演八重姬在神狐附体后，拯救爱人（仇家之子），揭露父亲谋反。神乐剧目则多与狐神降福禳灾相关，如群马县雷电神社的《耕种》、栃木县田间血方神社的《稻荷之舞》、栃木县风见大杉神社的《天狐之舞》、榛名神社的《天狐乱护》等。此外，民俗艺能的风流舞、门付艺，甚至狮子舞中也常见狐舞（戴狐面或狐头假形）。

综上所述，我们可以总结如下：在日本神道教中，狐是稻荷神的眷属、使者，辅助稻荷神行使神责，在人、神之间起着重要的沟通作用。狐也被认为就是稻荷神本身。而当佛教中的茶枳尼天进入日本后，与稻荷神结合，大大提升了狐的地位，使狐上升至神、菩萨的地位，成为世人尊崇、信仰的对象。人们普遍认为狐是稻荷神、农神、福神的化身，能招财纳祥、祛病禳灾。

四、狐妖

平安末期的日本学者大江匡房在其作品《狐媚记》中记载了六个狐妖的怪异谈，并在文末发出感叹："嗟呼，狐媚变异，多载史籍。殷之妲己为九尾狐，任氏为人妻。到于马嵬，为犬被获。惑破郑生业，或读古冢书，或为紫衣公，到县许其女尸，事在倜傥，未必信伏。今于我朝，正见其妖。虽及季叶，恠异如古。伟哉。"[①] 这段文字明显提到的就是中国的九尾狐妲己、任氏、狐博士等，由此可见，中国的各种狐妖传说最晚在 12 世纪之前就已传入日本，而日本的狐妖故事则很大程度上是在此基础上发展而来的。

说到日本的狐妖，首先必须提及的是美浓狐的故事。那是一个唯美的人狐婚恋故事，最早见载于《日本灵异记》上卷第二话"娶狐生子缘"。[②] 故事讲的是，美浓国大野郡的一男子在野外遇见一个美貌的女子（见图 1-13），

① 塙保己一. 羣書類従：第 1—9 辑［M］. 東京：続群書類従完成会，1939-1942：319.
② 遠藤嘉基，春日和男. 日本古典文学大系 70：日本霊異記［M］. 東京：岩波書店，1967：67-69.

该女子风情万种，频频向男
子目送秋波，而男子刚好
也在寻求伴侣，二人情投意
合，遂结为夫妇。婚后没过
多久，女人就怀孕了，生了
一个男孩。岂料女人是狐所
变，家中饲养的狗经常对着
女人吠叫，女人央求丈夫杀
了这只狗，但男人迟迟没有

图1-13　美浓国男子野外遇狐女
（引自藤泽卫彦《日本传说研究》①）

动手。一天，当女人刚刚进入磨房，那只狗就猛扑向她。女人惊恐之中变回
狐原形，飞跳上了屋檐准备离开。男人见状，惊愕不已，但仍然说道："我
们之间已经有了孩子，尽管你非人类，我还是不能忘记你，你随时回来睡
吧。"["回来睡"的原文表达为「来（き）つ寝（ね）」，故也有一说认为，
狐（「きつね」）的名称源于此。]那之后，狐时常变作妻子的模样回来。丈
夫对狐妻非常眷恋，将孩子命名为"岐都弥"（发音与狐相同），姓狐直。
日本古代的"姓"与中国迥异，是表示出身，包括职业、爵位、地位等一切
表示身份的东西。②"直"为日本上古赐姓，与"值"同根，又作"费直"，
匹敌之意，多为掌管一方、能与天皇匹敌的地方豪族，后成为八色姓中排名
第四的"忌寸"姓的主要来源，比较有名的"直"姓有"东汉直"等。由此
可知，狐族被赐予直姓，具有高贵与外来归化人的双重属性。

　　这则美浓狐的故事流传到后世，逐渐与阴阳师安倍晴明的传奇故事结合
在一起，变成了日本家喻户晓的信太妻传说。在该传说中，狐妻是和泉国信
太森中的白狐所化，名为葛叶，与安倍保名结婚并生下一子，该子就是后来
赫赫有名的阴阳师安倍晴明。之后，葛叶的狐身份暴露，留下一首诗后便悲
伤地回到信太森中去了。信太妻传说在中世时期主要以说经形式流传，到了

---

① 藤沢衛彦. 日本伝説研究：第5卷［M］. 東京：六文館，1932.
② 高群逸枝. 母系制の研究［M］. 東京：理論社，1966：374.

近世，被改编成净琉璃和歌舞伎的脚本，形成了《信田妻》《信田森女占》《芦屋道满大内鉴》等经典的狐仙戏剧目。

除了上文提及的善狐妖，日本还有一个妇孺皆知的恶狐妖故事，即玉藻前的故事。故事讲的是，很久很久以前，天地初开，世间一片混沌，一团上升的阴气聚集到了一起，幻化成了一只狐妖。经历了漫长的岁月后，狐妖拥有了不死之身，它全身长着金毛，长长的尾巴分成了九股，人们将其称作"金毛白面九尾狐"。在中国的商朝，九尾狐幻化成一个绝世美女妲己，魅惑商纣王，做尽坏事。商朝灭亡后，九尾狐妖去了印度，化身为摩竭佗国斑足太子的王妃华阳天，蛊惑斑足太子取千人之首。后来，九尾狐幻化成少女，搭上了从中国返回日本的遣唐使吉备真备的船。到了日本后，它又化为弃婴，被一名武士收养。由于天资聪颖、美貌绝伦，它不久便入了宫，成了鸟羽上皇的宠妃，号称玉藻前。但不久之后，鸟羽天皇突染重病卧床不起，天皇家的御医却无法查明病因。最后由阴阳师安倍泰成判明是玉藻前在作怪。于是，泰成决定做泰山府君祭，替上皇祈愿，并要求玉藻前持御币配合。当咒语念到一半时，玉藻前便现出狐原形，飞到天上逃走。泰成利用八咫神镜的魔力，将它击落在那须（栃木县内）荒凉的原野上（见图1-14）。之后，东国武士上总介和三浦介奉命前往那须野猎杀了狐妖（见图1-15）。据传，狐妖死后阴魂不散，化作杀生石。杀生石会释放出毒气，危害人类和动物的安全。玉藻前的后续故事是，杀生石不断杀死靠近它的鸟畜，终于有一天，一位德高望重的僧人玄翁来到那须野，做法事超度玉藻前的亡魂，玉藻前怨念消解，杀生石瞬间碎裂，玉藻前亡魂自此成佛，不再作恶。据考证，玉藻前的故事是受中国狐妖妲己的故事的影响而创作出来的。[①] 玉藻前是一个狐媚惑主、伤人害命的恶狐妖，因此无怪乎在当今日本稻荷信仰已根深蒂固的情况下，人们对狐也还带有一些负面的印象，这也说明了日本人对狐持有着一种复杂、矛盾的情感。

---

① 王贝. 狐妖妲己故事在日本接受和变化情况研究：以狐妖玉藻前故事的形成和发展为中心[J]. 齐鲁学刊，2019（4）：141-146.

图 1-14　安倍泰成调伏妖怪图

（日本国立历史民俗博物馆藏）

图 1-15　东国武士猎杀狐妖

（引自藤泽卫彦《日本传说研究》）

　　可见，同中国一样，日本的狐也具有两面性。一方面，狐被看作神的使者或者神明本身，受到人们的尊崇；另一方面，狐以妖的形象出现，令人忌惮。

| 第二章 |

中日"人狐婚恋"戏

  中日两国的狐戏，内容纷繁多彩，但从题材模式来看，大致可分为四类："人狐婚恋"戏、"狐妖乱世"戏、"狐精作祟"戏、"狐神助人"戏。其中，"狐精作祟"戏主要集中在中国，"狐神助人"戏主要集中在日本，这两类狐戏的数量较少，由于篇幅所限，只能留待日后进一步研究。"人狐婚恋"戏和"狐妖乱世"戏是中日两国均有的狐戏类型，数量居多，且极具典型性，值得深入探讨，故本书将在第二章和第三章里分别围绕这两类狐戏展开详细论述。本章则主要以"人狐婚恋"戏为研究对象，将中日两国存在的"狐化作美女，与凡人男子婚恋"的狐戏纳入研究范围，以剧作的主旨、核心情节、人物设置原则等为根本出发点，分别展开溯源分析与比较研究。根据"人狐婚恋"的最终结局，笔者又进一步将该类狐戏划分为"喜剧型人狐婚恋"戏与"悲剧型人狐婚恋"戏两种类型。所谓"喜剧型人狐婚恋"戏，是指狐女与凡人男子相恋，最终以圆满方式收尾的狐戏；或者由于狐女的离开导致其与凡人男子的婚姻未能长久，最终以狐女助其丈夫与其他女子婚配的另一种圆满形式为结局的狐戏。"悲剧型人狐婚恋"戏则指的是，由于男子的背信弃义、忘恩负义，或者外界诸多因素，人狐婚恋的结局未得善终的狐戏。根据这样的划分标准，中国的"人狐婚恋"戏基本涵盖了喜剧型和悲剧型两种类型，而日本的"人狐婚恋"戏则主要是悲剧型。

第一节　中国"人狐婚恋"戏：
芳醇的爱与切齿的恨

中国的"喜剧型人狐婚恋"戏又可细分为两种情况：其一，狐女嫁给凡人男子，婚后遭遇妖精、村霸等恶势力的干扰，婚姻生活遭遇危机，但最终在人狐的共同努力下，夫妻破镜重圆，又重新过上幸福美满的生活；其二，狐女嫁给凡人男子，并帮助男子成就事业，当男子功成名就之后，狐女主动选择离开，离开前一般会撮合丈夫与其他女子婚配。前者以湖南花鼓戏《刘海砍樵》最为典型，类似的还有五音戏《云翠仙》、广西邑剧《狐仙报恩》、晋剧《文山狐女》、新编川剧《九尾狐仙》、晋剧《万福宝衣》等剧目。后者代表性的剧目有清传奇《点金丹》、川剧《梅绛亵》、评剧《狐仙小翠》等。

在"喜剧型人狐婚恋"戏中，凡人男子一般是勤劳善良、淳朴孝顺的贫苦劳动人民，或是饱读诗书、相貌俊朗的落魄书生，现实的残酷或失意不得志，令他们将目光转向了有超能力的狐女。因此，这类戏中的狐女往往都是凡人男子心目中的"最佳伴侣"形象，她们美丽善良、活泼直爽、知恩图报、爱憎分明，或因报恩，或因慕才，或因他人撮合等，嫁给凡人男子，婚后勤恳操持家务，还会帮助男子成就事业。也有一些剧目受到道教思想渗透，狐女助男子功成名就后，会主动选择离开去修仙道，但她一般都会给丈夫找好新一任妻子。总而言之，中国的"喜剧型人狐婚恋"戏表现出来的是一种人狐和谐共处的美好状态。当然，中国的"人狐婚恋"戏也有因男子的背信弃义、忘恩负义最终走向破裂的，在戏曲中即为"悲剧型人狐婚恋"戏，这类戏包括川剧《武孝廉》、黄梅戏《秀才遇仙记》等。在这些剧中，狐女的善良贤惠与凡人男子的恶劣品行形成了明显对比，狐女作为正义的伸张者惩处男子，人狐关系最终破裂。

本节将以"喜剧型人狐婚恋"戏中最具代表性的剧目湖南花鼓戏《刘海

砍樵》和"悲剧型人狐婚恋"戏的代表剧目川剧《武孝廉》为具体案例，分别展开论述。

一、"喜剧型人狐婚恋"戏《刘海砍樵》

《刘海砍樵》又名《二仙传道》《大砍樵》《刘海戏金蟾》《刘海打柴》《万寿图》等。湖南花鼓戏、荆州花鼓戏、闽西木偶戏、隆德曲子戏，以及京剧、潮剧、秦腔、蒲州梆子等中均有该剧目。就湖南地方戏种而言，此剧也是长沙、邵阳、衡州、常德、岳阳花鼓戏，湘西花灯、阳戏、傩戏剧目。[①]《刘海砍樵》以川调、十字调、比古调演唱。其中砍樵一折常单独演出，称《小砍樵》。

据《湖南省非物质文化遗产名录》[②]的介绍，现今流传的刘海砍樵传说，在清代中叶已经成型。19世纪末，民间艺人将其改编成花鼓戏《刘海砍樵》与《刘海戏金蟾》，先在洞庭湖区域上演，后至全省各地流传。1978年，花鼓戏《刘海砍樵》由北京电影制片厂拍摄成彩色戏曲艺术片。1984年、1986年，中央电视台春节联欢晚会上先后两次演出《刘海砍樵》戏曲片段。自此，《刘海砍樵》开始被全国人民所熟知（见图2-1）。1983年，湖南省花鼓戏剧院应邀赴美国演出《刘海戏金蟾》，刘海砍樵传说流传到海外。2006年，刘海砍樵传说被确定为湖南省第一批非物质文化遗产名录项目。

图 2-1 湖南省花鼓戏剧院
《刘海砍樵》剧照[③]

---

① 范正明. 湖南地方戏剧目提要[M]. 长沙：湖南文艺出版社，2011：487.
② 湖南省文化厅. 湖南省非物质文化遗产名录1[M]. 长沙：湖南人民出版，2009.
③ 湖南省花鼓戏剧院. 百年花鼓戏，见未曾见过的文艺长沙[EB/OL].（2024-04-10）[2024-05-19]. https://wh.rednet.cn/content/646848/54/13719139.html.

《刘海砍樵》存有多个版本。《中国戏曲志·湖南卷》记载的湖南花鼓戏传统剧目《刘海砍樵》，是该剧的最早版本（约形成于19世纪末），概要如下：

> 武陵樵夫刘海有半仙之体，每日砍樵为生，山中有金蟾、石罗
> 汉、九尾狐狸三怪，各有半仙之体，都想吞食刘海，凑成千年道行
> 而登仙位。狐狸化美女胡秀英，迷惑刘海与之成婚，石罗汉妒之，
> 指点刘海吞狐宝丹，狐指点刘海劈石罗汉头，取七枚金钱，并用金
> 钱吊出金蟾，三妖俱败，而刘海成仙。[①]

1949年以后，何冬保、北方对原本中九尾狐化作美女胡秀英诱刘海成婚一折做了脱胎换骨的改造，仍取名《刘海砍樵》。1952年，该剧作为独立小戏，参加了第一届全国戏曲观摩演出，并获演出二等奖。随后，该剧本首先由湖南人民出版社刊行单行本[②]，后收入《湖南地方戏曲丛刊》第五集。其剧情概要如下：

> 樵夫刘海上山砍柴，遇狐仙胡秀英。胡秀英爱刘海勤劳忠厚，
> 便拦住刘海，吐露了自己的爱慕之心。刘海自思家中贫穷，并有瞎
> 眼老母，不敢应允。胡秀英答应甘守清贫，奉养婆婆，二人遂指柳
> 树为媒，结为夫妻。

路应昆指出该剧是一出歌颂劳动生活、歌颂幸福爱情的独立小戏。全剧很好发挥了传统花鼓戏载歌载舞并富于生活气息的特点，对胡秀英的聪明、多情和刘海的朴实性格也有生动的刻画。[③]1959年，银汉光在上述改本

---

① 中国戏曲志编辑委员会. 中国戏曲志：湖南卷[M]. 北京：文化艺术出版社，1990：143-144.
② 何冬保，北方. 刘海砍樵[M]. 长沙：湖南人民出版社，1953.
③ 张炯，邓绍基，陈骏涛，等. 中国文学通典：戏剧通典[M]. 北京：解放军文艺出版社，1999：
627.

第二章 中日「人狐婚恋」戏

059

小戏《刘海砍樵》的基础上，进一步改编创作，增添了狐仙九人山中游春等情节，是为整本戏《刘海戏金蟾》①。湖南省花鼓戏剧院曾赴美演出此剧，其概要如下：

> 狐仙九妹胡秀英爱慕樵夫刘海勤劳朴实，在众姐妹协助下，与刘结为夫妇。胡秀英用宝丹为刘母治愈久瞎之眼，使之复见光明。金蟾得知，伪装盲人到刘家，骗取刘母同情，令秀英为之治眼，宝丹为金蟾骗去。胡秀英失去宝丹，将现原形，急返山林。刘海不舍，追至山中，愿与秀英仍为夫妇，不以异类为嫌。扦担神助刘海战胜金蟾，夺回宝丹，一家重聚。

可以看出，现代小戏《刘海砍樵》（1952）、整本戏《刘海戏金蟾》（1959）与原本《刘海砍樵》（19世纪末）的内容情节迥异。

早先版本《刘海砍樵》的主人公既是樵夫，也是拥有半仙之体的道士，其原型为刘海蟾。清代褚人获（1635—1682）所著的《坚瓠集》卷一摘录了《刘海蟾歌》，注解中有《刘海戏蟾图》。兹抄录如下：

> 《碣石剩谈》载《刘海蟾歌》云："余缘太岁生燕地，忆昔三光分秀气。卅贯圆明霜雪心，十六早登甲科第。纤朱怀紫金章贵，个个罗衣轻挂体。如今位极掌丝纶，忽忆从前春一寐。昨宵家宴至五更，儿女夫人并侍婢。被吾伴醉拨杯盘，击碎珊瑚真玉器。儿女嫌，夫人恶，忘却从前衣饮乐。来朝朝退怒犹存，些儿小过无推托。因此事，方顿悟，前有轮回谁救度？辞官纳印弃荣华，慷慨身心求出路。"
>
> 按，海蟾姓刘名哲，渤海人，十六登甲科，仕金，五十至相位。朝退，有二异人坐道旁，延入，谈修真之术。二人默然，但索

---

① 银汉光. 刘海戏金蟾[M]. 长沙：湖南人民出版社，1959.

金钱一文、鸡卵十枚，掷于案，以鸡卵累金钱上。哲旁睨曰："危哉！"二人曰："君身尤危，何尝此卵？"哲遂悟，纳印，入终南山学道而仙。

其歌意甚明白。今画蓬头跣足嘻笑之人，手持三足蟾弄之，曰此《刘海戏蟾图》也。直以刘海为足。举世无有知其名者，录之以资博识。①

《碣石剩谈》为明代王兆云（活跃于明嘉靖、万历年间）所撰。《碣石剩谈》记载，《刘海蟾歌》是刘海蟾一生弃官问道的缩影，也是王兆云一生科场乖蹇的思想投影。清人褚人获所注"海蟾姓刘名哲"，在《道界百仙》中所载也大同小异："刘海蟾，名操，字昭远，又字宗成，号海蟾子。五代燕山（今北京西南宛平）人。在辽应举，中甲科进士，事五代燕主刘守光，官至丞相。平素好性命之学，崇尚黄老之道。道教全真道北五祖第四位。"②元世祖忽必烈曾封刘海蟾为"明悟弘道真君"，元武宗加封为帝君。刘海蟾因之被尊为北宗五祖③之一。有学者指出："明代《列仙全传》中，刘海蟾曾为'八仙'之一，到《八仙出处东游记》中，刘海蟾的位置则被张果老所代替。"④

正史中也载有刘海蟾。北宋《新唐书·艺文志》（成书于1060年）记载"海蟾子元英还金篇一卷"⑤。《还金篇》今已不传，仅散见于《道枢》等书。张阳考证，《还金篇》主要论及内丹修炼。⑥刘海蟾的名字也见于诗

① 全国公共图书馆古籍文献编委会. 坚瓠集：上［DB/OL］. 北京：全国图书馆文献缩微复制中心，2002：366.
② 徐彻，李焱. 道界百仙［M］. 上海：上海三联书店，2019：90.
③ 道教全真道遵奉的北宗五祖分别是东华紫府辅元立极大道帝君王玄甫、正阳开悟传道垂教帝君钟离权、纯阳演正警化孚佑帝君吕洞宾、海蟾明悟弘道纯佑帝君刘海蟾和重阳全真开化辅极帝君王重阳。全真道称太上老君传道于金母，金母传白云上真，白云上真传王玄甫，王玄甫授钟离权，钟离权授吕洞宾和刘海蟾，吕洞宾授北七真。而应南宗五祖分别是张伯端、石杏林、薛道光、陈泥丸和白玉蟾。参见王毅. 道教基本常识［M/CD］. 长沙：青苹果数据中心，2014.
④ 周宗廉，周宗新，李华玲. 中国民间的神［M］. 长沙：湖南文艺出版社，1992：40.
⑤ 四库未收书辑刊编纂委员会. 四库未收书辑刊第10卷第7部［M］. 北京：北京出版社，2000：363.
⑥ 张阳.《道枢》研究［M］. 成都：巴蜀书社，2018：110-114.

词。北宋词人柳永在《巫山一段云》中撰有"海蟾",原文是:"清旦朝金母,斜阳醉玉龟。天风摇曳六铢衣。鹤背觉孤危。贪看海蟾狂戏。不道九关齐闭。相将何处寄良宵。还去访三茅。"① 由此可知至少在北宋时代,已有"海蟾狂戏"之说。清代翟灏《通俗编》云:"刘元英号海蟾子……海蟾二字号,今俗呼刘海,更言刘海戏蟾,舛谬之甚。"② 由此可知"刘海戏蟾"类似于"和合二仙",是由于名字离析错传的民间神话。有学者认为民间将刘海蟾名字附会讹变为"刘海戏蟾"是在明清时期。③ 咸丰五年(1855)版《邵武县志》载,"元英本名海,尝以道力除蟾祟,故称为海蟾云"④ 乃后人附会之说,可为反证。

从以上分析可知,"刘海蟾歌"是弃官问道之歌。"刘海戏蟾"用于比喻位居高官的人能识时务、急流勇退,为"蓬头跣足嬉笑"之状。现今"刘海戏蟾"多见于年画、刺绣,刘海为童子像,用于祈求财运亨通(见图2-2)。

图2-2　民间各种"刘海戏蟾"年画

(引自沈泓《中国财神年画经典》⑤)

---

① 吴熊和. 唐宋词汇评:两宋卷　第 1 册[M]. 杭州:浙江教育出版社, 2004:70.
② 翟灏. 通俗编[DB/OL]. 清乾隆十六年翟氏无不宜斋刻本. 北京:爱如生中国基本古籍库, 2021.
③ 蔺新建. 中国考古集成:第 27 卷[M]. 郑州:中州古籍出版社, 2003:1260.
④ 徐晓望. 福建通史:第 2 卷[M]. 福州:福建人民出版社, 2006:305.
⑤ 沈泓. 中国财神年画经典[M]. 深圳:海天出版社, 2015.

名字带"蟾"的另一位道家宗师白玉蟾，曾经寄居常德布道。《嘉靖常德府志》记载白玉蟾"尝息静于报恩观。夏月间，池内蛙声聒噪，画瓦符投之，蛙竟绕池而不敢入。即今柳映池也"[①]。白玉蟾（1134—1229），原名葛长庚，字白叟，福建闽清人，生于海南琼州，是金丹派南宗第五祖，为道教南宗教团实际创始人，学者评价其为"南宋时期最为杰出的道教宗师之一"[②]。"刘海戏蟾"中的"蟾"在常德是否与白玉蟾也有关系，本文因重点在于狐，暂且搁置不考。

常德地区关于刘海的传说故事有多个版本，刊载在《湖南省非物质文化遗产名录》中，概要可分别总结如下。版本一：刘海与胡大姐（狐）成亲，刘海的师父（四罗汉）是个无情的道仙，设计拆散两人，让刘海服用宝珠成了仙。狐得知再不能和成仙的刘海行夫妇之实，便劝刘海杀了四罗汉。刘海从言，斧劈四罗汉的头，取得三枚金钱，其后又用金钱到井里去钓蟾。不过不仅没有钓到蟾，而且失去了金钱，最终刘海和胡大姐同往蓬莱仙境。版本二：孝子刘海为人忠厚老实，每日砍柴侍母。山上有一个狐狸精，欲找男人成仙，相中刘海。大善寺门口一对石狮子报梦给樵夫刘海。刘海识破狐狸精的秘密，并得到金线。狐狸精继而成全刘海，让其劈开自己的脑袋，取出七枚金钱。刘海用金线穿金钱，到丝瓜井里钓得三腿金蟾。最后刘海踩金蟾登天成仙。版本三：常德城内丝瓜井一带相传以前都是山。山上有一个狐狸精，名胡秀英（又名胡九妹），已修炼成半仙之体。胡九妹口含宝珠，可化人形，见刘海人品好，欲嫁给他。两人一起回家，刘母亲很欢喜，要置办婚事。鸡鹅巷小庙中的十罗汉带着一帮弟子（金蟾）在暗中修炼，他炼得一串金钱，也已成半仙之体。十罗汉抢走了胡九妹的宝珠。刘海拿起石斧（斧头神）砍开十罗汉的脑袋，取得一串金钱，又拿金钱到丝瓜井去钓金蟾，并将它们一一打败。

版本一中，刘海的师父是道仙，推论刘海也为道士。因此，该故事应为

① 常德市地方志编纂委员会. 常德市志［M］. 长沙：湖南人民出版社，2002：1587.
② 于国庆，何欣，张红志. 新编中国道学简史［M］. 上海：上海科学技术文献出版社，2020：286.

刘海砍樵的较早版本。在版本二中，刘海已经变成了樵夫，但踩金蟾登天成仙的情节，仍旧有道家的影子。版本三是不断加工创造的产物，故事完整，情节曲折生动，传统花鼓戏《刘海砍樵》的架构与其十分相似。三个版本中均有人狐婚恋。第一个版本的狐与刘海结局圆满，同往蓬莱仙境。第二个版本的狐具有自我牺牲精神，助夫成仙。第三个版本则是历经曲折，人狐共同惩戒恶人最后过上美满生活。从中可以看出，道家影子有一个逐渐模糊的过程，而狐始终占据重要的正面角色。

再来看花鼓戏《刘海砍樵》的历史流变。19 世纪末创作的花鼓戏《刘海砍樵》的情节符合民间"凑合刘海成仙"的谚语，主题是三妖（金蟾、石罗汉、九尾狐）俱败、刘海成仙。在该剧目中，胡秀英是勾引男人供自己修炼的狐狸精，该设定符合道家传道的需要。舞台上，狐狸原形由净扮，开阴阳脸（一边花脸，一边旦角脸）；化身由小旦扮。1952 年整理修改的《砍樵》一折，保持了浓郁的生活气息和强烈的演出风格，其主题为穷苦樵夫找到了理想的妻子。在该剧目中，狐喜欢勤劳孝顺的樵夫，并不嫌弃他一贫如洗的家境。舞台上，胡九妹虽然梳古装头、贴片子、穿长裙，但仍以长沙花鼓戏花旦行中农村少女的演法为基调。1959 年的整本戏《刘海戏金蟾》，主题依然是贫穷人民寻求理想伴侣、组建幸福家庭。而狐更是成了不畏辛劳、相夫侍母的贤妻形象。舞台上的胡九妹两眼顾盼灵活，道白与唱腔甜脆，与刘海对望时直视无邪，追赶求婚时欣喜自然、毫不忸怩，使她有别于一般村姑。值得一提的是，刘海的装扮在 1952 年以后也从传统的丑扮改为俊扮，脸上不再画青蛙。

从"刘海蟾"到"刘海戏蟾"，再从"刘海戏蟾"到"刘海砍樵"传说、花鼓戏《刘海砍樵》及其后的数次改编，明显可以看出蟾地位的下降和狐地位的上升。姑且撇开蟾与道家的关系不谈，狐从作恶的"妖"变成了普通劳动人民渴求的"理想妻子"，这一点颇耐人寻味。整本戏《刘海戏金蟾》中的刘海，家境十分贫寒，老父早年丧命，后老母又失明。情节设定符合解放初期百废待兴的社会背景。老百姓的生活多受自然等外部环境因素的影响，想过丰衣足食的日子并非易事。刘海具备勤劳、孝顺的优良品德，积极努力地生活，堪称社会模范。勤劳的刘海欲娶妻侍奉老母，却担心无人肯嫁于自己这个砍樵人。某种意义上来说，这也是贫苦人家的真实写照。刘海在山冈砍樵度光阴，却未曾想到被一狐仙所欣赏。这一狐仙出身富贵，且看刘海的旁白：

> （旁白）看她绫罗绸缎，千金之体。我一身粗布蓝衫，砍樵之人，可怜的天，我就是砍一百担柴火，也买她身上一颗珠子不到手啦，要是我讨了她，不是她害了我，就是我害了她！唉，还是搞不成！①

刘海出身贫寒，为人忠厚老实，反复拒绝了富女（狐女胡九妹）的求爱。直到胡九妹许诺不嫌贫穷、共同辛勤劳作、侍奉老母后，刘海才同意了婚事。最终刘海与胡九妹两人男耕女织，通过自身的辛勤劳作，家境逐渐殷实起来。戏剧上演到这一段，歌颂的依然是刘海和胡九妹的勤劳、善良、朴实与孝顺。此后，金蟾骗走胡九妹护身宝珠。没有宝珠，胡九妹待天黑就要变回原形。"金蟾，妖孽呀！（唱）狠心斩断我夫妻情。"人狐婚恋的破坏者是利欲熏心的金蟾妖怪。胡九妹不得已向刘海说明情况，刘海的回应可看其唱词：

> 哎呀妻呀，你就是狐狸，我刘海也要每日上山，多采山桃野果与你充饥，也不能让你离开我刘海！……众家姐姐，我刘海是个蛮人子，不怕那金蟾精上得天，我刘海也要一斧头劈死他，一扦担戳死他！②

刘海是个有情有义的男子，丝毫不在乎胡九妹是狐出身。在胡九妹告白之后，反而激发出斗争的勇气。剧中的"扦担"是刘海的家神，化作蟒蛇相

---

① 银汉光. 刘海戏金蟾［M］. 长沙：湖南人民出版社，1959：9–10.
② 银汉光. 刘海戏金蟾［M］. 长沙：湖南人民出版社，1959：32.

助。扦担是穷苦人家的赖以生存的工具，化成巨蟒，隐含穷苦百姓集体反抗的比喻。总之，戏剧塑造的刘海，除勤劳、孝顺之外，更被添加了不惧邪恶、敢于抗争的品质。

综上，现代《刘海砍樵》是一出歌颂劳动、歌颂爱情的歌舞剧。胡九妹（狐）不仅是泼辣、直爽、活泼、忠诚、善良、大胆的湖南女子的象征，更是出身贫寒的樵夫在娶妻困难的现实生活中所产生的想象与希冀，反映了广大贫苦劳动人民对美好生活的向往，其戏剧功能则是对缺乏理想伴侣的一种慰藉。

二、"悲剧型人狐婚恋"戏《武孝廉》

川剧《武孝廉》取材于《聊斋志异》之"武孝廉"篇，又称《峰翠山》《淮河渡》《胡莲娘》《狐仙恨》《石府惊魂》等，折子戏《活捉石怀玉》常单独上演。1957 年的油印本川剧高腔《武孝廉》由徐公堤整理改编，现藏于四川省川剧艺术研究院。全剧共十场，《川剧传统剧目集成》收录时附有简介，兹摘录如下：

> 石怀玉进京赶考途中，病卧舟中，又被恶仆加害，幸得狐仙胡柳钏和其丫鬟榴英所救，狐仙以千年丹珠保其性命，二人结为夫妻。石怀玉病愈，狐仙备路资，送其赶考。石高中武状元后，忘恩负义，背叛狐仙，娶王相国之女为妻。狐仙闻讯后找上门来，途遇被石冷遇而死的挚友李惟及悲愤的杜高，救下二人。想不到石怀玉丧心病狂，为了保住自己，欲将狐仙杀害。狐仙不得已显出原形，在众狐姐狐妹帮助下，取回放于石体内的丹珠，石怀玉也因此丧命，得到应有的报应。①

---

① 李致. 川剧传统剧目集成：神话志怪剧目　聊斋戏　卷二［M］. 成都：四川人民出版社，2012：50.

在中国古典小说和戏曲中，"痴情女子负心郎"的故事并不缺乏。作为典型，《武孝廉》中的石怀玉可与唐代传奇《霍小玉传》中的李益、明代白话短篇《金玉奴棒打薄情郎》里的莫稽鼎足而三。此三部作品的负心郎男主人公都令人切齿，但女主人公的表现并不一致。以下试比较之，借此凸显狐女独特的性格特点。

《霍小玉传》[①]是唐传奇中脍炙人口的名篇佳作，在思想和艺术上都达到了很高的水准。概要如下：妓女霍小玉才貌出众，与陇西新中进士李益不期而遇。李益"皎日之誓，死生以之"，却在授官之后与贵族卢家小姐订婚结亲。霍小玉抑郁成疾，激愤而死，死后化作厉鬼，作祟报复。这是一个"痴心女子负心汉"主题的凄美爱情悲剧，强烈地谴责了封建门阀制度和封建士族婚姻制度的罪恶。我们知道，《霍小玉传》中的男主人公李益并非完全虚构，他是中唐大历十才子之一，《旧唐书·李益传》云："少有痴病，而多猜忌，防闲妻妾，过为苛酷，而有散灰、扃户之谭闻于时。"[②]多疑妒痴的李益到了《霍小玉传》中被刻画成自私懦弱、冷酷无情的形象，这其实也是门阀制度下贵族青年较为普遍的举止表现。面对负心汉的行为，霍小玉只是进行了有限而又可怜的抗争：临终前的诅咒仅给李益造成了些许心理阴影，导致他的婚姻走向破裂。

《金玉奴棒打薄情郎》则是宋元以来负心汉类型的故事中流传很广的一篇短篇小说，收录于冯梦龙编纂的《喻世明言》。作品大意为穷秀才莫稽入赘乞丐头领金家，在才貌双全的贤妻金玉奴的帮助下，莫稽连科及第、功成名就，后竟恩将仇报，借赏月之名将妻推堕江心。金玉奴幸被许公搭救，收为义女。后莫稽与许公之女成亲，入洞房后被棒打，才知新娘是结发的妻子金玉奴。在众人劝解下，夫妻二人重归于好。《喻世明言》第二十七卷记载，金玉奴再次见到莫稽时如此控诉："奴家亦望夫荣妻贵，何期你忘恩负本，就不念结发之情，恩将仇报，将奴推堕江心。"[③]这句话足见金玉奴对丈夫恩

---

① 蒋防. 霍小玉传[M]. 北京：中华书局，1991.
② 刘昫. 旧唐书[M]. 北京：中华书局，2000：2565.
③ 冯梦龙. 喻世明言·警世通言·醒世恒言[M]. 长沙：岳麓书社，1989：235.

将仇报的怨愤，成语"恩将仇报"也正因此典故而来。不过，怨愤归怨愤，在传统贞操女德观念下，金玉奴选择了委曲求全、维持固有婚姻的道路。薄幸负心、阴柔残忍的负心汉在棒喝之后幡然醒悟，贞操女子因此与负心汉冰释前嫌、破镜重圆。女主人公金玉奴用不着斗争，只需按照封建伦理尽妇道守节，小小出一口气后就向负心汉妥协，最后便能得到"幸福"。这种大团圆的结局安排，反映了市民阶层的思想的落后，着实是最大的败笔。

川剧《武孝廉》中的狐女是敢爱敢恨的。狐女胡柳钏最初对石怀玉一见钟情，欲吐丹珠相救之时，丫鬟反复告诫要小心提防，胡柳钏的回答是："深信他，明达周公礼，情通孔圣章，君子何来小人心？此事不用你提防！"① 此时的胡柳钏对石怀玉有九般爱意：

> 一爱他，世代簪缨官家后；
>
> 二爱他，志在万里觅封侯；
>
> 三爱他，下笔有神心应手；
>
> 四爱他，熟知兵法广运筹；
>
> 五爱他，品貌好似春山秀；
>
> 六爱他，性情更比水温柔；
>
> 七爱他，患难之中知朋友；
>
> 八爱他，少年英俊正风流；
>
> 九爱他，投奴的机顺奴的口。

《武孝廉》中的石怀玉是在山穷水尽的情况下邂逅狐女的，狐女对石怀玉不仅有夫妇之义，更有再造之恩。不承想，这痴情的九般爱意全被辜负。石怀玉既无羞恶之心，又无恻隐之念，结拜兄弟病重不管不顾，假意劝酒挥剑要斩结发之妻。狐女此时再也无法原谅石怀玉，九般恩爱变成十恨：

---

① 李致. 川剧传统剧目集成：神话志怪剧目　聊斋戏　卷二[M]. 成都：四川人民出版社，2012：67.

一恨你，图慕荣华忘根本；

二恨你，言而无信背前盟；

三恨你，结义兄弟当粪土；

四恨你，外君子而内小人；

五恨你，利剑斩我糟糠妻；

六恨你，对人全是假温存；

七恨你，顽梗不化丧人性；

八恨你，两面三刀丧斯文；

九恨你，负义忘恩昧天良；

十恨你，胸藏一颗狐狼心！

就复仇女的形象塑造而言，与霍小玉和金玉奴相比，狐女胡柳钗是最为畅快淋漓的。《聊斋志异·武孝廉》的结局是狐女索回丹珠，石怀玉"中夜旧症复作，血嗽不止，半岁而卒"①。而在川剧《武孝廉》里，石怀玉则是立即毙命。

妓女霍小玉被抛弃后悲愤而亡，留下遗言要化作厉鬼报复，诚然对李益心理产生了一定的影响，但这种抗争的效果十分有限。金玉奴是乞丐出身，低微的她要借助官员的帮助，才能轻微地惩罚曾经谋害、抛弃自己的丈夫。这些人物的塑造从未曾脱离男权思想的窠臼。②而《聊斋志异·武孝廉》中的狐仙，可以说同样代表底层边缘社会群体，却在清末封建社会的背景下进

---

① 蒲松龄. 聊斋志异精选 [M]. 合肥：黄山书社，1991：187.
② 此处受王萌《神女原型与中国男性的依附心态》一文的启发。王萌说："在中国古代爱情文学中，女主人公基本上均为这样的形象：或是家庭地位优越，或是自身具有某种能力，可以帮助男性解决难题和达成愿望；她们年轻貌美，主动追求男性，并对男性忠贞不贰；她们甘愿为男性牺牲自己，独自承担爱情与婚姻的全部责任，而无须男性为之负担任何责任。这些无怨无悔的付出使男性在享有性爱的同时又获得物质满足的女性，在文学史上比比皆是。《西京杂记·司马相如卓文君》中的卓文君、《游仙窟》中的崔十娘、《李娃传》中的李娃、《柳毅传》中的龙女、《青琐高议·朱蛇记》中的云姐、《倩女离魂》中的张倩女、《墙头马上》中的李千金、《破窑记》中的刘月娥、《喻世明言·金玉奴棒打薄情郎》中的金玉奴……她们形象的单一，在很大程度上造成了中国古代爱情的模式化。"（王萌. 禁锢的灵魂与挣扎的慧心：晚明至民国女性创作主体意识研究 [M]. 郑州：河南大学出版社，2009：223.）

行了猛烈报复。

此外，川剧《武孝廉》与原著《聊斋志异·武孝廉》相比，冲突也要更显激烈。原著仅千余字，狐女所化"妇四十余"，石怀玉得官"选得本省司阃"（地方军事长官）。而改编后的现代剧，狐化"渔女十八春"，石怀玉得官"两广总督"。原著并无兄弟结义，改编增加了杜高虎口救石怀玉情节，石怀玉、杜高与李惟三人成生死之交，不过石怀玉中了文武双魁状元后立即变脸，目无兄弟。原著中石怀玉"心中悚怵，恐妇闻知，遂避德州道，迂途履任"，采取的办法是"躲"，改编后则是直接差人送休书。接到休书时，狐女的唱词如下：

> 为郎君，忘却仙凡两相阻；
>
> 为郎君，抛却千年道德珠；
>
> 为郎君，花朝月夕相思苦；
>
> 为郎君，学摇渔舟把口糊。
>
> 实指望，夫妻偕老同贫富，
>
> 谁知晓，望来却是断肠书。①

狐女的丹珠及财富全部赠予石怀玉，失去法力的狐女只能摇舟糊口、相思独守。千年道行救夫、万里差人休书，这种情节安排更加凸显负心汉的不义。原著中狐女找到石怀玉，谴责一番后重归和好，"石与王氏谋，使以妹礼见妇"，在较长一段时间里，狐女、新妻及石怀玉三人相处融洽。石怀玉丢官印，狐女帮忙寻回。石怀玉最终拔刀相向的契机是狐女醉酒显露原形。而在改编中，狐女在找石怀玉的途中，碰到石怀玉的结拜兄弟因受到石怀玉的羞辱欲自尽，狐女将官印找回后，石怀玉反咬狐女"勾结奸细，挽我圈套"，嫁祸于狐女，最后设酒宴假意赔罪，灌醉狐女及丫鬟，拔剑相向。原著结尾："异史氏曰：石孝廉，翩翩若书生。或言其折节能下士，语

---

① 李致. 川剧传统剧目集成：神话志怪剧目　聊斋戏　卷二［M］. 成都：四川人民出版社，2012：97.

人如恐伤。壮年殂谢，士林悼之。至闻其负狐妇一事，则与李十郎何以少异？"[①]"异史氏曰"是对作品人物的盖棺评判，蒲松龄言之凿凿，似乎现实生活中就认识这么一个礼贤下士、风度翩翩，却又负心于妇之人，显然原著影射现实生活中某些人表里不一的行为。改编后的剧本尾煞"恨海无边万丈深，深深埋掉负义人！欲问狐仙今何在？先看世间儿女情"则直接点题现今社会依旧存在这样的人。

川剧《武孝廉》和其他改编戏剧一样，有较多版本。其中折子戏《活捉石怀玉》（又名《怀玉惊梦》）与1957年徐公堤整理改编的《武孝廉》的情节略有不同。狐女名为莲娘，在石怀玉高中状元后惨遭杀害，足可见石怀玉丧心病狂、无可挽救，莲娘幻化鬼魂来至官邸，夺回从前所赠疗疾丹珠，石怀玉也因此立即毙命（见图2-3）。

图2-3 《活捉石怀玉》剧照[②]

此剧发挥了川剧帮、打、唱、做等特点，借助燃烛、灭烛、梭台口、捉影子、变黑脸等手法，突出了石怀玉魂飞魄散、急于逃命的狼狈丑态。川剧中有不少"活捉"戏，而《活捉石怀玉》是台词最少、特技运用最多的一个戏。狐仙的出场就是向石怀玉索命，这种视觉盛宴，能够揭示人物心理，烘托紧张气氛，显得异常火爆。

总而言之，改编后的戏剧与《聊斋志异》原著相比，放大了负心汉的人

① 蒲松龄. 聊斋志异精选 [M]. 合肥：黄山书社，1991：187.
② 龙泉兴龙剧团版《活捉石怀玉》。

格缺陷，戏剧的冲突更加激烈。这一处理，烘托出狐女果断处理恋情的能力，代表了对负心汉审判的效率与惩罚强度，也更能博得观众的认可。在漫长的男权社会及专制主义制度下，现实生活中的女性群体容易遭受欺凌，她们声张渠道有限。"痴情女负心郎"类型小说对负心汉惩戒的情节设计，容易依赖于陈文新等人所言的"清官们的大仁大德"①。德是清官们处世的出发点，仁是统治者向往的最高理想与归宿，弱势群体的正当权益得不到保障，不管是创作者的有心还是无意，最终只能由清官的加倍体恤来表现某种程度上的公平和正义。但是狐女的出现，激发了贫弱无助者的想象空间，狐女并不妥协，直接夺回从前所赠疗疾丹珠，置负心汉石怀玉于死地。因此，在创作者和当代观众的潜意识里，狐女才是正义的真正审判者，她为天下被抛弃的妇人、为现实制度中的弱势群体伸张正义。

第二节　日本"人狐婚恋"戏："异族"的怨恨与希冀

日本的"人狐婚恋"戏，一般都以人狐分离或狐女死去告终。根据本章开头所划分的标准，这类狐戏归入"悲剧型人狐婚恋"戏中。本节将重点考察这类"人狐婚恋"戏。

根据第一章对狐的自然生态做的详细概括，我们知道作为动物的狐有着"别子"分居的特征。春天出生的小狐，到了初夏，会在母狐的带领下进行一次狩猎生存技能培训的旅行。旅行结束后，母狐与子狐的关系会立即发生巨大变化。母狐充满敌意，恐吓甚至啃咬小狐，直到将小狐驱离故土。狐的"别子"是为了群体的存续发展，因而本能地驱赶小狐另寻领地。这种"别子"行为，在拥有强烈亲情羁绊的人类看来，充满了悲伤与哀愁。也正因为如此，狐的"别子"行为被借用到日本"人狐婚恋"戏中，经聚焦、放大，

① 陈文新，鲁小俊，王同舟. 明清章回小说流派研究[M]. 武汉：武汉大学出版社，2003：358.

创作出大量经典作品。其中最有代表性的就是信太妻系列（又称信田妻系列或葛之叶系列）狐戏。

信太妻的故事在日本广为流传，几乎家喻户晓。该故事起源于中世纪，曾经在较长一段时间里以"说经节"的形式流传于世。近世初期又见于占卦注释书《簠簋抄》（约成书于1573年）、假名草子《安倍晴明物语》（1662）等。元禄时期（1688—1704）前后，信太妻的故事进入戏剧，被改编成人形净琉璃、歌舞伎的脚本。人形净琉璃中有古净琉璃《信田妻钓狐付安倍晴明出生》（1674）、《信田妻》（1678）和纪海音的《信田森女占》（1713）等，歌舞伎中有《信田妻》（1699）、《信田妻后日》（1699）和《倾城信太妻》（1706）等。近世信太妻集大成的要数《芦屋道满大内鉴》（以下简称《大内鉴》）。享保十九年（1734）10月，人形净琉璃《大内鉴》在大阪竹本座初次上演，翌年5月，歌舞伎《大内鉴》在京都中村富十郎座上演。

现代日本民众关于信太妻的知识储备，多来自《大内鉴》。正月各地耍猴表演中，由猴扮演狐的"葛之叶别子"戏即出自《大内鉴》。近年来，日本国内主要剧场依然在上演歌舞伎或文乐《大内鉴》。日本演员协会的歌舞伎公演数据库及日本艺术文化振兴会的文化数字图书馆显示，1945年以来，歌舞伎或文乐《大内鉴》共公演七十余次。（图2-4是2004年11月中村鴈治郎在歌舞伎中扮演狐妻的剧照，图2-5是2020年11月日本国立文乐剧场文乐《大内鉴》的宣传海报。）

图2-4　歌舞伎《大内鉴》的剧照
（日本歌舞伎官网，2021年11月2日查阅）

图2-5　文乐《大内鉴》
的宣传海报

一、信太妻系列狐戏概要

1. 《大内鉴》概要

近松门左卫门的高徒、竹本剧团的老板竹田出云（1691—1756）所创作的《大内鉴》是全五幕的王朝作品，描述了朱雀天皇时代（923—952）芦屋道满与安倍保名之间发生的故事。其概要如下：

主要出场人物：元方（左大将）、小野好古（参议）、加茂保宪（天文博士）、榊前（保宪的养女、信田庄司之女）、芦屋道满、安倍保名、岩仓治部（道满的岳父）、石川恶右卫门、葛之叶（信田庄司之女、榊前的姐妹）、狐葛之叶、童子（安倍晴明）。

第一幕：朱雀帝之时白虹贯日，经左大将元方及参议小野好古等人的评议后，天皇召见已故天文博士加茂保宪的养女榊前进行占卜，结论是将发生一件与东宫相关的大事。加茂保宪有两个高徒，名为道满、保名。榊前建议把祖传宝书《金乌玉兔集》传给亡父的某一个徒弟，以求进一步占卜关于白虹贯日更详细的信息。道满即左大将元方的臣僚芦屋道满，保名即参议小野好古的臣僚安倍保名。故两家决定选好日子在加茂家的牌位前抽签。榊前是保名的恋人，想将宝书传于保名。不过，道满的岳父岩仓治部是加茂遗孀的兄长，两人串通盗取了宝书。抽签之日，榊前开启木箱发现宝书丢失，有感护书失责而愧疚自杀，保名见状悲痛发狂出走。加茂遗孀无意间掉落木箱钥匙，事情败露，被小野好古家臣所杀。

第二幕：岩仓治部叫来道满和信田庄司的外甥石川恶右卫门，拿出盗窃到手的《金乌玉兔集》给他们看。岩仓意图将小野一派的势力赶尽杀绝，一面派恶右卫门去猎取白狐以用于施法让东宫妃子、左大将元方之女怀孕，另一面又要求道满用秘法将东宫另一宠妃、参议小野好古之女六君引出，进而让其淹死在观音池中。恶右卫门正要将小野的女儿投入池中时，不料突然出现一名尪形贱民救了六君。戏剧的场面一转，信田庄司的女儿葛之叶做了一个关于榊前（榊前其实是葛之叶的亲姐妹，被送给加茂家做养女）的噩梦，于是参拜信太明神以求解梦。此时，因榊前之死而精神失常的保名也来到了神社，看到与榊前长得一模一样的葛之叶，精神立马又恢复了正常。保名告知葛之叶榊前已经出事，旋即两人建立了恋爱关系。恰巧此时，被恶右卫门追赶的一只白狐逃遁而来，保名不顾危险，挺身救狐。

第三幕：道满的妻子筑波根得知道满假扮贱民在观音池救了六君后醋性大发，并将此事情告知了左大将元方。道满陷入了不得不交出六君的困境，此时道满的妹夫左近太郎想要抢夺六君，混乱之际道满误杀了父亲将监。此外，道满的妻子最终理解并体谅了道满，却又失手杀了自己的父亲岩仓治部。道满因此断发出家，放弃了武士身份，一心一意从事阴阳道。

第四幕：在信太森林的争斗冲突中，葛之叶幸免于恶右卫门的毒手，逃脱出来。葛之叶又中途折返劝保名一起隐居。时间流逝，一眨眼过去了六年，两人所生的童子也已经五岁。有一天，庄司夫妇带着葛之叶来寻找保名，保名看到突然出现了两个葛之叶大吃一惊。原来一直以来与保名一起生活的葛之叶，是保名之前所救的白狐所变，该白狐为了报恩，变成葛之叶的模样与保名同居六年，直到葛之叶真身出现。此时，白狐知道真相再也隐瞒不住，只好离别而去。狐葛之叶对童子依依不舍，留下和歌一首，便回到老巢。随后保名、葛之叶及童子追随狐葛之叶而踏上旅途，最终天黑时赶到信太森林。狐葛之叶在一片朦胧中出现，让童子再次吸吮乳房后，化作狐狸消失了。道满前往芦屋庄园，路途中刚好遇见偕子归来的保名夫妇。改过自新的道满将《金乌玉兔集》交给了保名，又在问答中惊叹于童子的聪明，于是给童子取名为晴明。

第五幕：在"一条戾桥"上，保名被恶右卫门所杀，晴明作法祈祷，父亲又死而复生。最终恶右卫门被斩，左大将被处以流放之刑。

信太妻传说在《大内鉴》以后基本固定。其后的戏剧、传说内容皆不出《大内鉴》窠臼。创作年代略早于《大内鉴》，且题材相同的还有纪海音的《信田森女占》。作为一个重要的比较对象，且将其概要总结如下。

2. 《信田森女占》概要

《信田森女占》为丰竹若太夫（即越前少掾）正本，作者纪海音。外题年鉴记载为元禄十六年（1703）上演，不过黑木勘藏根据脚本内容考证该版本的刊行时间为正德三年（1713）。[①] 其概要如下：

> 第一幕：摄州郡司安倍安秋有子女二人，子为权太郎安名，女为菖蒲前。兄妹二人同父异母。安倍家有两名管事，一为三谷前司，一为竹右卫门。安秋六十三岁去世时，其子安名离家失去了音讯。安倍家前往信太森林祈祷神明，神谕郡司有杀生蔑佛之事，天谴其子发狂离家，已身投水潭而死。故众人商议，招恶右卫门（天文博士芦屋道满之弟）为上门女婿。安秋的遗孀与竹右卫门立即着手筹办，三谷前司则强烈反对。正争执之时，一名年轻男子偕巫女上场，云巫女受恶人收买伪装神谕，又云自己是三谷的私生子名为源吾。源吾取出信物短刀，三谷大喜并决意去寻找安名的下落。安名此时正与爱妻葛之叶前往高尾山赏红叶，忽遇葛之叶母亲一行，云家中百岁老爷被恶右卫门抓走，就要被生取活胆用于修炼。安名闻言发誓要帮助救回老爷，葛之叶母亲一行旋即悉数化成狐狸离去。安名茫然不知所措，原本以为来到了高尾山，却也只是在信太森林的神社边。葛之叶则激励安名，即便家人是狐，也绝不能违

---

① 黑木勘藏. 近世演劇考説［M］. 東京：六合館，1929：100.

背刚才的誓言。此时，恶右卫门手持铁笼迎面而来，安名踹破铁笼救出狐狸。恶右卫门大怒，绑了安名和葛之叶，正要斩杀。突然出现一六尺大汉，抓住恶右卫门掷出，又赶跑余人，松绑安名和葛之叶。随后大汉痛揍恶右卫门，剃其单鬓，待其远去，云自己是安名方才所救的狐，现已报恩，要归老巢而去。言罢，消失在草丛中。

第二幕：三谷寻找安名的下落未果，暂歇一马夫家。马夫背着一个受伤的女子而来，云路中遭到匪人围困，女子受伤。又云，他一路逃跑丢了重要的袋子。马夫托付三谷暂时照看此女子，便离去寻找丢失的袋子。三谷询问女子身份，答曰为信太名神的神官之女，受菖蒲前的召唤占卜安名下落，占卜未果，反要被源吾等恶人强抢宝书。于是决议回乡，无奈归途遭到匪人袭击。三谷又惊又怒，知宝书在女子手中，自曝为源吾之父，恐难以得手。三谷给了女子致命一刀，取出女子缝在腰带中的宝书，放入怀中。此时马夫回家，见女子被刺，与三谷起了争执，两人相斗，马夫受重伤。三谷自报家门准备离去，不承想马夫直呼"父亲"。原来马夫真名为传介，为三谷的私生子，其母被浪人源五郎所害，自己的短刀（从父亲那得来的信物）也被抢，无奈只好乔装马夫，寻机复仇。三谷始觉源吾为恶人，言必杀之，传介含笑而亡。

第三幕：道满之弟恶右卫门与菖蒲前准备结婚之日，葛之叶牵着童子的手，装扮成占卜师来到安倍府邸。在三谷的周旋下，结婚仪式终止。葛之叶和道满斗法，最终葛之叶胜出。

第四幕：葛之叶战胜道满之后，源吾设下陷阱，迫使葛之叶露出原形。葛之叶遂将童子托付给三谷，消失离去。三谷旋即找源吾复仇，菖蒲前派人暗中相助，合力斩杀源吾。乘胜又斩杀竹右卫门与恶右卫门，依据葛之叶留下的信息，前往牛泷山麓寻找安名。其后，安名与童子一起寻找母亲，未果。两人正欲自裁，葛之叶以狐面貌出现，授予两件秘宝。离别时，葛之叶叮嘱父子俩赶紧上京受封，同时途中要注意道满。

第五幕：道满奸计未成，气急败坏。在安名父子进宫晋谒的归途中，图谋杀害二人，反被斩杀。安名回到封地，安心过日，童子改名为晴明，名扬天下。

无论是《大内鉴》还是《信田森女占》，都明显受到了说经节《信太妻》的影响。《大内鉴》第四幕的"别子"戏，常常作为折子戏单独出演，历久弥新，至今广受赞誉。这一出的狐子分离戏剧中，葛之叶留下的和歌"葛叶凄凄葛藤绿，就此生死别离去。倘若情愫尚留存，和泉信太森中寻"与说经节中离别的和歌是完全一致的。而《信田森女占》第三幕葛之叶和道满的斗法、第四幕葛之叶的赠宝，与说经节《信太妻》也如出一辙。

3. 说经节及古净琉璃《信太妻》概要

所谓"说经"，原本是阐述佛理经典教义的"说教"（即布教活动）。佛教作为日本的外来宗教，从上层社会普及到下层社会，并最终形成庶民文化，无疑离不开唱导艺能所发挥的重要作用。[①] 从事说经的讲师，最初的形象是学识渊博、长相清秀、机敏幽默的。[②] 而将说经谱曲吟唱出来的形式，则滥觞于天台宗的澄宪、圣觉父子。[③] 被赋予一定节拍之后，说经从此拥有音乐、艺能的属性，是为"说经节"的起源。

说经节《信太妻》作为日本五大说经节之一，广为人知。折口信夫认为，说经节有新、旧两种版本：旧版说经节相对简单，流传于世的时间也最长；新版则是在旧版上润色加工，同时也保留了历史的印痕。[④] 折口信夫所说的两个版本其实就是口承与文字化的关系，文字化的说经节《信太妻》就是新版说经节，即古净琉璃《信太妻》。

① 谷川健一，五来重. 日本庶民生活史料集成：第 17 卷[M]. 東京：三一書房，1981：9.
② 从《枕草子》(平安時代随笔）第三十三段"从事说经之人，必须帅气"，《今昔物语》（日本平安朝末期的民间传说故事集）二十八第七话，比叡山主持教元所言"说经要能以奇特方式引人可笑，达到教化的目的"等可知。
③ 東村山ふるさと歴史館. 初代若松若太夫：哀切なる弾き語り　説経節[M]. 東村山：東村山ふるさと歴史館，2006.
④ 折口博士記念古代研究所. 折口信夫全集：第 2 卷[M]. 東京：中央公論社，1965：270.

古净琉璃《信太妻》的现存正本可追溯到延宝二年（1674）鹤屋喜右卫门刊行的《信太妻钓狐付安倍晴明出生》（创作者据推测是伊藤出羽掾①），以及延保六年（1678）山本九兵卫刊行的《信太妻》（相模掾藤原吉胜正本）。相模掾即开创了角太夫节的山本角太夫，所作的《信太妻》梗概如下（此处以东洋文库的《说经节》②为底本概括）：

主要出场人物：安倍保秋（摄州安倍野城主，仲麻吕七世孙）、保名（权太左卫门，保秋之子）、三谷前司早次（城主辅佐）、芦屋道满法师、石川恶右卫门尉恒平（河内国护卫长官）、赖范和尚（和州藤井寺住持，实为信太狐）、保名妻（信太狐）、安倍晴明。

第一幕：石川恶右卫门妻子身患疑难杂症，医药无效。他从京城请兄长道满前来占卜，占卜说必须要服用年轻牝狐生胆方可痊愈。听闻泉州信太森林狐甚多，恶右卫门遂率众人前往狩猎。在信太大明神的神社，保名参拜后正休息，突然一只白狐闯入。原来恶右卫门追赶白狐，已经没有躲避之处。保名救了白狐，却和恶右卫门起了冲突，对方人多，保名被抓了起来。恶右卫门准备斩杀保名，藤井寺住持赖范和尚突然出现。恶右卫门听了赖范的建议，放了保名。旋即赖范变成白狐消失。

第二幕：保名觉得自己突然获救有点不可思议，准备在谷川取水喝，恰巧遇见一名年轻女子在河边失足落水。保名救了女子，女子表示感谢并带保名回家暂行休息。保秋见儿子保名迟迟不归正觉疑惑时，保名的一名部下赶回，言保名被恶右卫门生擒，生死未卜。保秋大怒，即率士卒前往夺回保名。正遇恶右卫门狩猎归来，保秋欲斩杀恶右卫门，不料反被斩杀。城主辅佐前司早次为给主人

① 古净瑠璃正本集刊行会. 古净瑠璃正本集：加賀掾編[M]. 東京：大学堂書店，1992.
② 荒木繁，山本吉左右. 説経節[M]. 東京：平凡社，1973：273-306.

报仇，追讨恶右卫门。被前司早次赶得落荒而逃的恶右卫门，在山中迷了路，见远处有灯火便前往借宿。前司也赶到山中小屋再次与恶右卫门交战。手持火把的保名从小屋中走出察看情况，前司告知其父被杀，保名与前司合力斩杀了恶右卫门。

第三幕：报了杀父之仇的保名决定躲避风头，与先前河边所救女子在信太森林附近过着男耕女织的隐居生活。两人诞有一子，名为童子。岁月如梭，童子已有七岁。晚秋的某一天，篱下菊花盛开，童子的母亲一个人赏菊时不经意显露出了原形，原来她是一只白狐，此前被保名所救，为了报恩才与保名婚配。童子无意撞见了母亲的原形，狐因此深知自己必须离去，悲伤不已。狐给丈夫留下书信，告知自己是狐，并说明了事情始末。狐看着熟睡的童子恋恋不舍，帮他整理衣服纽带，又在糊纸的拉门上写下和歌"葛叶凄凄葛藤绿，就此生死别离去。倘若情悰尚留存，和泉信太森中寻"后，便哭泣着返回森林老巢。童子醒来后见母亲不见了，哭闹寻找，此时保名回家发现了妻子留下的书信和拉门上的和歌，不禁流下了眼泪。保名决定带着童子去信太森林中寻找妻子。保名和童子苦苦相寻而不得见，保名悲愤之余拔刀想要和童子自杀。狐狸终于出现，交给了童子一个四寸四方的黄金宝盒和一颗水晶宝珠。宝盒中装有龙宫秘符，可知天地万物之事。宝珠则可分辨鸟兽言语。童子母亲言罢，不顾童子苦苦挽留，再次变回原形奔向远处岩石。

第四幕：童子十余岁时改名为晴明，潜修天文之道。有一天，大唐伯道上人（也是文殊菩萨化身）乘着紫云出现，授予晴明《金乌玉兔集》，并告知晴明其母亲本为信太明神，也是古代的吉备大臣，报恩安倍仲麻吕云云。晴明此后学问更是日渐增长，某日听闻两只乌鸦对话得知，天皇生病了，其原因是皇宫修建之时，在东北柱子下活埋了一条蛇和一只青蛙。晴明与父亲保名决定赴京上奏。他们上京奏明情况除去怪异后，天皇健康得以恢复。晴明因功官封五品，任阴阳师总管。天皇下赐安倍庄园三百町，赐名"清明"（原名晴明）。道满嫉妒晴明才能，又因保名是其弟之仇敌，于是上奏谗言，要与晴明斗法。先是取出木箱一个，晴明先行占卜为两只猫，开盖后果如其言。然后取大橘子十五个放置于木盘之上，并用物件盖住，这回道满先占卜云大橘子十五个，晴明施法将橘子变为老鼠，结果让道满当众出丑。道满心生愤恨，假传圣旨支开晴明，杀害并肢解保名。保名的手足、身子分别被野狗、老鹰叼走。晴明设坛施法，野狗与老鹰又将手足与身子叼回，保明复原苏醒。晴明参拜天皇，道满因事情败露被杀。晴明官封四品，任天文博士。

从口承说经节《信太妻》到古净琉璃《信太妻》，再到《信田森女占》《大内鉴》，虽然有若干变化，但在主要框架上存在明显的传承关系。信太妻的故事一脉相承，但是戏剧的发展也体现出创作者的取舍。

二、《信太妻》《信田森女占》《大内鉴》本质趋同分析

前文总结了《信太妻》《信田森女占》《大内鉴》三个剧本的概要，进一步归纳，可得表2-1。

表2-1　《信太妻》《信田森女占》《大内鉴》的比较

比较项目	《信太妻》	《信田森女占》	《大内鉴》
作品成立	1674 年	1713 年（或 1703 年）	1734 年
丈夫	保名	安名	保名
狐女	葛之叶	葛之叶	葛之叶
结合机缘	恶右卫门猎狐取胆，保名救狐，狐化成女子报恩	未详	恶右卫门猎狐取胆，保名救狐，狐化成保名原恋人的模样同居
人狐之子	童子	童子	童子

比较项目	《信太妻》	《信田森女占》	《大内鉴》
分离原因	狐母被童子发现原形	葛之叶一族自露身份，但安名并未与之分离。后来，恶人源吾设局迫使葛之叶显露原形	原恋人出现，狐原形暴露
离别和歌	有	有	有
人狐再会	赠宝	赠宝	未赠宝
终结	晴明（童子）名扬天下，仇敌道满被杀	晴明（童子）名扬天下，仇敌道满被杀	道满改过自新，将宝书交给童子，恶右卫门被杀

通过表2-1，首先可以发现三个剧本出场的主人公姓名并无二致。男主人公曰保名或安名，在日语中发音相同，均为「やすな」（yasuna），根据汉字的字面意思有保护、安易的含义。女主人公葛之叶是狐，其名"葛之叶"也有深意。葛在中国古代应用甚广，帝尧"冬日麑裘，夏日葛衣"（《韩非子·五蠹》），葛根更有营养保健与药用功效。而葛在日语中训读为「くず」（kuzu），与"国栖"发音相同，因国栖之地盛产葛根而得名。"国栖"是日本天皇入主大和盆地之前的原住民，与"土蜘蛛"等一起，是早期天皇家族征讨、安抚及歧视的对象。"葛之叶"一词则是秋天的季语，到了秋天，藤蔓伸长，或在地上蜿蜒或攀爬到树上，有些原野甚至被大片的葛叶覆盖。秋风一吹，掀起葛叶，看到的都是白色的葛叶背面。"看见背面"在日语中的发音为「うらみ」（urami），意思就是"恨"。这一特征常被情感纤细的歌人所借用，古代包含季语"葛之叶"的和歌所表达的均是恨离别、恨抛弃之意，这一点待后详述。人狐所生子名曰"童子"。折口信夫指出，从属于大寺庙的奴隶部落（村落）称为童子村，村民服役于寺庙，称为"童子"。[①]究其原因，这些奴隶既未剃发为僧，也未束发为民，截发如童而得名，故服务于大殿法会的奴隶称为"堂童子"。柳田国男所考证的"毛坊主"（半俗半

---

① 折口博士記念古代研究所. 折口信夫全集：第2卷［M］. 東京：中央公論社，1965：300-301.

僧）也出自寺奴后代。《信太妻》开篇交代了戏剧发生的场所在四天王寺与住吉大社之间的安倍野。无论是寺庙的童子村，还是神社的神人村，都是为宗教服务的奴隶居住地，其子孙后代即现在所谓的"特殊部落"。即便在现代日本，特殊部落出身的人在就业、婚姻方面依然深受歧视。

其次，狐女离去之时所留下的和歌在三个剧本中完全一致。这首脍炙人口的和歌是（笔者译）：

> 葛叶凄凄葛藤绿，
> 就此生死别离去。
> 倘若情愫尚留存，
> 和泉信太森中寻。

这首和歌的原文是「恋ひしくば、たづね来て見よ。和泉なる信太の森の、うらみ葛の葉」。而早在《万叶集》（8 世纪）时代，就有类似的和歌表达。第三千四百五十五首「恋しけば来ませ吾が背子垣内柳末摘み枯らし吾立ち待たむ」[1] 可直译为"如果想我了，你就来吧，我的情人！我会一直站着等你，直到把篱笆上的柳枝捻得枯干"。此处的「恋しけば来ませ」（如果想我了，你就来吧）和信太妻中的「恋しくば、たづね来て見よ」（如果想我了，你就来找我吧）表达的是同样的思恋或不舍之情。《古今和歌集》（905）中也有异曲同工的表述。第九百八十二首（作者未详）「わがいほはみわの山もとこひしくはとぶらひきませすぎたてるかど」[2] 意为"我的茅草屋在三轮山脚下，如果你想我了，就来找我吧，我家的门前有一棵杉树"。这首和歌交代了作者的详细住址，暗含着目前的离别或正要离别的状态。源俊赖在和歌概论《俊赖髓脑》一书中认为上述和歌的背景是，住吉明神的妻子三轮明神在被住吉明神抛弃后咏和歌相赠。在俊赖的引用中，和歌略有

① 沢瀉久孝. 万葉集注釈：卷第 14 [M]. 東京：中央公論社，1965：153.
② 佐伯梅友. 日本古典文学大系 8：古今和歌集 [M]. 東京：岩波書店，1958：301.

变化：「恋ひしくば、とぶらひ来ませ。千早振る三輪の山もと、杉立てる門。」①「とぶらひ」与信太妻的和歌「たづね」在古日语中都指探访。「千早振る」则是一个枕词，后面连接的是神或大氏族。显然，三轮明神与信太妻的上述两首和歌在表达结构上并无二致，即都包含了"思恋""请来"及地点（信太或三轮）告知的三重语序表达。如果将地点信太森的葛叶与三轮山的杉树之门置换，故事主角就从三轮明神变成了葛之叶狐女。

《俊赖髓脑》认为三轮明神是女性，其神婚故事成了能乐剧《三轮》的最大典籍依据。其实，三轮明神在古代被认为是男性，《日本书纪》中有这样的记载：皇女百袭媛和三轮山的大物主神结婚了。丈夫晚上才来，白天则不见踪影。为此，百袭媛始终不识丈夫的真面目。妻子祈求与丈夫相见，丈夫说"吾明旦入汝栉笥而居。愿无惊吾形"②。第二天早上，百袭媛打开梳子箱，发现里面有蛇，吓得大叫起来。大物主神顿觉羞辱，生气地消失在三轮山。百袭媛后悔不已，最后用筷子自杀。

通过上述关于和歌的溯源及背景故事的探讨，可以看到神婚（异族婚）破裂后，被抛弃一方的不舍或懊恼，甚至还能隐约看到从男神蛇到女神蛇，又从女蛇到女狐的变化之路。

信太妻的和歌不仅能在《万叶集》《古今和歌集》中找到结构雷同的表达，在《新古今和歌集》（13 世纪初）中也能发现某些端倪。《新古今和歌集》中的"信太森""葛之叶"两个词语具有特殊的含义。以下为和泉式部与好友赤染卫门的一组赠答歌：

　　うつろはでしばし信太の森を見よかへりもぞする葛のうら風
（赤染卫门）

　　　秋風はすごく吹けども葛の葉のうらみがほには見えじとぞ思
ふ（和泉式部）③

① 佐佐木信綱. 日本歌学大系：第 1 卷［M］. 東京：風間書房，1958.
② 坂本太郎，家永三郎，井上光貞，ほか. 日本書紀：上［M］. 東京：岩波書店，1965：247.
③ 久松潜一. 日本古典文学大系 28：新古今和歌集［M］. 東京：岩波書店，1958：368.

这两首和歌都是恋歌，赤染卫门的「葛のうら風」与和泉式部的「葛の葉のうらみ」都用秋风吹乱葛叶来比拟心情的混乱。和泉式部一生情感波折，她与橘道贞（和泉地区最高行政长官）婚后不久便与尊亲王（冷泉院的三皇子）发生婚外恋情，故被丈夫冷落并抛弃。和泉式部旋即又与敦道亲王（冷泉院的四皇子）相恋，不伦丑闻引起了社会骚动。和泉式部被丈夫抛弃之时，忘年闺友、贤妻良母的典型人物赤染卫门赠歌宽慰，其大意是"不要移情别恋，且看和泉信太的森林，葛叶虽随风翻卷，但还是会复原"。和歌充满了双关、暗示的智慧，"信太的森林"是歌枕，表示和泉国，也可指代和泉国守橘道贞。葛叶"随风翻卷"（「うら風」）与后一首答歌中的"看见背面"（「うらみ」）一样，与"怨恨"同音，都为「うらみ」（urami）。葛叶虽然会随风翻卷（怨恨），但终会复原（橘道贞也许会回心转意，你不要再怨恨他）。赤染卫门建议和泉式部先看看橘道贞的动向，但和泉式部婉言拒绝了好友的规劝，其和歌的大意是"就算秋风刮得很厉害，但我想葛叶的背面是看不见的"。这首和歌除了"看见背面"与"怨恨"的双关外，"秋"与"厌倦"也双关［同音为「あき」（aki）］。和泉式部想表达的本意是："丈夫厌倦我也好，不厌倦也罢，我根本就不怨恨他。"和泉式部有了新欢，自然不会怨恨丈夫的抛弃。赤染卫门正说，和泉式部反说，不过不管怎么说，同属三十六歌仙之列、引领古代和歌风尚的和泉式部、赤染卫门二人，在赠答和歌中使用的葛叶翻转意象是指弃妻的怨恨，这一点是毋庸置疑的。

　　信太妻和歌之后的葛叶翻转意象指的也是怨恨。松尾芭蕉有一首有名的俳句：

　　　　葛の葉のおもてみせけりけさの霜 [①]

　　1691 年秋，芭蕉创作这首俳句的时候正在江户，而非和泉信太。但是，为什么这首俳句被制成句碑，竖立在信太森神社（葛之叶稻荷神社）的鸟居

---

① 　大谷篤藏. 日本古典文学大系 45：芭蕉句集［M］. 東京：岩波書店，1962：203.

附近呢？这首俳句的字面意思是"葛叶的表面今晨的霜"。芭蕉长期外出旅行时，发生了"岚雪叛乱"（芭蕉高徒服部岚雪自立门户）。后来芭蕉返回江户，岚雪登门谢罪。「おもて」双关葛叶的表面及岚雪"露了面"，故俳句可以解释为岚雪拜访芭蕉，师徒之间刮的"秋风"停了，没有了"怨恨"，两人情感依旧。可见芭蕉是深刻理解"葛叶背面"的「うらみ」的传统怨恨意义，而故意反说"葛叶表面"，借以表达和解的。也正因为如此，信太森神社里才会将芭蕉的俳句及和泉式部的和歌，连同信太妻和歌一起放置在显眼的位置。

　　总而言之，在信太妻系列故事剧本中，情节与人物或繁或简，而唯一没变化的就是上述「うらみ葛の葉」的和歌。这首和歌实际上浓缩了信太妻的本质特征，并起到了画龙点睛的作用。事实上，歌舞伎《大内鉴》表演到葛之叶在纸窗上写和歌的时候，总能赢得阵阵掌声。狐女葛之叶打算离家出走，先用右手写上汉字"恋"，假名「しくば」则是从下往上写。接下来的「たづね」更是出乎意料，写的是镜像文字。此时因为童子醒来了，葛之叶边安慰童子边快速写下「来てみよいずみなる」。童子紧紧缠抱住不放，葛之叶不得已用左手拿笔写镜像文字「信太の森」，换成右手刚写下「うらみ」，童子又哭闹起来，于是葛之叶用嘴衔着笔写下「葛の葉」。正着写、反着写、从上往下写、从下往上写、左手写、右手写、嘴衔着写，这些不可思议的运笔，充分展现出狐有别于人类的性格，也更加表现出狐母因时间紧迫且不得已诀别的痛苦。这首由爱恋与痛苦矛盾心理糅合而成的和歌，被信太妻系统的戏剧、物语反复引用，本身就映照出日本民族中关于弃妻及母子分离的哀怨心理。

三、说经节《信太妻》与贱民关系考

　　上一节重点分析了信太妻和歌的哀怨心理，也提及了主人公名字中"葛＝国栖""童子＝寺奴"的隐喻意义。本小节将重点分析信太妻系列故事的起源——说经节《信太妻》。

前面已经提到，所谓"说经"，原本是阐述佛理经典教义的"说教"（即布教活动），在佛教的大众化中起到了重要作用。而随着时代的发展，说经逐渐演变成一种说唱艺能。

作为说唱艺能的说经节，最初因地制宜采用锡杖等作为伴奏的道具，又采用颂歌、赞歌曲调进行佛教讲经。随着说唱内容的娱乐化、大众化，伴奏道具逐渐转变为三味线、琵琶、钲鼓乃至竹刷子。说经节所述内容则从经典教义的解说逐渐世俗化为神佛显灵的故事，甚至有时干脆与神佛无关。冲浦和光认为，宣扬佛法的"说教"转变为大众艺能"说经"，大致在室町时代已经完成，说经师不再是寺院正式剃度的僧侣，而是属于散所声闻师支配下的贱民阶层。[①] 可以看出，说经节所用道具从锡杖到廉价的竹刷子，本质功能从教化的说唱艺术转变成乞讨般的卖唱艺术，这是一个逐渐下沉"接地气"的过程。无怪乎岩崎武夫敏锐地指出，说经虽然依然与神佛的灵验、因缘相关，但已经是通过社会底层、制外贱民之眼，赤裸裸地道出了中世纪末期民众的生活状况。[②] 荒木繁则在《说经节》一书的解题中断言，说经师是社会所歧视的贱民，说经节就是贱民的艺能，这一点毋庸置疑。[③]

说经师过着一种类似于流浪的生活，他们无须纳税，有跨界旅行移动的自由。从卖艺经济层面来讲，说经师夜宿落脚点通常选择寺院。说经起源于说教，寺院对于说经师而言，是重要的精神与知识据点。说经师属于贱民阶层，而贱民在日本又属于"污秽"范畴，故说经师不得踏入贵族权门。在大道上演出时聚集而来的听众，同属社会底层，他们感同身受，压抑的情感也在欣赏说经节的过程中得到释放。狩野永德所绘的《洛中洛外图》中，再现了说经节的场面（见图2-6），图中可以清楚地看到说经师用竹刷伴奏，右侧男女听众掩面而泣。喜多村信节《筠庭杂考》（1844）第三卷中也能看到类似的场景，如图2-7。该图上侧序言写有"庆长年中之绘，摩擦竹刷子说经，站在人门口说唱，称之为门说经"。

---

① 野间宏，冲浦和光. 日本の聖と賎：中世編[M]. 東京：人文書院，1985：257.
② 岩崎武夫. さんせう太夫考：中世の説経語り[M]. 東京：平凡社，1973：5.
③ 荒木繁，山本吉左右. 説経節[M]. 東京：平凡社，1973：308.

图 2-6 说经师

（《洛中洛外图》插图）

图 2-7 说经师

（《筠庭杂考》插图）

　　说经节作为一种带有伴奏的说唱艺能，在早先较长的一段历史时间里，不曾被文字固定，因此缺乏正本（谱曲原本）的说经节《信太妻》，其还原还依赖于古净琉璃《信太妻》。古净琉璃《信太妻》现存最早的正本可追溯到 1674 年鹤屋喜右么门版本。①

　　据《日本说话传说大事典》，古净琉璃《信太妻》的出典是《簠簋内传》及其注解书《簠簋抄》。②《簠簋内传》撰写于镰仓时代末期至南北朝时代初期（14 世纪 30 年代），是一本关于占卜的秘藏书，为日本阴阳道宗家中御门氏代代传承。《簠簋抄》则最迟不晚于室町时代末期（16 世纪 70 年代），在该书的第一章中记载了关于《簠簋内传》（即《金乌玉兔集》）的由来。③《日本说话传说大事典》认为古净琉璃《信太妻》来自《簠簋抄》，持有同样观点的学者还有渡边守邦。渡边守邦认为，在《簠簋抄》与古净琉

① 荒木繁，山本吉左右. 説経節［M］. 東京：平凡社，1973：336.

② 志村有弘，諏訪春雄. 日本説話伝説大事典［M］. 東京：勉誠出版，2000：441.

③ 第一章关于《簠簋内传》（即《金乌玉兔集》）的由来概要如下：元正帝时代，遣唐使安部仲丸被梁武帝所杀，化成赤鬼。遣唐使吉备大臣因幽鬼安部仲丸的暗中帮助，从中国请来了《簠簋内传》。作为回报，吉备将《簠簋内传》转赠给了居住在常陆国猫岛仲丸的子孙安部童子。童子参拜鹿岛明神时，救了一条小蛇（实际是龙王的小女儿），赶赴龙宫得到石匣和乌药。童子的母亲是一名外来的妓女，在猫岛居住三年后，留下和歌"葛叶凄凄葛藤绿……"不辞而别。多年以后，童子寻母在信田森林遇见老狐。童子即后来的安倍晴明，与阴阳师芦屋道满斗法并取得胜利。

璃《信太妻》之间，起桥梁作用的是浅井了意的假名草子《安倍晴明物语》（1662），理由是《安倍晴明物语》包含了《箆篭抄》和古净琉璃《信太妻》的双重因素。[①]

不过，《箆篭抄》中对异类婚姻轻描淡写，对童子之母为狐一事也一笔带过。而且，在关于安倍家出生地这一重要信息点上，二者也存在明显差异，《箆篭抄》所描述的是常陆国（今茨城县）猫岛，《信太妻》所描述的是和泉国信太。浅井了意的《安倍晴明物语》与古净琉璃《信太妻》似乎更可能是平行关系，即两者存在共通的先行物语。对于此，五来重曾敏锐指出，文安年间中宇田勾头说唱的『やすだ物語』就是『やすな物語』（《保名物语》）的讹传，故为说经节《信太妻》的别称。[②]如果五来重的推论属实，文字版本的说经节《信太妻》可以追溯到15世纪中叶，那么说经节《信太妻》则为浅井了意《安倍晴明物语》及古净琉璃《信太妻》，甚至是《箆篭抄》的共同源头。只可惜『やすな物語』内容已经佚失，无从证实。

不管怎么说，事实上说经节的吟唱内容常常根据听众的期待而有所更改，以求获得最大的经济报酬。作为口承文学的说经节《信太妻》，也逐渐将安倍晴明的出生地演变并最终定为和泉信太地区。说唱艺术的创作先行而文本在后，《信太妻》的文本化过程也应该是一个漫长的融合演变过程。随着时代的发展，正如荒木繁所指出的：作为说唱艺能的说经节，到了近世初期则与人形净琉璃结合，进而一跃大受欢迎。[③]

不少学者认为说经节《信太妻》的创作者就是贱民。盛田嘉德就指出，泉州（和泉国）信太地区曾经有一个服务于信太大明神的舞太夫村落，住在这个村落里的声闻师以信太大明神灵验谭的形式，创作了说经节《信太妻》。[④]诹访春雄在《安倍晴明传说》一书中也有类似的表达：信太明神是周边居住的贱民所信仰的神社，被歧视的部落民中，还包含声闻师及隶属土御门家的

---

① 渡辺守邦. 晴明伝承の展開：『安倍清明物語』を軸として[J]. 国語と国文学，1981（11）：99-109.

② 谷川健一，五来重. 日本庶民生活史料集成：第17巻[M]. 東京：三一書房，1981.9.

③ 荒木繁，山本吉左右. 説経節[M]. 東京：平凡社，1973：3.

④ 盛田嘉德. 中世賎民と雑芸能の研究[M]. 東京：雄山閣，1974：200.

下级阴阳师，这些人将自己所尊敬的安倍晴明与信太明神结合在一起，宣扬信太明神系统的安倍晴明传说。①

《信太妻》的舞台发生地在大阪南部和泉地区的信太森林。信太森林旁边有一座神社，名为圣神社，这座神社的历史非常古老，《延喜式神名帐》（927）记载，圣神社，俗称信太大明神，祭祀的圣神为素盏鸣尊之孙、大岁神之子，贞观元年（859）五月列为官社，同年授予圣神从四位官阶。柳田国男认为，圣神社的"圣"字训读为「ひじり（日知り）」，是通晓太阳之人的意思，故圣神是能占卜太阳（老天）的善恶（奖赏与惩罚）、通晓巫术与阴阳道的神。

圣神社起源于白凤三年（674），由天武天皇敕命，信太首创建。圣神社位列和泉国五社明神之第三宫，现存社殿是 1604 年丰臣秀赖所重建，为日本国家级文物保护单位。圣神社初创百余年后的 815 年，嵯峨天皇下令模仿中国唐朝《氏族志》编写了一部日本古代氏族的谱系，即《新撰姓氏录》。该书的"和泉国诸藩"部记载，信太首是百济渡来人，已有千百子孙。和泉国原本就是以百济人为主所开拓而成之地，信太首也是其中的一族。把阴阳道引入日本的，也是从百济来的学者。野间宏指出，信太首掌握着先进的农耕技术，通晓大陆的阴阳道，拥有关于历法的高度专门知识，在创立圣神社之时，即将自己一直信奉的神——圣神（知日之神）列为祭祀的对象。②

上述圣神社的旁边有一个同样历史悠久的村庄，名为南王子村。信太森林就坐落在南王子村里面。南王子村一直到 1943 年才更名，即现在的和泉部落。日语"部落"一词的语义与汉语不同，与"同和地区"等词一样，在现代专门指因为历史原因而备受歧视的"贱民"居住地。和泉部落出身的人，时至今日依然在就业、结婚等方面备受歧视。南王子村在历史上所受歧视更甚，盛田嘉德考证发现，南王子村村民的祖先隶属信太大明神（圣神

① 諏訪春雄. 安倍晴明伝説［M］. 東京：筑摩書房，2000.
② 野間宏，沖浦和光. 日本の聖と賤：中世編［M］. 東京：人文書院，1985：42.

社），从事清扫、处理牛马死尸的工作①，冲浦和光引用江户时代《奥田家文书》中的记载，提到南王子村村民每年必须纳贡牛皮，用于圣神社的弓射神礼②。从事处理牛马死尸、鞣制皮革工作的人，在中世纪被称作"秽多"（佛教话语体系下的不可接触者），是在士农工商之下备受歧视的贱民。由于古代身份制度中，渡来人容易变成贱民，故有学者认为南王子村的人极有可能就是信太首千百子孙的后人。③圣神社的旁边还有一个贱民居住的村落，名为舞村（现为和泉市舞町）。正如名字所揭露的，这个村子里最初居住的是给圣神社敬奉神舞的人（舞太夫）。这些隶属神社或寺庙的奴仆，一方面被使唤，另一方面也具有沟通神佛的能力。这种与众不同的能力（法术、巫术等）被其他村民所忌讳，最终演变为贱视。据冲浦和光的考证，《和泉市史》记载长享二年（1488），舞村中居住有散所阴阳师。④散所阴阳师一词中所谓的"散所"，原本指贵族和神社寺院的领地，居住在散所的居民无须缴纳年贡，但必须对领主提供各种无偿劳动。中世后期到江户时代，散所多指以占卜、杂耍等为业的贱民的居住地或直接代指贱民本身。日本古代律令制下，阴阳师是通晓天文、历法、占卜的知识分子，隶属中务省阴阳寮的政府工作人员，为什么到了中世，阴阳师的社会地位急速下降，民间的阴阳师甚至受到普遍贱视了呢？镰仓时代初期以前，阴阳师一直得到政府的重用，南北朝大动乱以后，家茂、安倍两大家族自上而下的阴阳师支配体系瓦解，下级阴阳师被迫流落到寺院，从事杂役工作。此外，还有一部分本身就非常穷苦的底层民众，他们迫于生计，发行盗版日历，从事巫术、占卜活动等，从事非官方认证的阴阳师工作。折口信夫就曾经指出，古代被歧视的贱民"山人"通过修验道变成"山伏"，并从事祈福、禳灾、除厄、诅咒活动，最终转变为阴阳师。⑤总之，中世纪圣神社周边居住着各种各样的贱民，包括

① 盛田嘉德，冈本良一，森杉夫. ある被差别部落の歴史：和泉国南王子村[M]. 東京：岩波書店，1979.
② 野間宏，冲浦和光. 日本の聖と賎：中世編[M]. 東京：人文書院，1985，1985：39.
③ 長尾彩子. 信太妻伝承の研究[J]. 日本文学，2011（107）：47.
④ 野間宏，冲浦和光. 日本の聖と賎：中世編[M]. 東京：人文書院，1985：40.
⑤ 折口博士記念古代研究所. 折口信夫全集：第1巻[M]. 東京：中央公論社，1965：187-193.

舞太夫、制作皮革的秽多、挨家挨户吟唱经文乞讨的声闻师，以及从事占卜的阴阳师等。《信太妻》的故事发生地也在贱民部落里面。

综上分析，可以得出四个重要推论。其一，说经节的传播说唱者为贱民。其二，《信太妻》的故事发生地在贱民部落里。其三，说经节《信太妻》创作者出身于王子村或舞村里的贱民阶层，即舞太夫、秽多或者下级阴阳师，他们居住在圣神社（信太明神）周边，隶属或服务于神社。在精神支柱的信仰方面，这些贱民信奉通晓阴阳之道的圣神，同样也信奉祭祀狐的信太明神。其四，说经节《信太妻》的最初听众是信太地区的贱民，后逐渐扩散至邻近居住在安倍野的四天王寺寺奴、住吉神宫的神奴等贱民群体，最终演变成日本五大说经节之一。

四、信太妻系列剧本的言说空间

大抵草木国土悉皆成佛，动植物以精灵的身份出现与人相交的题材在日本并不鲜见。人狐婚恋题材的说经节《信太妻》，同属超人类的泛神思想背景下的产物，具有童话乃至神话的倾向。日本最早关于人与狐关系的记载是《日本书纪》齐明五年（659）的条目，云"狐啮断于友郡役丁所执葛末而去。又狗啮置死人手臂于言屋社"，是为"天子崩兆"。[①] 但是传承故事一般来源于《日本灵异记》。景戒编撰的《日本灵异记》，全称《日本国现报善恶灵异记》，辑录了5世纪中叶到9世纪初近四百年间的奇闻异谈，其中上卷第二话"娶狐妻生子缘"的狐故事基本奠定了狐在日语中的发音。[②] 该故事的梗概如下：

　　钦明朝时期（509—571），美浓国大野郡一男子在野外遇见一

---

① 坂本太郎，家永三郎，井上光贞，ほか. 日本書紀：下 [M]. 東京：岩波書店，1965：341.
② 此前，关于狐的称呼有很多，如《万叶集》称作「キツ」，《宇治拾遗物语》称作「タウメ」，《本朝食鉴》称作「ケツネ」。《日本灵异记》中，丈夫邀请狐"你随时回来睡吧"（「来つ寝」：kitune）成了"狐"（kitune）的语源。

个美貌的女子，二人情投意合，遂结为夫妇，没过多久女人就生了一个男孩。一天，当女人刚走进磨房，家里饲养的一只狗就猛扑过来，女人惊恐之中变成了狐，飞跳上了屋檐。男人见状惊愕不已，但仍然说道："我们之间已经有了孩子，尽管你非人类，我还是不能忘记你，你随时回来睡吧。"于是，那之后狐时常变作人形回来与丈夫团聚。但没多久，狐女一去杳无音讯。丈夫非常思念狐妻，给孩子起名为"歧都祢"（日语发音与"狐"相同），改姓为狐直，这也是美浓国的狐直一族的祖先。该狐子异于常人，力大无比、行走如飞。①

上述《日本灵异记》中的狐妻及狐直氏的起源故事，在中村祯里看来，其中人狐相遇、产子、分离的时间与水稻播种、结果、收割的时间高度重合，与稻作礼仪密切相关。②事实上，狐报恩化作人妻，助夫富裕的传说故事在日本民间并不鲜见。日本信州名门望族的始祖，相传是狐所化身。《信浓奇谈》中有一则这样的记载：

> 过去，不知什么时候，在坂井的乡间有个叫浦野氏的男人，娶了妻子，有了个孩子。有一次母亲喂奶后睡午觉时，这孩子爬起来大喊："妈妈长尾巴了！妈妈长尾巴了！"母亲非常惊讶，觉得让人家知道后很难为情，就出去再也不回来了。那天晚上田里一下子生出了稻子，（这些稻子）就是这位母亲种植的。这一年五谷丰登，家里也很兴旺。现在这个家族子孙很多。这个家族的女人，乳房下都另外长着一个乳房状的东西，大家都有这种标志。在《小笠原历代记》中，长时的妻子是蒲野弹正正忠的女儿，她是由狐狸变成

---

① 参见遠藤嘉基，春日和男. 日本古典文学大系 70：日本霊異記［M］. 東京：岩波書店，1967：66-69.

② 中村禎里. 動物たちの霊力［M］. 東京：筑摩書房，1989.

的，那么，蒲野氏就是正忠的子孙。①

突然"生出了稻子"以及乳房下"另外长着乳房"，都象征着多产。柳田国男认为，与信太妻相似情节的狐报恩故事，在全国范围内有很多。即年轻男子做了善事，狐化人报恩、嫁男生子、助农变富。不过，只有信太妻的传说是一个例外，在信太妻这里，狐与农业的关系淡薄，而其他分布在各地的狐妻传说，必与其家庭的稻作丰收富饶有关。②

为什么信太妻的传说故事就是一个特例呢？或者说，为什么说经节《信太妻》的创作者一开始就摒弃狐与稻作礼仪的关联性，选择与阴阳道的天文博士安倍晴明产生联系，这中间有什么样的动机和目的呢？安倍晴明其实是日本历史上真实存在的人物，他生于921年，卒于1005年，历任天文博士、大膳大夫等职，精通阴阳、历法、天文之术，著有《占事略决》《马上占》等。安倍晴明作为平安中期的阴阳家，颇有盛名，其子孙为土御门家，历代出任全国阴阳师的总领职务。关于晴明的出生地一直存在多种说法，学界目前也尚无定论。说经节《信太妻》的创作者（居住在信太的贱民）认为晴明就是"安倍野童子"，其目的也是显然的。借用折口信夫的话来讲，这些贱民的逻辑就是"我们村里出了个阴阳博士，晴明的母亲是信太的狐，所以我们也是狐的子孙"。③长尾彩子则指出，狐有着和阴阳道、神道及佛教密切关联的神秘特点，这在其他动物的身上是看不到的。王子村的居民将摆脱贱民身份的愿望和憧憬，编织到了说经节里，寄托在地位曾经极度辉煌的阴阳师安倍晴明身上。④

无论是《日本灵异记》里的狐，还是与信太妻报恩情节极为类似的《信浓奇谈》里的狐，均具有稻作农神的性质特点。与"狐＝异族＝神"相对，柳田国男所说的作为特例的《信太妻》，则是"狐＝异族＝贱民"。神与贱民

---

① 吉野裕子. 神秘的狐狸：阴阳五行与狐崇拜[M]. 井上聪，汪平，杨华，等，译. 沈阳：辽宁教育出版社，1990：16-17.
② 柳田国男. 柳田国男集[M]. 東京：筑摩書房，1965：78.
③ 折口博士記念古代研究所. 折口信夫全集：第2卷[M]. 東京：中央公論社，1965：305-306.
④ 長尾彩子. 信太妻伝承の研究[J]. 日本文学，2011（107）：54.

的关系，正对应崇高与低贱的关系，在普通人眼中，都具有陌生、神秘力量、害怕等共性。只不过，社会对于神的欢呼和渴求有多大，对贱民的贬低和排斥就有多深。贱民部落问题一直到现在，依然是日本的社会问题。2016年12月，日本颁布的《消除部落歧视推进法》中的第一条就大大方方地承认贱民部落歧视问题现今依然存在。日本时至今日都没有完全解决的贱民部落歧视问题，充分说明了贱民歧视现象的根深蒂固。这也是《信太妻》之所以能成为狐妻报恩故事中的特例，并比狐妻报恩农夫传说更具有戏剧影响力，成为传统经典的真正原因。而从本质上来说，说经节《信太妻》就是"狐＝异族＝贱民"的血泪控诉。

总之，说经节《信太妻》的创作者（们）潜意识中至少包含两层含义：一是对狐神信仰远古记忆的唤醒；二是通过高贵身份强调贱民身份的身份差别，从精神上寻求解脱。

基于以上分析，接下来从狐秘密的发现、母子别离、惩杀恶人三个方面进一步探讨信太妻系列剧本的言说空间。

首先，狐秘密的发现，即异类婚姻的破局。从现实层面而言，信太妻并不是狐妻，而是来自信太地区的寺奴或神人村，即折口信夫所说的异族村庄来的妻子。[①] 来自异族的信太妻与普通人安倍保名，曾经有着迥异的生活方式，尽管信太妻小心翼翼地隐藏，最终还是会在某些场合暴露。说经节《信太妻》中狐露出原形的缘由是赏菊。延宝六年（1678）山本角太夫净琉璃正本中有一幅狐出神的插图（见图2-8）。

图2-8　葛之叶狐被童子看破图
（引自藤泽卫彦《日本传说研究》）

---

① 折口博士记念古代研究所. 折口信夫全集：第 2 卷［M］. 東京：中央公論社，1965：309.

中国狐故事中也有不少狐因赏菊而露出原形，究其起源与白居易的诗句"枭鸣松桂树，狐藏兰菊丛"（《凶宅》）有关。白居易在《凶宅》结尾点题道："寄语家与国，人凶非宅凶。"或许是笔者过度解读，《信太妻》的作者似乎也在告诫，"狐＝异族"的成立，也不过是"人凶"而已。

在这里最重要的是，发现狐原形的是童子，即狐母从异族来，所拥有的旧的生活印记或者某种秘密的生活方式，在不经意中被童子发现。这种情节的安排包含了三重潜意识心理。其一是认为孩童无心却蕴含神性。其二是上古集体生活中通常存在某些秘密，需要对孩子绝对保守。其三也是最重要的，将"窥见"的角色赋予童子，其实还隐含着与异族的婚姻存在的社会紧张关系需要由孩子来调和。"信太妻＝狐＝异族部落贱民"的身份被人知晓，婚姻破裂之后，丈夫保名寻妻也是带着孩子的。信太妻不肯相见，保名威胁要杀子并殉情时，信太妻才再次出现。《日本灵异记》"娶狐妻生子缘"中，孩子的作用就没这么大，狐妻的身份是被狗识破的。狐妻离去后，男子所赋和歌"举世悲恋双难成，忧来思卿有余情。天长地远去不返，空留一片夕阳明"[①]，展现了人类男子对狐妻离去的不舍。与之相反，《信太妻》中的狐妻不辞而别所留下的和歌，正如上一节所阐述的，是狐妻对人类丈夫及孩子的恋恋不舍，甚至包含了某些怨恨。进一步而言，在《日本灵异记》里，狐身份暴露后依然能够回来相聚，并在一定的时间内婚姻持续有效。而在《信太妻》中，狐身份一旦暴露，婚姻就不得不立刻终止，尽管狐是多么的不舍。

与《信太妻》中狐原形是被童子发现的相比，《信田森女占》和《大内鉴》中关于狐身份的暴露，有着不同的情节安排。在《信田森女占》中，葛之叶一族自述身份来由，但安名并未与狐妻分离，所展现的是甘愿承受"社会性死亡"的风险，追求爱情的自我真实。后来，恶人源吾设局迫使葛之叶显露原形，造成社会性曝光，迫使狐女出走、母子分离。而在《大内鉴》中

---

① 和歌原文为「恋は皆我が上に落ちぬたまかぎるはろかに見えて去にし子ゆゑに」，此处汉诗为笔者译。

情节更为复杂，狐本身就是冒充他人，即一直对丈夫隐瞒身份，当丈夫原来的真正恋人出现时，狐原形暴露，最终婚姻破裂。

不同情节的安排，也体现了创作者对于贱民的态度。在《信太妻》中，狐葛之叶给保名提供了避难所（虽然保名的遇难最初也是因狐而起）。贱民部落成了躲避世人的一个场所。狐为了报恩与保名结合，也是煞费苦心。狐第一次是真遇险，保名也是冒着性命危险救了狐。狐第二次则是假装遇险，以年轻女子的样貌出现，假装失足落水，让保名再次出手相救。这一次，作为报答顺理成章便能和保名结合。换言之，第一次"狐＝异类＝部落民"的身份无法委身报恩，第二次隐瞒真实身份，以同类身份才能结合。这种情节的安排，无疑就是通过人畜相异的朴实价值观比附百姓与贱民部落的相异，也就是贱民不可与普通百姓通婚的隐喻。在《大内鉴》中，狐葛之叶有着先天的非法性，葛之叶为了报恩和保名结合，采取的手段是假冒他人。试想，多年来一直在寻找保名的真正的葛之叶作何感受？在《大内鉴》创作者的潜意识心理中，"狐＝异族"虽然有合理的报恩诉求，采取的手段却是非法的。在《信田森女占》中，安名如何出了家门，如何与狐女葛之叶结为夫妇，其动机与经过完全被省略，虽然救狐与成婚的顺序有所不同，同情"狐＝异族"的立场并没有变。

其次，母子别离。信太妻系列剧本在情节上最大的相同点还是在于母子分离。这一点，与《簠簋抄》比较便可得知。《簠簋抄》是《簠簋》全五卷的注释，在序篇"三国相传簠簋金乌玉兔集"中，重点放在了对安倍晴明波澜壮阔的一生的阐述上，与狐的相关记载概要如下：

> 晴明（原文是"清明"）的母亲是神明的化身，她幻化成艺伎游走于诸国。当她来到常陆国的猫岛时，在此地逗留了三年，生下晴明。晴明三岁时，母亲留下一首和歌就离开了，歌曰"葛叶凄凄葛藤绿，与君生死别离去。倘若情愫尚留存，和泉信太森中寻"。之后，晴明上京，根据母亲所留诗句，来到和泉国的信太森林。信太森林中有一座稻荷神社，里面供奉着葛叶明神，晴明上前祭拜

祈祷。遂见一只老狐出现在他面前，自言说是他的母亲，也就是信太明神。①

《箪篦抄》主要突出的是晴明与母狐的血缘关系，而对故事中人狐婚恋的处理非常简略，甚至都没有交代晴明父亲的名字，也没有说明母狐为什么离开，更没有对母狐别子的悲痛场面进行只言片语的描述。

在人狐婚恋的展开、母狐与幼子的诀别等情节描述上，说经节《信太妻》至古净琉璃《信太妻》这一条线要远远胜过《箪篦抄》。现存脚本中，《信太妻》的心理描写十分缜密，甚至远远胜过日本传统故事中关于夫妻、母子情感的描述。如，葛之叶在真身被识破之时心理的焦躁、矛盾与不安，最终准备离去并写下和歌时候的不舍、无奈和一丝丝希冀。又如，母狐离开以后，父子俩想去和泉的信太森林找回葛之叶，两人对话逐渐涌现出的赴死般的勇气与决心。在舞台上，《大内鉴》演员运用"腹艺"（言语、动作以外所传递的心理活动）等高超表现形式，同样也将母狐的哀怨表现得淋漓尽致。也正因为对人类细微情感的准确把握，《信太妻》所呈现的是一种真实的存在感，以至于读者或观众完全忘却了狐与人通婚存在的逻辑矛盾，并被激发出深深的共鸣与同情。因此，就表现形式与思想内涵而言，信太妻系列（或称葛之叶系列）艺能最大的特征还是在于母子离别异常郑重的场面。艺术表现中不得不离别的压抑给观众带来了关于婚姻压制与部落民阶层歧视的思考。这也无怪乎《信太妻》的母子离别常常被作为折子戏单独上演，并经年不衰。

最后，惩杀恶人。劝善惩恶的主题不分国度，不过把惩恶描述到极致的恐怕还包含对不合理压制的强烈控诉。野间宏曾敏锐地指出，说经节的内容包含哀怨之情，是对暴力当权者的诅咒。②譬如同属五大说经节之一的《山椒太夫》，厨王子最后受到比死亡更痛切的复仇，太夫的五个儿子，用锯子

①　参见真下美弥子，山下克明.箪篦抄［M］//深沢徹.日本古典偽書叢刊：第3卷.東京：现代思潮新社，2004：275.

②　野间宏，冲浦和光.日本の聖と賤：中世編［M］.東京：人文書院，1985：261.

慢慢锯太夫，"拉一锯，千僧供养，再拉一锯，万僧供养……"。每一次的拉锯，随着说唱者绘声绘色的表演，听众被压抑的情感都能得以释放。信太妻系列戏剧中，主人公保名被恶人（《信太妻》与《信田森女占》中是芦屋道满，《大内鉴》中是恶右卫门）斩杀在京师的"戾桥"，且被分尸。这些恶人或要活取狐胆做药引，或杀戮同情狐的保名。戏剧结尾对恶人的惩罚虽然不似《山椒太夫》般"千刀万剐"，也令人拍手称快。惩杀芦屋道满或恶右卫门，其实也是"狐＝贱民"因权贵摧残压迫而所生的怨念在文艺层面上的情感释放。

五、悲情人狐之恋补说

本小节补充两部现代戏剧，一部是人形净琉璃《雪狐》（原文标题『雪狐々姿湖』），于 1956 年 12 月在东京东横会馆初次上演。剧本由有吉佐和子创作，梗概如下：

> 白百合狐在打盹的时候，被猎人源左捕获。看着如此可爱的白狐，源左心生怜悯，放走了它。自此，白百合狐对源左念念不忘。祖母狐知道了孙女狐的心事，将狐族的宝物送给了孙女狐，并把孙女狐变成了一个美貌的女子，同时告诫她："千万不能让人类触碰宝物，否则神力就会失效，你就会变回狐形。"之后，白百合如愿嫁给了源左，过着幸福平静的生活。可好景不长，一个冬日，当源左再次出去打猎时，猎杀了白百合的狐弟，看着弟弟的尸体，白百合精神崩溃了。婆婆和丈夫为了救白百合，拿着白百合的宝物，向神明祈祷。顿时，宝物神力失效，白百合变回了狐形。白百合狐悲鸣着冲出屋外，掉进湖里溺死了。[①]

---

① 参见国立文楽劇場営業課. 文楽床本集：国立文楽劇場人形浄瑠璃文楽平成二十二年七月公演 [M]. 東京：日本芸術文化振興会，2010.

另一部是歌舞伎《狐与笛手》(原文标题『狐と笛吹き』),于 1952 年 7 月在东京歌舞伎座初次上演。剧本由北条秀司创作,梗概如下:

> 笛手春方的妻子麿矢去世了,他非常悲伤。这时,一个乐人介绍了一个名叫友袮女子给春方认识。友袮和麿矢长得非常像,春方从友袮身上看到了亡妻的影子,于是两人很快就相恋了。一日,同为笛手的秀人来拜访春方,见春方神清气爽,不但又开始吹笛了,还打算去参加笛师选拔赛。故人相见,春方不免谈起对亡妻的美好回忆,友袮听了又嫉妒又伤心,不但烧了麿矢生前用过的琴,还把麿矢的和服送了人。当春方了解到友袮的心事,提出要和友袮结婚时,友袮终于道出了实情,原来友袮是春方曾经搭救过的老狐的女儿,狐女一旦与人类男子交合,便会悲惨死去。春方知道了友袮的狐身份,虽然很震惊,但还是发誓会真心对待友袮。终于到了选拔笛师的日子,春方不幸落选了,唯有以酒解千愁。喝得酩酊大醉的春方回到家里,特别希望得到友袮的慰藉。友袮看着失意的春方,终究放下了对死的恐惧,与春方缠绵在一起。第二天,春方在森林里发现了死去的友袮狐的遗骸,悲痛欲绝。最终,他抱着友袮狐的遗骸跳湖殉情而死。①

上述两个现代戏剧(人形净琉璃与歌舞伎)都是关于人狐婚恋的故事。与《信太妻》故事中婚姻破局相比,《雪狐》与《狐与笛手》的殉情悲剧更加让人扼腕。如果把狐置换成部落出身的"异族",上述戏剧更具有现实意义。在《雪狐》中,"千万不能让人类触碰宝物"其实就是被歧视部落家长对小孩常年灌输的"千万不要暴露自己的身份",既隐藏了贱民部落属于"不可接触"的历史,也暗含了部落民的身份自卑。而《狐与笛手》所说的"狐女一旦与人类男子交合,便会悲惨死去"则是不可与部落民通婚这一禁

---

① 参见北条秀司. 北条秀司戯曲選集:第 4[M]. 東京:青蛙房,1964:5-30.

忌的文艺表达。可以说，在现代日本，部落出身的青年在就业、婚姻方面依然遭受歧视，给人狐相恋戏剧持续创新提供了文化土壤。

六、《信太妻》戏剧的当代价值认同

正如上文所述，古净琉璃《信太妻》《信田森女占》、歌舞伎及人形净琉璃《大内鉴》等起源于说经节《信太妻》。信太妻系列狐戏的起源及言说空间与贱民高度相关。也就是说，"狐＝异族＝贱民"跨阶层的婚姻关系不合乎社会道德与法制要求，导致正当利益长期受到压抑或忽视，《信太妻》狐戏的创作者、说唱表演者及观众，把自身的焦虑投射转换为狐妻的怨念。这种怨念不仅指向专横统治者（天皇与贱民为两个极端，且相辅相成），也指向产生歧视文化的日本社会本身。

2016 年 12 月，日本颁布《消除部落歧视推进法》，其中第一条就明确承认日本现在还存在部落（贱民）歧视问题。即使在今天经济高度发达、教育水平极高的日本，对部落民的歧视问题也没有彻底根除。在发达资本主义国家光鲜的民主外表下，隐藏着"生下来便有罪"的反人权观念。对于大多数现代日本人而言，表面上过着摩登生活，骨子里却藏着《日本灵异记》般千奇百怪的世界。灵异、妖怪等非日常的、混沌的、土俗的存在，深深烙印在文化基因里，折叠在记忆最深处。而对贱民部落地区出身者或明或暗的就业歧视、结婚歧视等，只不过是其中隐藏颇深的土俗忌讳之一。

通常认为，日本现代被歧视部落（贱民）的起源，可以追溯到江户幕府成立初期。诚然，从法制史的角度来看，幕藩体制的成立与近世身份制度的编成（在士农工商之下设立贱民身份）存在逻辑相关关系。近世初期至中期在政治与法制的层面，固化形成了新的贱民歧视，是为现代贱民部落最直接的起源。不过，日本古代便已存在中央集权的律令制，贱民（五色贱）是一种法律规定的存在。律令制解体之后的庄园制度下，非人、清目、河原者、秽多、犬神人、声闻师、散所法师乃至乞丐等，构成了中世贱民的丰富内涵。这些诸多名称的贱民阶层，到了近世被统一为非人、秽多。可见，从文化史的角度来看，现代被歧视部落的起源要追溯到古代、中世才有解读的意义。

崇高与低贱、神圣与俗秽，互为返照，形影不离。有贵族也就必然会有贱族，有天皇制也就必然有贱民制。古代中国的"贵—良—贱"律令体系，以及印度的"圣—俗—秽"种姓体系传入日本，沉积在贱民部落，生成了"贱＝秽"的双重构造。"神圣＝清净"的天皇地位需要"低贱＝污秽"的贱民反衬才能彰显。"天皇制＝贱民制"随着历史的发展而变化，如今已经演变为象征天皇制。但作为一种思考方式和行为原理，贵贱或圣秽的两极对立已经根植于日本人心中，构成了日本的国民性之一。这一"制度化的文化"贯彻了整个日本史，我们避讳贱民而谈天皇，或者反之，均难以抵达问题的本质。日本官方的历史从来都只是对朝廷（天皇、贵族）及武家权力叙述。而"贱＝秽"被认为是一种"负"的存在，通常被掩盖在阴暗角落里。譬如，日本的国粹歌舞伎及人形净琉璃中重要的"河原者意识"就常常被故意遮蔽。又如，中世文化的代表人物世阿弥出自受歧视的散乐户系谱，在日本学校教育体系中也全然不曾提及。在天皇制的拥护者看来，天皇是日本民族精神的权威象征，而贱民只是一种阴湿、隐微的禁忌，甚或是既成秩序之外的无意义存在。

这样的历史文化背景，为我们欣赏日本信太妻系列狐戏时提供了一个特别的视角：贱民一直小心翼翼地生活在人格尊严被严重践踏的社会风气之中。他们是非人、秽多，被排除在普通人类秩序范围之外，被赋予了"畜生""四条腿"的外号。"贱民＝畜生＝狐"的逻辑关系就是日本社会人畜相异歧视观淋漓尽致的体现。而主人公"信太妻＝狐妻"不得不与丈夫、孩子分离所产生的怨念，也是贱民对日本社会的血泪控诉。最终狐妻的孩子能得以出人头地，得到天皇认可，暗藏着贱民的想象力与希冀。这个希冀寄托在天皇制度存续的基础上，带有历史的局限性。以伊势神宫为顶点的"天皇教神道"作为国家宗教，其地位在日本社会里不断被巩固，狐妻的诉求，仍然在于其互补性的反衬角色，她的超能力必须被限制压缩在天皇制权威之中。尽管如此，把信太妻系列戏剧置于人权解放的历史视野里，依然可以呈现出异常饱满的情感倾诉画面。总之，"信太妻＝狐妻"作为象征性的表达，揭示了生活在过去和现代的日本人中发生的重要事件，也体现了日本民族的认同感与权利关系。

第三节　中日"人狐婚恋"戏之狐角色设定的异同分析

东亚文化的多神崇拜与泛神论，注定了天地山河、草木禽兽皆可以幻化具备人的外形、思想与情感，当然他们还可以保留幻化之前所拥有的本性。这些幻化为人的"异类"，本质上来讲就是人性扩展投影的观念载体。人的善良阳刚一面投影所成的异类是各路神仙，人的阴险邪恶一面投影所成的异类则是妖精鬼怪。纪昀在《阅微草堂笔记》中说："仙妖殊途，狐则在仙妖之间，故谓遇狐为怪可，谓遇狐为常亦可。"① 狐在"仙妖之间"，简直就是指人本身，所以狐是人的潜意识最直接的折射产物。无怪乎狐可幻化为女子，自荐枕席，与凡人演绎出爱恨交织的婚恋故事。

《刘海砍樵》有多个人狐之恋的版本，较早版本中狐女寻思如何通过与男子结合来"采补"，可见狐女虽已有五百年的道行，还属于"妖"的范畴。《蕉帕记》（狐女最初动机也是损人利己的"采补"）也可归为同一类。不过，中国的狐戏发展到现当代，人狐婚恋的主调趋向于和谐共处。新中国成立之后创作的新版本《刘海砍樵》中，刘海不仅得到了理想的配偶，家庭经济条件也得到了极大改善，他和狐女最终过上了幸福美满的生活。这种情节的设置，甚至比《搜神记》中织女下嫁给董永还要圆满。可以说此时的狐俨然已经属于"神"的范畴。费尔巴哈曾说："属神的本质之一切规定，都是属人的本质之规定。"② 即神的本质、宗教的本质是人之本质的异化，神的

① 纪昀. 阅微草堂笔记 [M]. 长春：吉林大学出版社，2011：168.
② 费尔巴哈. 费尔巴哈哲学著作选集：下卷 [M]. 荣振华，王太庆，刘磊，译. 北京：生活·读书·新知三联书店，1962：39.

一切品格都只不过是人品格的绝对化。神的正义、普爱、阳刚等属性，是人心向善的一种肯定，神因此也会赐福给譬如刘海这种具有善良、孝顺美德的人。从另一层意义上来讲，内心向善、具有社会公认美德的人，也期盼有神的护佑。《刘海砍樵》中狐女的出现，符合穷困但善良的小伙子潜意识的呼唤。而《刘海砍樵》的改编演出能大获成功和广泛推广，能获得多数人的共鸣和认可，更是集体无意识的呼唤，即社会层面对神护佑的渴求。

《武孝廉》中的狐"忘却仙凡两相阻"，"抛却千年道德珠"，从道行来看具备了神仙的德行条件，狐吐丹救人也有菩萨心肠，所以可以把此狐看作狐仙。男主人公石怀玉"明达周公礼，情通孔圣章"，因此被神仙相中，此后受到庇佑，"四体发热、两眼发光"，且不说科考顺利、官运亨通。只不过石怀玉的明白事理只是表象，他得意忘形、背信弃义、背刺兄弟、虐待下人、阴谋害妻，简直拥有人类阴暗面的一切表征，从这一层意义上来讲，石怀玉这一负心郎才是妖鬼。我们知道，中国的神除了护佑外，还有惩戒妖鬼的功能。石怀玉最终得到应有的下场，令人称快，这也是中国的狐具有审判他人、伸张正义功能的体现。

日本方面，在第一节中已经有了较多笔墨的总结，与现当代中国的"人狐婚恋"的戏剧趋向于"人仙相恋"相比，日本的"人狐婚恋"更趋向于"人妖相恋"。尽管狐没有显著作恶，甚至还能安分守己、相夫教子、与人和睦相处，但是在日本人狐婚恋的语境中，"狐＝贱民"。在社会层面，人们对狐（贱民）抱有天生的优越感；反之，狐（贱民）在人面前则有自卑感。人对狐（贱民）的态度经常是厌恶的、具有歧视性的，行动上包含戒备、驱离甚至是杀戮。因此，狐（贱民）在大多数情况之下虽无害人之心，却总有怕人之态。信太妻系列狐戏中的狐妻，一旦身份暴露就不得不离开，诀别时的心曲倾诉委实凄楚感人。狐妻所咏叹的和歌"葛叶凄凄葛藤绿，就此生死别离去"，在信太妻系列狐戏的多个版本中均为点睛之笔，表达的是一种怨恨心理。简言之，日本的"人狐婚恋"是一种禁忌，不得公之于世，狐（贱民）一直小心翼翼地活在秘密之中，心中悬着随时都有可能被发现的恐惧，等待着社会传统陋习的审判。日本"人狐婚恋"中的狐（贱民）只通过"怨"来引起观众的同情，并不拥有中国狐的反抗精神甚或审判他者的能力。

综上可以看出，中日"人狐婚恋"戏中的狐角色有着以下异同之处。

中日"人狐婚恋"戏中的狐都是女性；狐巧妙而又谨慎地跨越了真实与虚构的疆界，饱含敬意与轻鄙、冲突与妥协；狐能治愈疾病、拯救生命、赠予财富、变弄戏法，具有高人一筹的能力，同时也容易被抛弃或被恶势力干预。

中国的狐妻敢"爱"敢"恨"，婚姻的结局表现为团圆或破裂。就"爱"层面而言，狐妻的外貌、性格、品行几近完美，是男性潜意识里对理想伴侣的想象，故狐妻的爱最为浓烈和芳醇。就"恨"层面而言，狐妻的恨是切齿的。狐具有反抗精神，拥有高效伸张正义的能力，蕴含替代官方进行审判的勇气。她们来自社会的底层，既是弱势者，同时也拥有颠倒既存社会结构的力量。

日本的狐妻戏剧数量少（传统上只有一个信太妻系列，现代新编有《雪狐》《狐与笛手》），类型比较单一，主要表现为"怨"。这种怨恨是阶层之外的贱民所发出来的声音。即便是当今，贱民部落地区出身者依然遭受或明或暗的就业歧视、婚恋歧视，故这种"怨"指向部落民出身歧视这一隐藏颇深的土俗忌讳。

┃第三章┃

中日"狐妖乱世"戏

除了第二章谈及的"人狐婚恋"戏外，中日另一共通的狐戏类型是"狐妖乱世"戏。所谓"狐妖乱世"戏，指的是九尾狐化作美女迷惑君王、扰乱朝纲的狐戏，这类狐戏在中国主要体现为封神戏，而在日本则是玉藻前系列。中国清代，随着地方戏的勃兴，《武王伐纣平话》《封神演义》成为各剧种竞相编演的热门题材之一，由此封神戏如雨后春笋般应运而生，广泛敷演于民间，一直流传至今。玉藻前传说起源于日本中世时期，玉藻前戏剧则广泛形成于近世时期，能乐、文乐、歌舞伎都争相敷演玉藻前故事，玉藻前一度风靡日本全国。本章将以封神戏与玉藻前系列狐戏为研究对象，着重从九尾狐妖形象入手进行比较分析，以期探究中日两国"狐妖乱世"戏的基本特征及异同点。

第一节　中国"狐妖乱世"之封神戏

所谓封神戏，是指以姜子牙封神为故事题材的戏曲。

封神戏是封神故事题材发展到一定阶段的产物。封神故事题材产生非常早，《尚书》《逸周书》《史记》等史书中就有相关记载。秦汉之前，人们只能通过史书、传说来了解商周易代的历史，那时的封神故事还未成型，但相对比较接近史实，是古代人民对武王伐纣那段历史的朴素还原。

到了宋元时代，人们开始对武王伐纣故事进行加工、渲染，加入了不少艺术成分，创作了《武王伐纣平话》，武王伐纣故事逐渐在平民百姓间流传开来。此外，该阶段的宋金院本和元杂剧中也出现了以哪吒、二郎神、比干等为主要人物的戏曲。虽然这些戏曲还称不上是封神戏，但不可否认的是，它们为后世的小说及封神戏提供了大量素材，是很好的素材戏。

进入明代，长篇历史神话小说《封神演义》诞生，这标志着封神故事的定型与成熟，也正是因为有了《封神演义》，才真正地有了封神故事。

时至清代，地方戏兴起，《武王伐纣平话》《封神演义》成为各剧种编演的热门素材之一。不管是在皇宫还是民间，也不论是城市还是乡村，都在编演封神戏。乾隆年间，清宫大戏《封神天榜》面世，这是第一部完整改编《封神演义》小说的戏曲，也是第一部规模宏大的封神连台本戏。此外，还有清传奇《封神榜》《千秋鉴》、清茂苑啸侣传奇《封神榜》、京剧《封神榜》等本戏，以及大量封神折子戏，如雨后春笋开遍中华大地的每个角落。据王平等[①]统计，《封神演义》被改编成的戏曲种类繁多，有三十多种，京剧、豫剧较多，秦腔、川剧也不少，另外还有高腔、皮黄、梆子、徽剧、湘剧、滇剧、粤剧、汉剧、晋剧、赣剧、河北梆子、闽剧、大弦子戏、横歧调、昆腔、辰河戏、祁剧、罗戏、宜黄腔、桂剧、越调、宛梆、秧歌、话剧等，许多剧种有传抄本或仍在演出。其中《反五关》《炮烙柱》《比干挖心》《绝龙岭》《闻仲归天》《陈塘关》《哪吒出世》《渭水河》《飞熊入梦》《文王访贤》《进妲己》《反冀州》《献妲己》《女娲宫》《大回朝》《太师回朝》《黄河阵》《九曲黄河阵》《混元金斗》《梅山收七怪》《梅花岭》《摘星楼》《碧游宫》《三进碧游宫》《诛仙阵》等剧已成为传统剧目，多年来盛演不衰。

① 王平，等. 中国古代白话小说传播研究[M]. 济南：山东教育出版社，2016：68.

封神戏数量庞大，有狐妖妲己登场的剧目也为数不少，不过从妲己形象而言，不外乎美与恶两方面的刻画，以下详述之。

一、妲己的"美""媚""淫"

妲己的美是举世无双的。京剧《进妲己》[①]第三十六场纣王初见狐妲己时的台词如下：

> 纣　王：（笑）呵哈哈呵哈哈！
>
> （西皮摇板）孤王用目来观望，
>
> 妲己容貌世无双。
>
> 好似嫦娥月宫降，
>
> 亚赛仙子下天堂。
>
> 杏脸桃腮和娇柔样，
>
> 梨花带雨醉海棠。
>
> 下得位来把话讲，
>
> （白）美人平身！
>
> （笑）呵哈哈哈哈。
>
> （西皮摇板）我骨软筋酥魂魄亡。

纣王在见狐妲己之前便造势说，若是苏护女貌丑，则一并处死苏氏父女二人。当看到狐妲己后，他抑制不住满心的欢喜，前后两次大笑足以看出纣王对狐妲己容貌的满意。纣王后宫佳丽三千，见过的美女数不胜数，他用"嫦娥""仙子"比拟狐妲己，足见狐妲己的美貌，堪称国色天香。以至于纣王初见狐妲己，便自觉"骨软筋酥魂魄亡"，之后更是完全沉迷于狐妲己

---

① 亦称《反冀州》《女娲宫》，剧即《封神演义》第一回至第四回之事实，剧本亦无甚差别。中国京剧戏考［EB/OL］.（2017-03-23）［2021-11-20］. https://scripts.xikao.com/play/01019001.

的美色之中，朝朝宴乐、夜夜欢娱，对她言听计从。

　　狐妲己不但容颜迷人，而且有天生的狐媚。其迷惑力之强，也可以从滇剧《斩妲己》（又名《斩三妖》）中略见一斑。《斩妲己》是滇剧传统剧目，至今仍常演于舞台，深受民间班子热衷。故事讲的是，周武王兵围朝歌，姜子牙率众将讨战，商纣王却无力对敌，于是，狐妲己亲自挂帅，与琵琶精、雉鸡精二妖窃袭周营，连败三阵。姜子牙遣众将捉拿妖精不得，幸得女娲圣母帮助拦截，才将三妖擒获、问斩，本剧敷演的正是周营斩狐妲己的场面。狐妲己在法场上大施媚术，就连道法高强的姜子牙也自陈被迷住了：

　　姜子牙：呀呀呸！
　　　　　　（唱）又见三妖卖嘴唇。
　　　　　　莫说纣王迷了性，
　　　　　　老仙见了迷三魂。
　　　　　　将身杀场来做定，
　　　　　　叫于丁上前斩妖人。[①]

　　老神仙姜子牙急令刀斧手行刑，不过刀斧手乃凡夫俗子，见了妲己之后，"从头麻齐脚板心"全身酥软，根本敌不住妲己的媚。姜子牙只好令杨戬上前斩妖人。妲己梨花带雨左一声"杨将军"、右一声"杨少爷"，以至于杨戬的宝刀也不能动妲己丝毫，杨戬直呼自己无能：

　　杨　戬：（唱）三妖果然有本领，
　　　　　　三尖刀不能进半分。
　　　　　　八九玄功忙驾定。[②]

① 杨军. 民国滇戏珍本辑选［M］. 昆明：云南大学出版社，2016：243.
② 杨军. 民国滇戏珍本辑选［M］. 昆明：云南大学出版社，2016：245-246.

这出戏改编自《封神演义》第九十六回、第九十七回，小说中狐妲己在法场大展媚术的描写别具特色。

> 话说那妲己绑缚在辕门外，跪在尘埃，恍然似一块美玉无瑕，娇花欲语，脸衬朝霞，唇含碎玉，绿蓬松云鬓，娇滴滴朱颜，转秋波无限钟情，顿歌喉百般妖媚，乃对那持刀军士曰："妾身系无辜受屈，望将军少缓须臾，胜造浮屠七级！"那军士见妲己美貌，已自有十分怜惜，再加她娇滴滴地叫了几声将军长、将军短，便把这几个军士叫得骨软筋酥、口呆目瞪，软痴痴瘫作一堆，麻酥酥痒成一块，莫能动履。①

狐妲己被绑缚在法场，依然千娇百媚、似玉如花，众军士如木雕泥塑，手软不能举刀，小说将狐妲己之媚渲染得淋漓尽致。无论是原著《封神演义》还是改编戏剧《斩妲己》，紧要关头，都是姜子牙用陆压道人赐传的宝刀才斩杀了狐妲己。湖北汉剧、湖南荆河戏《斩妲己》中，则是姜子牙拜请陆压仙师亲自下界斩杀了狐妲己。陆压是何许人物？陆压，又称陆压道人，是《封神演义》中的仙人角色，是封神作者自己杜撰出来的原创人物，其来历极其神秘，自称闲游五岳、闷戏四海的野人，曾帮助武王伐纣，并协阐教斗截教，后来又消失于世人眼中。陆压道人道术极强，独门自创的斩仙飞刀和钉头七箭书两大法宝，一旦使出无不令目标毙命。小说及戏曲都安排这样的厉害角色（或其使用的兵器）来制服、斩杀狐妲己，可见狐妲己也并非等闲之辈，其媚术之强也是可想而知的。

此外，小说与戏曲还赋予了狐妲己"淫妇"特征，最能体现这一点的是狐妲己挑逗青年才俊伯邑考的一段故事，见《封神演义》第十九回"伯邑考进贡赎罪"。该段故事也被改编成了戏曲剧目，如京剧《朝歌恨》，川剧《五弦醮》，莆仙戏、邑剧、湘剧《伯邑考》，滇剧《传琴斩考》，等等。讲的是

---

① 许仲琳. 封神演义[M]. 长沙：岳麓书社，2018：685-686.

纣王行暴政，又畏诸侯不服，乃诓姜桓楚、鄂崇禹、姬昌、崇侯虎等四侯进入朝歌，除崇侯虎外，均加以罪刑，囚西伯姬昌于羑里。姬昌长子伯邑考携宝物、美女进京，以期赎父之罪，狐妲己见伯邑考才情脱俗、仪表非凡，便起了淫邪之心，借学琴挑逗伯邑考。这里且以京剧《朝歌恨》第二十七场之传琴为例：

（伯邑考弹琴。妲己走听。）

妲　己：（白）邑考请上坐。

伯邑考：（白）娘娘在此，臣万不敢坐。

妲　己：（白）论其君臣不当坐。若论师徒，是一定要坐，你就与
　　　　我坐下罢！

（妲己推伯邑考坐。）

妲　己：（白）两旁退下。

（四宫女同下。）

妲　己：（白）邑考，我想传授弹琴，你坐在下面，我在上面听，
　　　　一时如何能学得会？

伯邑考：（白）娘娘不必性急，自然慢慢就可以会了。
　　　　嗳呀，且住，看这贱人，拿我当何等人看待。我非不忠不
　　　　孝不德不义之人。想我始祖后稷，在尧为臣，桓传数十
　　　　世，累世忠良。今日我代父赎罪，误入陷阱，这贱人以邪
　　　　淫败主上之纲常，大伤风化。邑考虽受万刀之诛，断不毁
　　　　坏姬氏之节也！

妲　己：（白）邑考，我到想了一个学琴法子：你坐在上面，我把
　　　　瑶琴抱定，坐在你的怀中，你拿住我的手去学。如此学
　　　　来，岂不是一学就会了吗？①

---

① 中国京剧戏考［EB/OL］.（2010-11-05）［2021-11-20］. https://scripts.xikao.com/play/01018001.

第三章　中日「狐妖乱世」戏

111

狐妲己故意灌醉纣王，支退宫女，欲行淫荡之事。从身份上来讲，狐妲己是后妃，却全然不顾君臣之别、男女之别，故作暧昧，"推伯邑考坐下"，甚至提出要坐在伯邑考的怀中，让伯邑考拿住她的手教她学琴，其淫荡之性展露无遗。

综上，狐妖的"美"让纣王一见倾心，狐妖的"媚"让刽子手无法下刀，狐妖的"淫"让伯邑考险失君臣之礼。总之，妲己是一个集美、媚、淫于一身的狐妖。

二、妲己的"残忍"与"恶毒"

妲己是一个冷漠无情、残忍恶毒的蛇蝎美人，她对于触犯了自己淫威的人必然残酷打击，毫不心慈手软，这从她怂恿纣王创设诸多令人触目惊心的酷刑便可窥视一二。

1. 酷刑"碎醢"

该酷刑是狐妲己虐杀伯邑考所使用的刑罚。上文提到狐妲己打着学琴的幌子，尽使媚术频频挑逗伯邑考，反遭伯邑考的斥责，不免恼羞成怒，便在纣王面前污蔑伯邑考调戏她。纣王听信狐妲己谗言，把伯邑考剁成肉酱，并做成肉饼让姬昌食用。下面便是京剧《朝歌恨》第二十八场狐妲己陷害、虐杀伯邑考的片段：

（妲己哭。）

纣　王：（白）御妻为何这等模样？

妲　己：（白）启陛下：伯邑考他不教琴法，倒还罢了，他竟调戏
　　　　妾身！

纣　王：（白）竟有这等事？

　　　　伯邑考上殿！

（伯邑考上。）

伯邑考：（白）参见万岁！

纣　王：（白）命你传琴，为何不尽教导？

伯邑考：（白）学琴必须心坚意诚，方能精熟。

妲　己：（白）你传解不明，讲论糊涂，如何能得其妙？

纣　王：（白）今命你再弹一曲，待朕听来。

（伯邑考弹琴。）

纣　王：（白）我且问你：所贡何物，一一呈上来。

伯邑考：（白）七香车。

纣　王：（白）待孤坐来。

（纣王上车，前后转）

纣　王：（白）将白猿献上。

（猴形上，吹笛舞跳，扑妲己。妲己下，狐形上，猴形打狐形同下。

纣王打死猴形。）

纣　王：（白）伯邑考，你这白猿，是哪里来的？

伯邑考：（白）乃是外邦所贡。

妲　己：（白）那白猿，分明是他要行刺妾身，陛下作主！

纣　王：（白）你这白猿，定是要叫它行刺的罢！

伯邑考：（白）启万岁：白猿乃一畜类，手无寸铁，怎能行刺？

纣　王：（白）你再与我弹一曲。

伯邑考：（白）瑶琴吓，琴！今日一弹，只恐与你就要永诀了！

（伯邑考弹琴，抛琴打妲己。）

纣　王：（白）推出将他凌迟！

（伯邑考下。）

妲　己：（白）且慢！妾闻姬昌能知祸福，今将伯邑考千刀万剐，
　　　　　做成肉饼，送与姬昌。常言道圣人不食子肉，他若肯吃，
　　　　　便是虚言妄诞，即放他回国；他若不吃，即速将他杀之，
　　　　　以绝后患。

纣　王：（白）御妻所奏甚善，就命厨下速速做来。

内侍，命你就与姬昌送去，看他食与不食。退班！ ①

狐妲己挑逗伯邑考不成，恼羞成怒之下，虐杀了伯邑考。杀人的方法相当残忍，即将伯邑考乱刀剁碎，做成肉饼，让姬昌食用，残忍至极！

2. 酷刑"挖目烙手"

该酷刑是狐妲己所创，施于姜后，见于京剧《姜皇后》。本剧敷演的是《封神演义》第七回的内容，剧情与小说无甚差异，讲的是姜后闻知纣王终日与狐妲己宴饮作乐、不理朝政，因而于面谏纣王时一并严厉训责了狐妲己。狐妲己心怀妒恨，暗命奸臣费仲、尤浑买通刺客姜环行刺纣王，姜环被擒后故意诬为姜后所指使，纣王命黄娘娘用刑审问姜后。

> 纣　王：若依美人之见，怎样为之？
>
> 妲　己：依臣妾之见，万岁传下旨意，再去审问，如若无招，剜去
> 　　　　双眼。眼乃心之苗，姜后惧怕剜目之苦，也就招供了。
>
> ⋯⋯⋯⋯⋯⋯
>
> 纣　王：呈上来。（看）啊妃子，这是姜后的双目吗？
>
> 黄娘娘：正是。
>
> 纣　王：哎呀！
>
> 　　　　（唱）是孤王一时错悔之不尽，结发人被冤屈受了苦刑。
> 　　　　啊，妃子，剜去双目之后，那姜后可曾招认？
>
> 黄娘娘：剜目之后，姜后死去多时，惨不忍睹，并无半字口供，
> 　　　　言道纵然将头剁下，也不能屈心招认。望万岁怜悯赦她
> 　　　　才是。
>
> 纣　王：嗐！这都是错听美人之言，如今剜去双目，还不会招认，
> 　　　　叫孤也无计奈何！

---

① 中国京剧戏考［EB/OL］.（2010-11-05）［2021-11-20］. https://scripts.xikao.com/play/01018001.

妲　己：啊，万岁，事已至此，埋怨妾妃也是无益了。

纣　王：非是孤王埋怨美人。如今姜后执意不招，如何是好？

妲　己：若不叫姜后招出口供，只恐满朝文武不服。

纣　王：但不知美人还有何妙计？

妲　己：依妾妃之见，万岁传下旨意，造下铜斗一支，用火烧红，姜后若要不招，炮烙双手。想十指连心，哪怕她不招哇。

纣　王：哎！剜去双目，尚且不招。如再非刑冤屈于她，于心不忍。孤一错岂可再错乎？

黄娘娘：是呀，万岁一错岂可再错。望万岁洪恩赦之，以免后悔。

妲　己：啊，万岁，事已至此，宁可屈勘姜后，岂可得罪满朝文武。

纣　王：你待怎讲？

妲　己：得罪满朝文武。

纣　王：好哇！孤岂能以一妇人而亡天下。——内侍。[①]

　　狐妲己设计陷害姜后，姜后拒不招供，狐妲己便一再蛊惑纣王使用非人酷刑逼供。先是让纣王剜去姜后的双目，姜后依然拒不招供。当看到纣王心生动摇、初起悔意时，又以宁屈姜后一人，不能得罪满朝文武为理，蛊惑纣王对姜后用炮烙之刑逼供。单是活人身上剜目，已经令人触目惊心了，还动用烧红的铜斗炮烙双手，活生生地折磨姜后至死，狐妲己之恶毒，简直令人发指。

3. 酷刑"炮烙之刑"

　　该酷刑是狐妲己怂恿纣王施于梅伯的刑罚。山西蒲州梆子戏《炮烙柱》讲的是上大夫梅伯探闻狐妲己蛊惑纣王要斩杀忠良之臣杜元铣，由首相商容

① 选自京剧《姜皇后》，黄桂秋藏本。上海市传统剧目编辑委员会. 传统剧目汇编：京剧　第1集[M]. 上海：上海文艺出版社，1959：14，16.

引入内宫，直言激谏纣王，并指狐妲己为妖。纣王异常恼怒，狐妲己从中怂恿，制造铜柱炮烙，将梅伯炮烙而死。

妲　己：（跪介）小妃有本奏上。

纣　王：平身！嘿嘿嘿！美人有何本奏？

妲　己：梅伯恶言侮君，大逆不道，非一死可赎。且将逆臣，权禁图圄，但等造下炮烙，再好施刑。

纣　王：何为炮烙？

妲　己：陛下传旨，晓谕能工巧匠，造一铜柱，高二丈，圆八尺。上造三层火门，下用二滚盘推动，内装炭火烧红。若有利口侮君之臣，剥去衣服，铁索缠身，绑在柱上，霎时骨肉成灰，此乃炮烙之刑。

纣　王：炮烙柱可谓镇国奇宝也。宫臣，照你娘娘旨意传出，速造炮烙莫误！

宫　臣：遵旨。（"五锤锣"下）①

所谓炮烙之刑，正如狐妲己所解释，即建造铜柱，内装炭火烧红，然后将犯人剥去衣服，用铁索捆绑在铜柱上，霎时人便会被活活烧死，骨肉成灰。其设刑者之恶，已不言而喻。

4. 酷刑"虿盆之刑"

该酷刑是由狐妲己发明，施于昔日侍奉在姜后身边的宫女们。闽剧《黄飞虎迫反》一剧就包含了狐妲己造虿盆的故事，讲的是姜后死后，狐妲己被封后，狐妲己和纣王在刚刚修筑好的鹿台上作乐，所有人都在尽情欢谑，只有被害死的姜后宫中的宫女们掩面流泪，不肯歌舞。她们的举动虽说是在为

---

① 山西省文化局戏剧工作研究室. 山西地方戏曲汇编：第6集[M]. 太原：山西人民出版社，1982：75-76.

刚刚离世的姜后守孝，却惹恼了狐妲己，狐妲己认为她们是在公然挑衅自己，于是从中挑拨，怂恿纣王造虿盆之刑，严惩这些宫女。

> 妲　己：启奏陛下，请即传旨楼前开一土坑，再命百姓交纳毒蛇怪蝎，畜养坑中，将罪人洗剥赤身，丢落坑内，喂啖蛇蝎，以除宫中大弊。
>
> 纣　王：呀爱妃，如此治法，唤作何刑呢？
>
> 妲　己：此刑便叫作虿盆。[①]

虿盆之刑，着实让人心惊胆碎。不过妲己、纣王反从中取乐。

> 妲　己：来！将她们衣服剥下，丢下虿盆！
>
> 武　士：呵！（脱衣三拉，丢下盆式）
>
> 纣　王：呀，看下面宫人被毒蛇怪蝎，遍体盘旋，七窍五官穿来穿去，好生有趣，好不奇妙呀！哈哈哈哈！
>
> 妲　己：万岁，非用这等奇刑，焉能除却宫中大弊。
>
> 纣　王：好个爱妃，难得你才高识广，制造这等奇刑，可算一个女才子。[②]

剧中的纣王对狐妲己言听计从，严刑之事全凭狐妲己一人做主，纣王成了发号命令的傀儡。为了处置"逆反"宫女，狐妲己命人在摘星楼前的土地上，挖了一个方圆数百步、高五丈的大坑，将蛇蝎虿之类丢进坑中不喂食，待万虫饥饿难耐之时，再将宫女赤身裸体投入坑中，供万虫撕咬。可以想象到，宫女们被行刑时，宫中惨叫震天，那种场面甚是惨烈。这种变态的刑

---

① 福州市文化局，福建省戏曲研究所. 福建省戏曲传统剧目选集：闽剧　第 8 集［M］. 福州：福建省戏曲研究所，1959：72.

② 福州市文化局，福建省戏曲研究所. 福建省戏曲传统剧目选集：闽剧　第 8 集［M］. 福州：福建省戏曲研究所，1959：75.

第三章　中日"狐妖乱世"戏

117

罚，却成了纣王与妲己的寻欢方式，听着宫女们的哀号，看着她们被毒蛇怪蝎遍体盘旋，在七窍五官里穿来穿去，纣王竟然大笑："好生有趣，好不奇妙啊！"狐妲己则为自己的这套"创意"甚是得意。妲、纣得意之笑与宫女们痛苦的哀号形成鲜明的比照，将妲、纣冷酷无情、惨绝人寰的一面渲染得淋漓尽致。

5. 酷刑"活人挖心"

该酷刑由狐妲己发明，施于丞相比干。河北豫剧《比干挖心》[①]便是在敷演这段故事，讲的是比干设计火烧轩辕坟，烧死了妲己的狐狸家族，还剥皮给纣王缝了一件狐皮裘，这让狐妲己怀恨在心。她故意装病，说只有七巧玲珑心才能救命，此心只有比干身上有。纣王于是宣比干进殿，挖心给妲己治病。比干愤怒挖心，听从姜子牙留言，吞符咒，一路向西。狐妲己变作一卖空心菜的农妇，故意引诱比干搭话，话音刚落，比干便胸腔鲜血喷发，倒地而亡。很多剧种都编演该故事，展现了殷商重臣比干的忠诚、大义凛然，比照之下，贬斥了纣王、狐妲己的残暴歹毒。

6. 酷刑"敲骨验髓"

狐妲己也会完全出于娱乐随性荼毒无辜百姓。京剧《敲骨》讲的是，一日，纣王和狐妲己凭栏看雪，忽然看见一老者和一少年光脚过河。老者不怕冷，很快就过了河；而少年却畏畏缩缩的，跨一步倒吸一口冷气。狐妲己和纣王开始打赌。狐妲己说：老头不怕冷，说明父母怀他时正当壮年，精血正浓，所以老头骨髓充盈，遇寒不冷；少年怕冷，是因为怀他时父母岁数已大，气血已衰，所以少年精血既亏，骨髓不满，特别怕冷。纣王不信，便依狐妲己之言，叫侍卫把老少二人拿上鹿台，当场敲骨验髓。

妲　己：万岁不信，可以当场试验。

---

① 河南省戏曲工作室. 河南传统剧目汇编：豫剧　第20集［M］. 郑州：河南省戏剧研究所，1989.

纣　王：怎样试验？

妲　己：万岁差人将这老少二人拿来，敲骨验髓。血旺身强之人，骨髓必满；血衰身弱之人，骨髓必薄。一看就知道了。

⋯⋯⋯⋯⋯

（押老百姓、小百姓下。）

当驾官：（内）行刑。

妲　己：你听，那声响响亮是老的骨头，幽微的声音是小的断腿的声音。

纣　王：哦。

（当驾官上，捧二盒，内呈脚骨二对。）

当驾官：那长的一对脚骨是少年的，短的一对脚骨乃事老者的。

妲　己：万岁请看。

纣　王：噫，果然老者骨髓满，少年骨髓薄。御妻你真是神人，你真是神人哪。哈哈哈哈！①

7. 酷刑"剖腹验胎"

京剧《验胎》也是狐妲己残害无辜百姓的例子，惨绝人寰。狐妲己与纣王打赌，说一见怀孕妇女，自己就知道其怀了几个月，是男是女。纣王不信。狐妲己便建言让纣王抓来百名孕妇，当场剖腹验证。

纣　王：什么叫验胎？

妲　己：大凡已经受胎的妇人，不论是一月、二月、十月、八月，只要一见就可以知道她怀胎几月，是男是女，万无一错。

纣　王：唔！皇后有这样神秘的本领，真是神人一样了。

① 《封神榜》连台本戏第七本《敲骨》。黎中城，单跃进. 周信芳全集：剧本卷七［M］. 上海：上海文化出版社，2014：188-189.

妲　己：万岁信我的话吗?

纣　王：信是信，不过也要拿几个孕妇来试验试验，才能证实你的话是不虚。

妲　己：孕妇宫中没有，何不命费仲、尤浑四处兜拿孕妇百名，妾妃一一地指与你看。错一个，我愿罚一万金。

…………

（武士绑甲、乙二孕妇上。）

妲　己：请万岁随意指哪一个，妾妃一看便知道怀的是男胎、女胎，几个月，都能断定。

纣　王：这一个。

妲　己：此妇怀胎七月，是个男胎。

纣：剖开观看。

校　尉：呀!

（校尉绑甲孕妇下。）

妲　己：这是怀的女胎，已有八个月了。

纣　王：且等那个男胎剖好了再讲。

（校尉捧盒，盒内婴儿，捧上介。）

…………

妲　己：将此妇牵下，剖开观看。

（二校尉绑乙孕妇下。）

纣　王：再绑几个来。

…………

（四校尉绑丙、丁、戊、己四孕妇上，孕妇们大哭介。二校尉捧盒上，盒内婴儿。）

…………

纣　王：这个?

妲　己：六个月男胎。

纣　王：这个?

妲　己：两个月男胎。

　　纣　王：这个大的呢？

　　妲　己：这个有十个月了，还是一个双胞胎。

　　纣　王：一起剖来。

　　（四孕妇大哭介。）①

　　敲骨验髓和剖腹验胎，是狐妲己提出的活体试验刑罚。狐妲己、纣王完全以一种游戏心态冷眼观望着被试验的一对老少活活疼死，百名孕妇瞬间一尸两命，其冷漠恶毒，莫过于此。

　　上述七项酷刑故事，均改编自小说《封神演义》，也是戏曲编演较多的几个故事。这些酷刑故事，浓墨重彩地塑造出了一个蛇蝎美人形象，将狐妲己的"恶"渲染到了极致。一项项酷刑、一个个故事，似乎都在控诉着狐妲己罄竹难书的罪恶行径。不过，近年来学术界也有学者站出来为狐妲己翻案的。如刘士林认为，妲己是以姬昌、苏护为首的反商诸侯联盟所策划的美人计的执行者，她从内部击败了强大的商王朝，为周王朝的兴起立下了汗马功劳，但事成之后，迫于"为贤者讳"的政治需要和当时的舆论压力，周朝统治集团不得不将她牺牲掉，以洗清自身。而所谓妲己乃千年狐狸所变，不过是他们洗清自身而采用的一种巫术舆论。② 也有学者认为，妲己其实是一个很有政治头脑和才干的女性，她提出了"罚轻诛薄，威不立耳"的政治主张，受到了纣王的重视；同时，她还是一个艺术革新家，命宫廷艺人到民间去吸取民间艺术的精华，并大胆革新了旧汤乐，创作了大量新音乐、舞蹈，"使师涓作新淫之声，北里之舞，靡靡之乐"。③ 也就是说，今人试图让背负了近千年骂名的九尾狐精妲己从魔界重回人界，从反面走向正面形象。这种动向也逐渐开始在戏曲艺术中渗透，如陕西秦腔剧目《闯宫抱斗》④，除

① 《封神榜》连台本戏第七本《验胎》。黎中城，单跃进. 周信芳全集：剧本卷七［M］. 上海：上海文化出版社，2014，188，191.

② 刘士林. 妲己本事考［J］. 河南师范大学学报（哲学社会科学版），2003（1）：73-76.

③ 张锴泽. 重新认识商纣王的历史功绩［J］. 安庆师院社会科学学报，1997（4）：18-23.

④ 冯杰三，宋润芝. 闯宫抱斗：秦腔［M］. 西安：长安书店，1957.

了去掉了旧本中的迷信部分外，还将妲己奏请炮烙梅伯及审姜后所用的挖双目、抱火斗等酷刑，都改为出自纣王的主意，大大淡化了妲己的罪恶。尽管如此，妲己离脱离魔界、走向正面形象还有很长的一段路要走。放眼整个庞大的封神戏家族，妲己几乎都是一个恶贯满盈的九尾狐妖形象。

通过上述分析，我们可以看出，封神戏中的妲己是由道行高深的九尾狐妖所变，她拥有倾国倾城之容颜，又兼具九尾狐精特有的媚、淫之特质，她魅惑君王、残害忠良、荼毒百姓、十恶不赦，是一个荒淫狐媚的蛇蝎美人。当周兵攻下朝歌，妲己终被擒获、斩杀。

第二节　日本"狐妖乱世"之玉藻前戏

妲己在中国被斩杀之后，富于想象力的日本人又让九尾狐妖妲己复活，让她漂洋过海到了日本，化身为绝色美女玉藻前，成为鸟羽上皇的宠妃，又在日本皇宫掀起轩然大波。玉藻前故事被各剧种争相改编成戏剧，一时在戏剧界引起了巨大的轰动，玉藻前甚至被评为日本三大恶妖[1]之一。

一、玉藻前系列狐戏的起源与演变

玉藻前系列狐戏是在玉藻前传说故事的基础上改编而成的。玉藻前传说故事最早可以追溯到日本中世时期，《神明镜》（14世纪后半）、《下学集》（1444）、《卧云日件录》（1453）、御伽草子[2]《玉藻草子》（15世纪，别名《玉藻前》《玉藻前物语》）等文献中都有记载。《玉藻草子》可以说是该时期玉藻前故事的集大成之作，其故事梗概如下：

---

[1]　酒吞童子、九尾狐玉藻前、崇德天皇化身的大天狗，被称为日本最强、最恶的三大妖怪。

[2]　御伽草子，是日本室町时代的大众文学，意味着平民阶级文学高度发展及贵族文学的衰落。从内容和写作风格上判断，一般认为多是出于朝臣、僧侣和隐士之手。

久寿元年，一位叫作玉藻前的美女出现在鸟羽上皇的御所，她才华横溢、美貌绝伦，很快得到了鸟羽上皇的专宠。一日，鸟羽上皇在清凉殿举行晚宴，侍奉在侧的玉藻前突然通身发出亮光。不久，鸟羽上皇便得了怪病，遂召阴阳师安倍泰成占卜，结果发现是玉藻前所致。原来玉藻前是下野国那须野八百岁的老狐所变，该狐身长七尺，有二尾，它原本是天竺国的冢神，蛊惑斑足太子作恶，后又到中国，幻化成周幽王的王后褒姒，魅惑幽王败失政权，命丧黄泉。而今该狐妖又到了日本，企图破坏佛法，颠覆日本王权。于是泰成决定做泰山府君祭，法事进行到一半，玉藻前就现出狐原形，逃往那须野去了。朝廷派武将上总介和三浦介前去猎杀狐妖，但该狐妖神通广大，很难捕捉。于是，他们先练习追犬骑射，以待时机射狐。一天，当三浦介打盹小憩时，一个妇人出现在他梦里，向他乞饶。三浦介惊醒，觉得猎狐的时机到了。果然，此次一举成功射杀了狐妖。狐妖死后，腹部现出一个金壶，里面装有佛舍利，被献给了鸟羽上皇；额头里现出一块白玉，归三浦介所有；尾尖有红、白二针，上总介把红针供奉到清澄寺，把白针献给了源赖朝。[1]

　　很明显，该时期的玉藻前故事重点在日本部分，即重点叙写狐妖玉藻前迷惑鸟羽上皇的故事，狐妖在天竺、中国的故事仅作为玉藻前的前世简略提及，只知道狐妖在天竺的身份是斑足太子的冢神（或斑足太子夫人），在中国是周幽王的妃子褒姒（该时期狐妖尚未与妲己关联），对于她们祸乱君王的细节语焉不详。狐妖从天竺国逃往中国，然后来到日本变成玉藻前，故也称为三国狐妖的故事。

　　玉藻前故事后来又融入了杀生石及源翁传说，可以说是玉藻前故事的后续，更加充满了神秘色彩。玉藻前在那须野被猎杀后，其冤魂不散，变成一块巨石，名曰"杀生石"，不断散发出毒气，凡过往的鸟畜皆无缘无故毙

① 参见横山重，松本隆信. 室町时代物语大成：第9[M]. 東京：角川書店，1981.

命，更有不计其数的高僧奉命前来镇九尾狐之魂，亦皆殒命于此。直到日本南北朝时代会津的玄翁（也有作"源翁"）和尚出现，他祈愿长祷之后，以禅杖将此石打碎，碎石飞散日本各地，九尾狐亡灵才得到超度，自此不再作祟。当然，这个后续故事有多个版本，还有一种说法是，杀生石碎片飞散到日本各地，所以现在日本很多地方都能找到杀生石。这些传说都成为后世戏剧的宝贵素材。初次将上述传说汇总在一起的集大成之作是能《杀生石》，具有浓厚的镇魂性质，该剧数百年来经演不衰，是日本民众喜闻乐见的经典剧目。

时至近世，玉藻前故事开始积极吸纳中国小说、佛教神话传说等，故事面貌开始发生变化。《琉球神道记》（1605）卷三《殷汤事》中，作者袋中良定首次将妲己和玉藻前关联起来，指出玉藻前的前世是九尾狐妲己。[①]《通俗武王军谈》（1705）引入了明代小说《封神演义》中的妲己故事，构建了九尾狐妖变身为殷商的妲己、天竺的花阳[②]、周朝的褒姒，以及日本的玉藻前祸国殃民的故事。该小说规模宏大，充满了神秘的异国神话色彩，受到日本人的极大喜爱。随之还衍生出了两部非常有名的玉藻前长篇通俗读本，即高井阑山的《绘本三国妖妇传》（1803—1805）和冈田玉山的《绘本玉藻谈》（1805）。随着这些小说的诞生，玉藻前故事发生了很大的变化。首先，狐妖在中国的身份开始明确设定为妲己，并使用大量篇幅，极尽笔墨对她的恶行进行大肆渲染、详尽描绘，如"炮烙之刑""造虿盆"等，妲己在极尽残虐之行后，终被斩杀。然后狐妖又辗转来到天竺，明确其名为"华阳夫人"，身份设定为斑足王的宠妃，还详细介绍了华阳夫人如何蛊惑斑足王破坏佛法、残害忠良。狐妖身份暴露之后，它又返回到中国，幻化为周幽王后褒姒，并详细叙写了幽王为了博美人一笑烽火戏诸侯，终致国破家亡、命丧黄泉的故事。之后狐妖又逃至日本，变为美女玉藻前。此时，对玉藻前的描述也更翔实了，增加了很多情节，尤其是把大量笔墨放在了猎杀狐妖玉藻前的

---

① 王贝. 狐妖妲己故事在日本接受和变化情况研究：以狐妖玉藻前故事的形成和发展为中心[J]. 齐鲁学刊，2019（4）：141-146.
② 也有文献写作"华阳"。

部分，使狐妖三国传来的故事更加"日本化"了。

随着玉藻前故事的广泛流传，戏剧界也竞相编演玉藻前故事。享保年间（1716—1736），净琉璃剧作家纪海音在能《杀生石》的基础上改编、创作了人形净琉璃《杀生石》，剧情比能《杀生石》更为复杂。1751 年正月，由浪冈橘平、浅田一鸟等多人共同创作的人形净琉璃《那须野狩人 / 那须野猎师　玉藻前曦袂》在大阪富竹座上演。1806 年 3 月，该剧经近松梅松轩、佐川藤太改编，更名为《绘本增补　玉藻前曦袂》在大阪鹤泽伊之助座上演，大获成功。1807 年 6 月，并木五瓶作歌舞伎《三国妖妇传》在江户市村座上演。1811 年 7 月，四世鹤屋南北在《三国妖妇传》的基础上，改编创作了歌舞伎《玉藻前尾花锦绘》，于江户市村座上演。1821 年 7 月，四世鹤屋南北又作歌舞伎《玉藻前御园公服》，于江户河原崎座正式上演，该剧改变了以往狐妖横跨三国作乱的故事模式，将重点放在了日本。狐妖玉藻前除了活跃在这些传统戏剧舞台上外，还经常出现在日本的民俗艺能中，最具代表的是日本各大神社上演的神乐剧目《恶狐传》。该剧也是在敷演玉藻前故事，但较之传统戏剧，舞台呈现更原始而粗犷，又略带滑稽感。

以上爬梳了玉藻前系列狐戏的演变历程，以下以能、人形净琉璃、歌舞伎、神乐中的代表性剧目为案例，具体分析玉藻前戏剧中的狐妖形象。

二、玉藻前戏剧中的狐妖形象

1. 能《杀生石》

能《杀生石》是第一部敷演玉藻前故事的戏剧，也是日吉左阿弥在《玉藻前物语》及杀生石传说的基础上创作的一部复式能[①]，包括上、下两场，其概要如下：

　　　一名叫玄翁的高僧在经过下野国那须野（现在的栃木县那须郡

---

① 能从戏剧结构上来分类，可分为单式能和复式能。

那须町）时，看到有鸟儿飞翔经过一块大石头时突然掉落了下来，玄翁觉得很可疑，这时一个乡间女人出现了，告诉他那块石头叫作杀生石，会杀掉接近它的一切生物，所以不能靠近。

接着，女人讲述了杀生石的由来。以前，在鸟羽院政①期间，有一个名叫玉藻前的宫廷女官，才貌双全，受到了鸟羽上皇的宠爱。一个秋夜，鸟羽上皇在清凉殿宴饮作乐，突然一阵秋风吹过，殿中的烛灯皆被吹灭，这时，玉藻前通身散发出耀眼的光芒，将整个殿堂照得通明，那之后鸟羽上皇就身患重病、卧床不起了。阴阳师安倍泰成占卜得知是玉藻前所致。玉藻前实为昔日天竺斑足太子的冢神，后又化身为周幽王后褒姒，如今来到日本，化作美女玉藻前使鸟羽上皇患病，意图颠覆日本王权。于是，安倍泰成开始作法驱狐，玉藻前被要求持御币站立于法坛上。安倍泰成念咒不久，玉藻前就痛苦不堪地现出了狐原形，飞逃到至那须野。三浦介、上总介奉命前往那须野猎狐，先驱犬以骑射，如此百日，精练技艺，此亦为犬追物之始。之后，两人整装待发，率数万骑士赴那须野猎狐，尽管狐妖神通广大、神出鬼没，但终精疲力竭，命丧万箭之下。狐妖死后，冤魂不散，化身为杀生石。最后，女人告知玄翁，她就是杀生石的石魂，然后就消失了。

在下半场里，玄翁开始作法超度玉藻前亡魂，杀生石骤然裂开，玉藻前变成狐形现身，边歌边舞地呈现了自己被降杀的经过。而今得到超度，狐妖怨念消除，承诺以后不再作恶，自此化作巨石，以表其志，说完就消失了。②

能是祭祀性质浓厚的歌舞剧，玉藻前故事皆是通过地谣吟唱、主角（能

---

① 院政，是指天皇将皇位让给后继者，成为上皇（太上天皇），代替天皇直接执行政务的政治形式。这是从摄关政治衰败的平安时代末期到镰仓时代初期即武家政治开始期间所实施的政治方针。天皇退位后即为上皇，上皇又被称为"院"，所以称为"院政"。
② 参见野上丰一郎. 谣曲全集：解註　第6卷[M]. 東京：中央公論社，1936.

中叫作"仕手")舞蹈呈现出来的。那么，本剧中的玉藻前是什么样的形象呢？且看剧本描述：

地谣：容颜倾城，深得天皇喜爱。

仕手：一日，玉藻前才华展露，朝野上下无不惊讶。

地谣：佛教经典、和汉学识、琴棋书画样样精通，凡所问皆能一一对答如流，无所不知。[①]

也就是说，玉藻前拥有倾国倾城之容颜，且相当精通佛经、汉学、琴棋书画，有着深厚的文化艺术素养，堪称日本第一才女。事实上，玉藻前的这段才貌描述完全承袭于《玉藻草子》，而后者描写得更为详细、生动，兹翻译摘录如下：

她是天下第一美女，更是第一才女。其貌之美，仿佛是杨贵妃、李夫人转世，却又凌驾于二妃之上。她无须香料，身体会自然散发出兰麝的香味来。她时常一身雍容华丽的着装，娇艳动人。她年方二十，尽管非常年轻，但对内外典、佛法、世法等，无所不知。上皇就各种难解的佛法问题向她提问，她都能据典毫不差错地解答，令在场的所有人惊愕不已。……此妇伶牙俐齿、唇枪舌剑，绝非等闲之辈，如此智慧、机敏的女性，前所未闻。宛如富楼那（释迦牟尼十大弟子之一）的化身、龙女的转世。……上皇口谕：凡有任何疑问，皆可向玉藻前询问。于是，宫中众人纷纷抛出各领域的难题来求教，琴棋书画、汉学等，玉藻前均能应答如流。众人震惊不已。[②]

---

① 参见野上豊一郎. 謡曲全集：解註 第6卷[M]. 東京：中央公論社，1936.
② 参见横山重，松本隆信. 室町時代物語大成：第9[M]. 東京：角川書店，1981.

上皇与众臣所提问题，涉及汉学、佛典、音律、诗歌、琴棋书画、茶艺、史学等领域，玉藻前才识超凡，均能对答如流。加之她身上发光、散香，所有种种，上皇甚觉可疑。尽管如此，卿卿一笑百媚生，上皇终究难以抵挡诱惑，终日与此妇厮守，百般宠爱。

可以看出，不管是《玉藻草子》，还是能《杀生石》，对玉藻前的才貌均给予了充分的肯定，乃至赞誉，这种情况在后世玉藻前戏剧中也多有承袭。如此才貌卓越的女子竟然是狐妖所变，她接近鸟羽上皇，致使上皇患病，犯下了大罪。尽管玉藻前受到阴阳师安倍泰成的驱逐，也遭受东国武士的猎杀，但最终她的亡魂还是得到玄翁和尚的超度。

2. 人形净琉璃《杀生石》

享保年间（1716—1736），纪海音在能《杀生石》的基础上改编创作了人形净琉璃《杀生石》，全剧包含两条线索，一条线索是狐妖玉藻前变为中宫（相当于中国的皇后）模样混入宫中，致使天皇患病，被安倍泰成作法制服后，变回狐原形逃往那须野。上总之介和三浦之介（合称"两介"）奉命猎狐。这是该剧的主线。另一条线索是，上总之子雪丞和三浦之女松枝相恋，但因两方父亲关系不和，最终走向悲剧的故事。这是该剧的辅线。全剧包括五幕，内容梗概如下：

第一幕：宫中举行盛大的七夕祭，按照惯例，普通百姓也可进献和歌。为了一睹天皇的尊容，八濑地方的一对夫妇也来进献和歌。因为他们所献的和歌写得太出色了，很快引起了天皇的兴趣。经过一番询问，才得知原来这首和歌是这对夫妇请一个在他们家投宿的女子所作。据夫妇描述，该女子名曰玉藻前，是唐人风格打扮，"雾鬓云鬟，冰肌玉骨，花开媚脸，星转双眸，如唐人杨贵妃转世"。天皇反复吟读着玉藻前的和歌，深深地被这个堪比杨贵妃的女子所吸引，中宫也看出了天皇的心思，抢先天皇一步去探访玉藻前，并邀请她进宫一起侍奉天皇。玉藻前非常高兴，热情邀请中宫进屋续聊。很快，天皇带着臣子宿根重虎也赶到了玉藻前家，屋内非常昏暗，天皇急忙命重虎准备灯火。重虎刚点亮烛火，突然火就熄灭了，只见屋内顿时散发出万道光芒。重虎大为震惊，急忙进屋带出了天皇和中宫，熟料后面又跟来一个中宫，孰真孰假无法辨别，重虎只好载着天皇急忙驱车回宫。两个中宫死死拽住车子不放，放狠话说要颠覆皇权，接着不断变幻出各种形态，推压着车向后倒退。骤然狐火四起，紧急关头，重虎大声向神明祈祷。很快，月亮又重回夜空，狐火消失。重虎得到神的庇护，急忙驱车回宫了。

第二幕：上总之介的儿子雪丞和三浦之介的女儿松枝相爱，但因双方父亲不和，两人只好偷偷相会。一日，当他们二人在桥畔旁约会的时候，他们的父亲在桥上又发生了争执，二人连忙出面劝解，不承想也受到了牵连，双方父亲都气冲冲地与各自的子女断绝了关系。正当两介剑拔弩张时，阴阳师安倍泰成及时赶到制止了双方的争吵。泰成解释说，自己此次来京是为了降妖，他们两介之间的无端争执也是该妖在从中作梗，两介听完停止了争执。雪丞和松枝见此也放心地离开了。

自从两个中宫入宫以来，天皇不久就病倒了，为了给天皇治病，泰成决定在紫宸殿举行祈祷祭。祈祷期间，法坛上出现各种奇异现象。泰成携带宝剑冲入内殿，发现其中一个中宫已显出狐影，痛苦挣扎期间，讲述了自己在天竺、唐土作乱的故事，然后变成狐狸飞走了。

第三幕：天皇命令两介猎杀狐妖玉藻前，重虎特来关东传旨。到达关东井冈地方后，重虎打算先去游览一下当地的风光。这时一个女子上前搭讪，招揽重虎去她家住宿。当女人发现重虎怀里的圣旨时，明显露出了极为恐惧的神情。重虎看破此女正是狐妖，欲抓捕她，可惜被她逃走了。

雪丞和松枝离家出走后，分别改换姓名为六助和阿町，在井冈经营一家茶店。二人正在闲聊，六助忽然发现不知什么时候起面前又多了一个阿町。他心想，其中一个肯定是狐所变。据说狐的舌头比较短，于是六助就让两个阿町说一段绕口令，可依然无法分辨真假。接下来，他让两人轮流跳舞，当轮到第二个阿町跳舞时，她突然闻到捕狐网的臭味，再也无法集中精神跳舞了，现出了原形。六助和阿町提着捕狐网捉狐，狐嗖地一下就逃跑了，两人在后面穷追不舍。另一边，重虎追狐来到六助的茶店前，刚好看到了返回来的阿町，重虎以为眼前的阿町是狐妖所变，二话没说上前就杀死了阿町。

第四幕：重虎叫来上总夫妇和三浦夫妇，向他们宣读了天皇的御旨，命他们去猎狐。受此重任，身为武士的荣誉感油然而生，两介决定化干戈为玉帛，齐心协力去猎狐。夫人们见夫君已和好，便提议促成他们子女的婚事，两介欣然同意，便命人去召回一双儿女。不久，只见雪丞身着丧服，携棺而归，棺材里停放着的正是松枝的尸体。见状，三浦夫妇悲痛欲绝。雪丞讲述了昨天发生的事情，不知是哪个坏人杀死了松枝。雪丞也向父母告别，准备切腹自杀。眼看两介又要兵戎相见，重虎及时制止，也劝住了正要切腹的雪丞，并讲述了自己昨天追狐、错杀松枝的经过。找到了杀妻凶手，雪丞上前正要取重虎性命时，重虎讲述了自己的身世，希望在死之前能见亲生父母一面。听了重虎的讲述，三浦才意识到原来重虎是自己早年遗弃的儿子。最后，上总和三浦决定分别让对方的孩子继承自己的家业，两介自此重归于好。

第五幕：两介猎狐大军中有一名叫作广枝的部下，为了抢先立功，擅自带着一帮家仆奔赴那须野猎狐。所到之处并不见狐的踪影，突然从山阴处走来一女子，告诉广枝他的随从里就有狐，大家面面相觑，开始互相猜忌。广枝再看家仆时，发现每个家仆都像狐，惊讶之间就要拔刀砍杀过去，家仆吓得四处逃散而去。荒山野外，广枝孑然一身，不免有些心惊胆战。于是，他决定送女子回家，顺便借宿一宿再做打算。广枝背着女子走出二三里路，觉得女子越来越重，甚感惊奇，当他回头望去时，女子已经变成妖怪模样，拧下广枝的头颅，扬长而去。两介赴那须野猎狐。按照重虎的建议，在原野上放猎犬。狐妖终于忍受不了明王诸天的苛责，现出原形，请求两介速速杀了它。两介以正邪之理说服狐妖，告诉它只要能放下恶念便能得到救赎。狐妖幡然醒悟，脱离孽道，誓愿守护王道，变成一块巨石，以表其志。①

从上述剧情概要可知，人形净琉璃《杀生石》演绎的是狐妖玉藻前化成假中宫被识破，最终改恶从善的故事。玉藻前的形象是唐人装扮，美貌堪比杨贵妃，擅长作和歌，才华出众。与《玉藻前草子》、能《杀生石》中满腹经纶、散发着浓浓佛教气息的才女形象相比，玉藻前已经转变成一个能吟诗作赋的日本才情女子形象，可以窥见外来妖怪逐渐日本化的过程。玉藻前在剧中除了导致天皇患病，以及因自卫杀死前来猎狐的武士外，并没有做过分的恶事。玉藻前的刻画甚至是明快的，她变作阿町的模样，又是说绕口令，又是跳舞，充满了滑稽的气氛。在能《杀生石》及广泛流传的杀生石传说中，狐妖最终被射杀，其怨魂化作"杀生石"不断杀生。而人形净琉璃《杀生石》中的狐妖玉藻前并没有被射杀，它虽然最终也变成了一块巨石，然而该巨石已不再是杀生之石，而是守护王道之石。

3. 人形净琉璃《绘本增补　玉藻前曦袂》

玉藻前形象在人形净琉璃《绘本增补　玉藻前曦袂》（简称《玉藻前曦袂》）中得到了进一步的丰富，形象更加饱满。《玉藻前曦袂》是由著名剧作家近松梅松轩和佐川藤太在《那须野狩人/那须野猎师　玉藻前曦袂》的基础上，经过增补、改编而成，于1806年在大阪初次上演。全剧共有三幕，分别敷演九尾狐妖在天竺、中国、日本惑君害民的故事。其梗概如下：

---

① 参见水谷不倒生. 紀海音浄瑠璃集［M］. 東京：博文館，1899.

第一幕故事发生在天竺的天罗国。九尾狐妖化作一美女，成为天罗国斑足王的宠妃——华阳夫人，她蛊惑斑足王日日狩猎、杀生，还以色诱惑千名僧侣一一破戒。作为惩罚，她怂恿斑足王将这些僧侣喂食狮子。她污蔑悉达多太子及其信徒们意图谋反，由此俘虏了百余国之王。她诬陷摩迦多国净梵王之子释迦是以修行佛法为名，潜居在灵鹫山中意图谋反，做出了一系列否定佛教的恶劣行径。此外，她还诬陷斑足王的王后采姬夫人和看穿了自己身份的普明长者狼狈为奸，企图谋权篡位，并怂恿斑足王将二人处以磔刑。当华阳夫人正要亲手射杀采姬夫人时，普明长者所持的狮子王剑变成狮子救走了危难之中的采姬夫人。之后，普明长者借助狮子王剑的威德，迫使华阳夫人现出了九尾狐原形。九尾狐腾空向东方逃去，此时，斑足王才幡然醒悟、懊悔不已，"朕贵为一国之王，却没能识别出老狐的真面目，受其蛊惑，没能听从忠诚的普明长者和贞洁的采姬的谏言，加害了百余国之王，甚至使千名无辜的僧人丧命，这是佛祖对我的惩罚，我悔不当初，誓愿就此遁入佛门，接受佛尊的教诲"。至此，第一幕结束。九尾狐在天竺天罗国的故事虽是凭空杜撰，却编排得有声有色。

第二幕故事发生在中国殷商。九尾狐变成绝世美女妲己，成为殷商纣王的宠妃。她迷惑纣王昼夜宴饮作乐，流连于酒池肉林，过着极为奢靡荒淫的生活。她还怂恿纣王炮烙忠臣，监押文王西伯侯，并让其吞食其子之肉，简直惨无人道。西伯侯正是忍痛食子才获得了自由，坚定了其誓死讨伐纣王的决心。最终，文王与太公望率军围攻朝歌，纣王被杀，妲己在太公望所持照妖镜的威力下现出原形，终被斩首。妲己死后，其死尸上腾起一阵妖风，化作九尾狐向东方飞逃而去。

第三幕是九尾狐妖在日本化作美女玉藻前惑君乱世的故事，是本剧的核心部分，也是敷演得最精彩的一幕。藤原道春的女儿桂姬和阴阳头安倍泰成的弟弟安倍采女之助相恋，而鸟羽天皇的兄长薄云皇子又对桂姬一见钟情，希望桂姬进宫，却遭到了桂姬的拒绝。于是，薄云皇子委派鹫冢金藤次到道春馆传令，要么交出狮子王剑（薄云皇子早已委派金藤次将剑盗走），要么交出桂姬的首级。因为遗失了狮子王剑，如今只能斩杀桂姬了。道春家有两个女儿，除了桂姬，还有妹妹初花姬。道春的妻子坦言：桂姬实际上是她的养女。当年她和丈夫道春没有孩子，于是就去三神社去祈愿，回来的路上捡到一个女婴，襁褓里贴身放有一块雌龙饰品，这个女婴就是桂姬，桂姬就像神灵冥冥之中赐给他们的孩子，怎么能杀死她呢？现如今只能让自己的亲生女儿代替姐姐赴死了。姐妹二人在后堂听到了他们的谈话，都做好了赴死的准备。无奈之下，母亲让姐妹二人通过双六决定胜负，输了的人要被斩首级。结果初花姬输了，但金藤次却取了桂姬的首级。见状采女之助拔剑怒刺金藤次，金藤次临死之际道出实情：原来桂姬是自己早年万不得已遗弃的女儿，被道春家收养，蒙受如此大恩，怎能让道春家的亲生女儿替死。况且，自己还在不知情的状况下盗走了恩人的狮子王剑，为了谢罪，金藤次故意送命。得知真相的采女之助，决定拿着桂姬的首级，去见薄云皇子夺剑。

初花姬因一首和歌赢得了鸟羽天皇的赞赏，天皇特宣初花姬进宫为女官，赐名玉藻前。玉藻前进宫后很快成了鸟羽天皇的宠妃，却被从唐土东渡而来的金毛九尾狐妖吞噬、附体。鸟羽天皇的兄长薄云皇子企图夺权篡位，借机拉拢玉藻前。玉藻前则坦言自己非人类，乃亿万岁老狐所变，昔日在天竺为斑足王后妃华阳夫人，在唐土为殷纣王宠妃妲己，如今来到日本变成玉藻前，目的在于毁灭日本的神佛道，在日本施行魔道。二人同谋，决定互助实现各自的"宏图伟业"。鸟羽天皇与玉藻前终日厮守，不久便患重病卧床不起，将朝政全权交给兄长薄云皇子处理。薄云皇子一次出游时遇到了貌美的游女——龟菊，便带龟菊回宫，万分宠爱。为了表明心迹，薄云皇子还将非常宝贵的八咫神镜交给龟菊保管。龟菊又将神镜给了安倍采女之助，却被薄云皇子撞见。原来龟菊是那须野八郎宗重之女，自小便与父母分离，流落为游女。父亲八郎在弥留之际，特别嘱咐她，要规劝薄云皇子弃恶从善。尽管龟菊苦苦相劝，薄云皇子依然不可饶恕龟菊的背叛，杀死了龟菊。安倍泰成看破了玉藻前的真实身份，决定作法驱狐。其间，在狮子王剑的威德下，玉藻前终于抵挡不住，现出九尾狐原形逃往那须野去了。薄云皇子见玉藻前身份暴露，仓促发起叛乱，安倍采女之助携八咫神镜及时出现，制止了叛乱，薄云皇子最终被流放到四国。

狐妖玉藻前逃至那须野，终被讨伐，其怨念不散，变成杀生石。其魂灵每晚都会变幻成不同的模样（玉藻前→盲人乐师→花笠①女→雷→狐狸→游女→男仆）疯狂跳舞，最后又变回玉藻前站立在杀生石上，最终其怨念消除，灵魂得到了净化。②

人形净琉璃《玉藻前曦袂》较以往的玉藻前戏剧，明显增加了玉藻前形象刻画的戏份。"神泉苑"一场，九尾狐妖吞噬了玉藻前，剧中有一段临池观影的描写："神泉苑的池水中，映出玉藻前的倩影。花容月貌、冰肌玉骨，如天仙下凡。"这段文字主要描绘了狐妖玉藻前的容貌，说她美若天仙，可谓绝色佳人。如此佳人，一朝选入君王侧，六宫粉黛无颜色。于是，就有了"廊下"一场戏。狐妖玉藻前自从进宫以来，集三千宠爱于一身，引起了后妃们极大的怨恨、嫉妒。后妃们决定联手铲除这个强大的"情敌"，晚上埋伏在通往天皇寝宫的走廊下，当玉藻前像往常一样从容地穿过走廊时，突然一阵风吹过，吹灭了所有的烛火，后妃们认为这是天赐良机，上前就要刺杀玉藻前。这时玉藻前身上突然散发出万道光芒，顿时恐惧、惊愕攫住了后妃们举起的刀，她们惊若木鸡，眼巴巴地看着玉藻前从身边走过。后妃们对玉藻前恨之越深，越能看出玉藻前魅惑力之强。在"诉讼"一场戏中，龟菊代

---

① 花笠即祭祀、节日跳舞时所戴的用假花装饰而成的斗笠。
② 参见国立劇場営業部営業課編集企画室. 文楽床本集：第200回文楽公演［M］. 東京：日本芸術文化振興会，2017.

替薄云皇子处理政务、审判疑案。被告狐妖玉藻前和原告安倍泰成进行了一场激烈的辩论，且看剧本对这段场面的描述。

泰　成：此次天皇患病，卧床不起，这都是因为宫中有妖魔在作崇，我早已奏请天皇要求驱妖，但玉藻前从中阻挠，居心何在？

玉藻前：（笑答）人乃血肉之躯，哪有不生病的道理？却将此归结为妖魔作崇，岂不是太荒唐了？那么，你所指的妖魔是什么呢？

泰　成：妖魔不是别的，就是你玉藻前。

玉藻前：什么？说我是妖魔，太可笑了。我乃右大臣道春之女，身份清清白白，才得以选入宫中侍奉君王，你凭什么就说我是妖魔呢？

泰　成：你正是横跨三国作崇的金毛九尾狐妖，证据就是前些日子清凉殿举行宴乐，突然风吹灭了整个殿堂的烛火，在一片漆黑中，你通身发光，把整个殿堂都照得通亮。证据确凿，你还有什么可狡辩的？

玉藻前：（乘势质问）昔日，允恭天皇的皇后，通身如明玉般，透过衣物莹莹发光，由此得名"衣通姬"。另外，圣武天皇的皇后，也是光辉耀眼，故得名"光明皇后"。依照你的理论，身体发光就是妖魔，那么衣通姬和光明皇后岂不是也是妖魔了？

泰　成：（一时词穷，被质问得哑口无言。）

············

泰　成：其他暂且抛开不说，目前给天皇治病要紧，必须尽快举行泰山府君祭，我要在御殿设法坛，需要玉藻前持御币配合作法。

玉藻前：岂有此理，我玉藻前怎么说也是侍奉君王的后妃，岂能做卑贱巫女所做的事情，你还是请其他宫人去做吧。

泰　成：不，泰山府君祭讲究相生相克之道，您若是和天皇相生，

则祈祷可成，也可证明您的清白。

玉藻前：哦，那为了天皇，我就勉为其难接受你的请求吧。①

玉藻前与阴阳师安倍泰成的这场辩论受《玉藻草子》的影响而成。不过，在《玉藻草子》中，玉藻前没有与泰成正面交锋、辩论，而是由泰成提出需要玉藻前持御币的事项，由其他大臣劝说玉藻前接受所请，劝说之词同于本剧，也是阴阳道之相生相克理论。最终，玉藻前也被迫做出了让步。而人形净琉璃《玉藻前曦袂》让玉藻前和泰成正面交锋，这突出刻画了玉藻前的个性。面对安倍泰成几番质问，玉藻前都能从容不迫地旁征博引、针锋相对地回击对方，逻辑思维非常缜密，直至安倍泰成被反问得哑口无言，充分体现了玉藻前的机智敏捷、才识广博。

总之，人形净琉璃《玉藻前曦袂》中的"神泉苑""廊下""诉讼"三场戏，塑造了一个集美、魅、智慧于一体的绝世佳人形象，弥补了以往玉藻前个性不突出、模糊笼统的缺憾。《玉藻前曦袂》中的狐妖玉藻前的恶劣行径体现在三个方面：其一，吞噬初花姬，借其形入宫；其二，致使鸟羽天皇患病；其三，和薄云皇子合谋篡位。其中，第一点与"九尾狐妖吞噬妲己，借其形入宫"有异曲同工之处，明显是受中国妲己故事影响的结果。第二点和第三点，即玉藻前犯下的是加害天皇、谋反之罪，但均以失败告终。

4. 歌舞伎《玉藻前御园公服》

在歌舞伎《玉藻前御园公服》中，玉藻前的妖魔性质显著增强，身上开始有了狐妖妲己的影子。《玉藻前御园公服》是由四世鹤屋南北所作，于1821 年 7 月在江户河原崎座正式上演，改变了以往狐妖横跨三国作乱的叙

---

① 参见国立劇場営業部営業課編集企画室. 文楽床本集：第 200 回文楽公演［M］. 東京：日本芸術文化振興会，2017：54-55.

事模式，将重点仅放在了日本。全剧共四幕，剧情梗概如下：

鸟羽上皇云游各地修行，当他行至纪州海滨时，看到了封印金毛九尾狐妖的狐冢，其冢上飘散着一股妖气，上皇正想作法制伏，孰料狐冢的咒法突然被打破，华阳夫人的灵魂出现在上皇面前。上皇很快被她迷失了心智，当即抛弃佛法，带着她回宫，赐名"玉藻前"。

佞臣田熊法眼觊觎皇位，蓄谋已久，二十年前就将自己的儿子和天皇的孩子调换了。也就是说，鸟羽上皇是法眼的儿子，而法眼的女儿藻女才是皇家血脉。藻女和安倍泰成的弟弟那须八郎私订终身，生了儿子绿丸之后，藻女就莫名失踪了。

话说鸟羽上皇自从带玉藻前入宫以来，终日沉迷于玉藻前的艳色之中，再也无心理会朝政。鸟羽上皇的弟弟辅仁亲王劝谏，却被治以谋反之罪。于是，亲王命那须八郎拿八咫镜来鉴玉藻前的正邪。然而，八郎丢了神镜（实则是法眼派人盗走了神镜）。若不能在规定期限内找回神镜，八郎则要被问责切腹。神镜辗转到了八郎的家臣横曾根平太郎的手里，平太郎正要将神镜拿给八郎交差，却碰上了玉藻前。玉藻前使用妖术操控横曾根平太郎切腹自杀，并夺走了神镜。八郎听说神镜被玉藻前带回皇宫，急忙赶来索镜复命。玉藻前借机诬陷八郎对她图谋不轨，丢神镜，加上对君妇无礼，让八郎坐实了死罪。此时，藻女突然出现（此时藻女已经知道了自己的身世，特地回来揭露法眼的阴谋），故作绝情，提出让儿子绿丸代替八郎切腹，由八郎"介错"（协助砍头），玉藻前欣然同意。绿丸死后，鲜血流淌在一块法眼落下的白绢（该白绢上写有咒文，是法眼诅咒加害白河上皇的证据）上，散发出浓郁的血腥味，玉藻前脸上隐约现出狐形来。八郎上前追杀玉藻前，追至内殿，被上皇斩杀，其鲜血也浸染在了那块白绢上，白绢上的文字显露出来（白绢被施咒，需要一对戌年戌月戌日戌辰出生的父子的鲜血浸染才能显出文字，而八郎父子恰好是此生辰），法眼的阴谋暴露。上皇斩杀了法眼，然后自杀，把皇位传给了皇家正统血脉——辅仁亲王。安倍泰成作法祈祷并借助八咫镜的神力，打败了玉藻前，玉藻前现出九尾狐原形，通身散发着妖异的光芒，逃往那须野去了。①

歌舞伎《玉藻前御园公服》虽然也保留了玉藻前之美貌与才华方面的特质，但更加侧重渲染其魔性的一面。狐妖初次登场，变成华阳夫人的模样迷惑鸟羽上皇。从上皇的视角看她，如出水芙蓉般娇艳动人，其艳色让人心旷神怡，由此足见狐妖之美貌。同时，玉藻前也是日式才情女子，这从她以诗挑逗那须八郎便可略见一斑，后文将会谈及。

与前述几个剧目明显不同的是，歌舞伎《玉藻前御园公服》增强了对玉藻前妖魔性格的刻画，为玉藻前的登场极力营造妖异气氛。第一幕"纪州女夫坂"一场，日本上空突现怪鸟，阴阳师安倍泰成预言"此乃不祥之兆。昔日，白面狐妖从天竺辗转至唐土，惑君害民，兴风作浪之时，这种怪鸟就曾出现过"。预示了将有妖魔降临日本，日本将要面临一场大灾难。第二幕九尾狐妖登场，整个场面阴森恐怖，充满了魔幻色彩。且看剧本描述：

> 雷序乐隐隐响起。空中飞来两只怪鸟，一大批小鸟紧随其后，瞬间遮天蔽日，盘旋升腾而起。只见其中几只小鸟朝舞台右侧的狐冢上空飞去，突然就啪啪地掉落下来，当场毙命。骤然，妖气缭绕，弥漫了整个舞台。上皇凝神注视着眼前这诡异的一幕。
>
> ⋯⋯⋯⋯⋯
>
> （上皇念经超度狐妖，继而以杖击石。）
>
> 突然，雷序乐响起，狐冢从中裂成两半，前幕出现的怪鸟纷纷飞进狐冢，妖烟四起。惊诧间，上皇踉跄倒退几步，几乎要摔倒在地。

---

① 参见坪内逍遥，渥美清太郎. 大南北全集：第9卷［M］. 東京：春陽堂，1925.

只见狐冢里出现一个瓶子，瓶子里不断冒出气泡来，盘旋上升，转眼间华阳夫人的灵魂就出现在上皇面前，只见她头发蓬乱，身着奇怪的白色素衣。①

"和歌浦龙山"一场，狐妖玉藻前的又一次现身场面，也是妖异气氛浓厚。

突然，雷序乐响起，平太郎手中的八咫镜逐渐升腾而起，飞向了杉树梢。顿时狐火四起。神镜里映出了一只狐妖，平太郎警惕地看着神镜和身边的狐火。

平太郎意识到是昔日听闻的金毛九尾狐妖来到了日本，便迅速拔剑砍将过去。顿时，响亮的雷序乐紧凑响起，狐火群起，神镜在狐火的作用下掉进了水里。平太郎想捡回神镜，未果，反而被狐火操纵失去理智，用手中的刀切腹自杀后跳入水里。这时，只见水中升起一股白烟，神镜随之浮出了水面，升上空中。霎时间，天空乌云密布，身着十二单的玉藻前手持八咫镜从乌云中浮现出来，通身还散发着光芒。②

可以看出，不管是玉藻前登场前的征兆，还是登场时的场面，都充满了浓浓的妖异气氛，预示着玉藻前的妖魔身份。

玉藻前的恶劣事迹主要体现在两点：其一，使用妖术杀害平太郎；其二，陷害那须八郎。第一点上文已提及，此处从略，这里主要阐述第二点。玉藻前陷害那须八郎的情节，可以说是日本版的"妲己戏伯邑考"，主要讲的是：八郎听说神镜在玉藻前那里，急忙赶来索要神镜，以复皇命。玉藻前见八郎生的勇猛俊朗，不免动了淫念，屏退宫女，作情诗③引诱八郎，耿直

---

① 参见坪内逍遥，渥美清太郎. 大南北全集：第9卷[M]. 東京：春陽堂，1925.
② 参见坪内逍遥，渥美清太郎. 大南北全集：第9卷[M]. 東京：春陽堂，1925.
③ 玉藻前所作和歌上句原文为「夜や吹けぬ、閨の灯し火いつか消えて」。

的八郎严词拒绝了玉藻前。玉藻前恼羞成怒，暗下杀心，心生一计，即用神镜作诱饵，骗八郎接着自己刚才的那句情诗续了下句①。拿到八郎的诗句，玉藻前立马以此为证，污蔑八郎对她图谋不轨。八郎有口难辩，只能接受惩处。这首和歌在人形净琉璃《玉藻前曦袂》一剧中也曾出现过，不过是玉藻前写给鸟羽上皇的诗句②，表达了男女之间的浓情蜜意。这里，玉藻前用此诗向八郎示爱，君妇引诱臣子，体现了玉藻前的淫荡。藻女为了揭发法眼，提出让绿丸代替父亲切腹，父亲八郎辅助行刑，玉藻前赞同。让父亲亲手结束自己儿子的性命，场面之悲壮可想而知，众人皆不忍目睹。此时，玉藻前命宫女给在场的人备上美酒，观刑、压惊，自己则在一旁抚琴奏乐。看着八郎父子痛不欲生的样子，玉藻前"俨然一笑"。整个行刑过程中，八郎父子的"悲"与玉藻前的"喜"形成鲜明的对比，将玉藻前的冷漠、残忍刻画得入木三分。可以看出，不管是陷害八郎，还是冷眼观望八郎父子行刑，此时的玉藻前身上已经初显狐妖妲己的影子。

5. 祭祀艺能中的玉藻前戏剧

狐妖玉藻前除了活跃在日本传统戏剧舞台上外，还是民间祭祀艺能中的宠儿，如京都壬生寺的壬生狂言《玉藻前》、广岛神乐《恶狐传》等，都是非常经典的玉藻前剧目，颇受人们的喜爱。同样是敷演狐妖玉藻前迷惑君王、祸乱百姓的故事，但祭祀艺能中的玉藻前剧目在趣味性等方面有所增强。

壬生狂言《玉藻前》在壬生寺上演（见图3-1）。壬生寺位于京都市中京区壬生那之宫町，是佛教律宗别格本山的名刹。该寺每年春、秋两次公开演出壬生狂言。壬生狂言是无言假面戏剧，与一般的能狂言不同，它没有台词，戴着面具的表演者用肢体动作来表演。壬生狂言现存剧目有

① 那须八郎所作和歌下句原文为「我が影にさへ別れてしかも」。
② 两首和歌句式略有差别，但含义一致，原文为「小夜更けて闇の灯消えぬれば、我が影にだに別れぬるかな」。参见国立劇場営業部営業課編集企画室. 文楽床本集：第200回文楽公演［M］. 東京：日本芸術文化振興会，2017：46.

三十个，《玉藻前》就是其中尚存的剧目之一。此剧演九尾狐的故事，剧情梗概如下：

> 在垂着帘子的天皇御殿，玉藻前和大臣丰成前来问安。天皇的病更重了，丰成唤安倍晴明进殿占卜，得知御殿中有恶鬼。安倍拿着镜照所有的人，当照到玉藻前时，镜中显出一只九尾狐。安倍用御币拂除之，玉藻前现出原形九尾狐，逃亡宫外。飞马使者来报，说九尾狐逃到了那须野。丰成命两员大将前去除妖。最后，九尾狐被杀死在那须野。

图 3-1　壬生寺上演《玉藻前》剧照

（麻国钧教授拍摄、提供）

广岛神乐《恶狐传》讲的是，武士坂部庄司藏人行纲因为没有孩子所以向清水观音祈祷。不久，一个玲珑剔透的女孩诞生了。此女才貌双全，很快被召入宫中侍君。在宫中，她展现出超凡的作诗才能，被赐名玉藻前。一日，清凉殿预举行宴会，厨师庄内正想大展身手，精心准备料理，却无意中目睹了一只恶狐吞噬玉藻前。庄内挥刀去杀狐，却被狐吃掉。宫女樱前以铁扇投打恶狐，恶狐仓皇逃走。该恶狐就是毁灭了天竺和唐朝的金毛白面九尾狐狸，尾随吉备大臣来到日本，如今变成了玉藻前模样，受到了鸟羽上皇的宠爱。安倍晴明占卜后发现，玉藻前是幻化之身。晴明和玉藻前辩论，想要弄清玉藻前的真实身份，但反而被驳倒了。晴明请示贺茂明神，巫女传达神意，说玉藻前是九尾狐。被识破了真身的玉藻前逃到了下野国那须野，她向十念寺和尚珍齐求宿，珍齐热情地迎接了她，但是在珍齐给她准备饭菜时，玉藻前现出原形，吃掉了珍齐和尚。武士三浦介和上总介奉命杀死了九尾狐玉藻前。狐妖玉藻前死后阴魂不散，变成杀生石。一日，飞脚飞助路过杀生石前，坐下来正要吃便当的时候，从杀生石里飞出一只恶狐，吃掉了飞助。下野国千溪寺的住持玄翁和尚打算用法华经的功德来封印恶灵。玉藻前出现在玄翁面前，告诉玄翁，自己是被狐狸的恶灵附体了，但是玄翁很快识破了玉藻前的谎言，念经做法，并用锤子打碎杀生石，封住了恶狐的恶灵。

可以看出，壬生狂言《玉藻前》的重点敷演了驱狐、杀狐部分，神乐《恶狐传》在以往玉藻前故事的基础上，附加了狐妖逃离皇宫后在民间祸害百姓的情节。在百姓与狐妖的周旋中，又增加了百姓挑逗九尾狐的滑稽表演，九尾狐看上去也没有那么恐怖了。

通过以上对玉藻前戏剧的分析，我们不难发现，在这些玉藻前系列的戏剧中，狐妖玉藻前有以下三个共同特征：其一，玉藻前是日本典型才女形象，外貌美丽，善于和歌；其二，玉藻前会导致天皇（或者上皇、法皇）患病；其三，玉藻前全身发光。

第三节　中日"狐妖乱世"戏的异同分析

中日"狐妖乱世"戏（中国封神戏与日本玉藻前戏）有着共同的故事模式，九尾狐妖变作美女惑君害民，但二者又有着明显的差别。妲己貌美、淫媚，她以色诱君，设炮烙、碎醢、虿盆等各种残酷刑罚，荼毒忠良、滥杀无辜，动辄百千人命丧黄泉；而玉藻前貌美、才华横溢，她虽也魅惑君王，但与妲己所做的恶事相比简直有云壤之别。同样的故事模式，中日两国为什么会出现如此大的差别呢？

一、中国典籍中妲己形象的演变与确立

《尚书·牧誓》载曰："今商王受唯妇言是用，昏弃厥肆祀弗答。"[1] 这里的"妇"大概说的就是妲己。《竹书纪年》载曰："九年，（纣）王师伐有苏，获妲己以归。"[2] 这里明确了妲己是有苏氏之女，是纣王讨伐有苏氏得来的战利品。《吕氏春秋·先职览第四》载："周武王大说，以告诸侯曰，商王大乱，沈于酒德，辟远箕子，爱近姑与息，妲己为政，赏罚无方，不用法式，杀三不辜。"[3] 周武王在这里责骂的是商王，我们可以看到"妲己为政"。另有《荀子·解蔽》云："纣蔽于妲己、飞廉，而不知微子启，以惑其心而乱其行。"[4] 上述引文言辞间透露出这样的信息：纣王宠信妲己，亲佞臣，远忠良，倒行逆施，从而招致亡国殒身之祸。但对于妲己如何蛊惑纣王、行径如何恶劣则不甚明了。

到了汉代，妲己的形象逐渐丰满起来。《史记·殷本纪》云："帝纣……好酒淫乐，嬖于妇人。爱妲己，妲己之言是从。于是使师涓作新淫声，北里之舞，靡靡之乐。厚赋税以实鹿台之钱，而盈钜桥之粟。"[5] 这里历数了纣王一桩桩的罪行：敛财造鹿台、酒池肉林、设炮烙之刑等。虽言纣王之过，但由"爱妲己，妲己之言是从"，也将这些罪过与妲己关联起来。

《列女传·孽嬖·殷纣妲己》中将妲己归为"孽嬖"类，妲己的形象更加鲜明。

> 妲己者，殷纣之妃也。嬖幸于纣。……（纣王）好酒淫乐，不离妲己，妲己之所誉贵之，妲己之所憎诛之。……积糟为丘，流酒

① 孔颖达. 尚书正义[M]. 北京：中华书局，1980：183.
② 王国维. 古本竹书纪年辑校·今本竹书纪年疏正[M]. 黄永年，校点. 沈阳：辽宁教育出版社，1997：74.
③ 吕不韦. 吕氏春秋[DB/OL]. 四部丛刊景明刊本. 北京：爱如生中国基本古籍库，2021.
④ 王先谦. 荀子集解[M]. 北京：中华书局，1988：388.
⑤ 司马迁. 史记[M]. 清乾隆武英殿刻本. 北京：爱如生中国基本古籍库，2021.

为池，悬肉为林，使人裸行相逐其间，为长夜之饮。妲己好之。百姓怨望，诸侯有畔者，纣乃为炮烙之法，膏铜柱加之炭，令有罪者行其上，辄堕炭中，妲己乃笑。比干谏曰："不修先王之典法，而用妇言，祸至无日！"纣怒，以为妖言。妲己曰："吾闻圣人之心有七窍。"于是剖心而观之。囚箕子，微子去之。武王遂受命兴师伐纣，战于牧野。纣师倒戈，纣乃登廪台，衣宝玉衣而自杀。于是武王遂致天之伐，斩妲己头，悬于小白旗，以为亡纣者，是女也。①

若是说《史记》以前，只能凭借纣王"爱妲己，妲己之言是从"来揣度妲己的品行的话，《列女传》则明确地让妲己坐实了恶妃的罪名。看着犯人活生生被烧死，"妲己乃笑"；比干劝谏纣王，妲己一句"吾闻圣人之心有七窍"，将恶毒残忍刻画得入木三分。可以说，到这个时候，妲己邪恶的形象才算正式确立。

汉代以后，妲己形象的邪恶化愈演愈烈，但她始终还是作为人的形象出现的。直至唐人李瀚《蒙求》注中，妲己的形象则发生了本质性的变化——她成为狐精的化身。自此，妲己由人转变成妖。到了明代小说《封神演义》中，妲己的妖魔化达到了极致，妲己的九尾狐形象彻底深入人心。小说《封神演义》又被相继改编成戏曲，故后世戏曲中的妲己基本上沿袭了小说中的妲己身份及形象。

二、古代中国对女性参政的态度

上一节提到《吕氏春秋》记载"妲己为政"，这无疑证明妲己已执政或者已干政。在古代中国，经历了漫长的父系氏族社会及父权社会，女性几乎没有执政、参政的权力。儒家思想兴起后，推崇男尊女卑、三纲五常、三从四德、女子无才便是德等道德观念，女性地位一落千丈，一再遭到男权文化

① 张涛. 列女传译注［M］. 济南：山东大学出版社，1990：257.

的排挤，最终沦落为男性的附属品和被支配者。即使是唐朝一代女皇武则天的执政，也未能从本质上改变女性社会地位低下的情形。之后，封建礼教附加在女性身上的道德枷锁有增无减，女性的社会地位达到了最卑微的境地。在这种持续压制女性、弘扬男权的社会背景下，女性"干政"之举，在父权体系中掌握社会绝对话语权的男性看来，已经完全背离了他们给女性制定的行为规范，是万万不能容忍的"大逆不道"，必须进行口诛笔伐。

中国历史上但凡参政的女性无一幸免，均被打上"女祸"的烙印，汉代的吕雉、中国一代女皇武则天、唐代的韦后、清代的慈禧太后，都没有什么好名声。尽管在武则天执政期间，国力鼎盛，经济快速发展，社会安定。她大胆改革、革除时弊、完善科举、破除门阀观念、任用贤才，形成强有力的中央集权，上承"贞观之治"，下启"开元盛世"，开创了中国封建社会的鼎盛时代，但依然避免不了被舆论棒喝的结局。

在男权语境下，正如卡莫迪在《妇女与世界宗教》中所说的："关于妇女的从属地位的最意味深长的证据之一，是要么认为她们比男人更好要么认为她们比男人更坏这样一种倾向，因为这种倾向暗示着：只有男人才是正常的，才有适度的人性。结果，女人或者被拔高为女神、贞女、母亲，成为纯洁、仁慈和爱的象征；或者被谴责为娼妓、巫婆、诱惑者，成为变节、恶毒和淫荡的象征。"①

小说《封神演义》作于男权主义鼎盛时期，戏曲又基本承袭了这种精神本质，妲己被妖魔化也就在所难免了。在小说《封神演义》中，妲己最终被斩杀，其魂魄被摄入施法的瓶子里埋入地下；而在戏曲中，妲己的尸骨或是被抛弃到长江内②，或是被抛到荒山野岭让猪拉狗扯③，目的都是要她永不复生。不管是对妲己恶劣行径的大肆渲染，还是对妲己的最后处置，都让我们感受到了男权主义者对那些富有个性的杰出女性咬牙切齿的恨意。

---

① 卡莫迪. 妇女与世界宗教[M]. 徐钧尧，宋立道，译. 成都：四川人民出版社，1989：9.
② 中国京剧戏考[EB/OL].（2016-10-25）[2021-11-20]. https://scripts.xikao.com/play/01039007.
③ 如滇剧《斩三妖》（杨军. 民国滇戏珍本辑选[M]. 昆明：云南大学出版社，2016：241-247.）、桂剧《斩三妖》（广西壮族自治区文化局戏曲工作室. 广西戏曲传统剧目汇编：桂剧 第23集[M]. 南宁：广西壮族自治区文化局戏曲工作室，1963：230-240.）。

从本质上来说，男权主义者对女性的贬低与扭曲，原因归根究底在于惧怕，不仅是对女性的惧怕，骨子里还有男权社会下男性作为社会的主宰者，对于自身不能控制的情欲的惧怕。明代钟惺有一段关于《封神演义》的点评，最能说明这一点："妇人，阴物也。美妇，阴之极者也。惟阴最毒，惟阴之极者为极毒。"①

三、日本戏剧作品中玉藻前所指历史人物

玉藻前系列狐戏的剧情不一，不过有两点完全一致。第一，玉藻前通体发光。在日本，通体发光的人物还有神道中的天照大神、佛教中的荼枳尼，以及衣通姬（允恭天皇的宠妃）、光明皇后（圣武天皇的皇后）等。天照大神是太阳神，通体发光理所当然。关于荼枳尼此处暂且不表，详见后述。而玉藻前通体发光，则有暗指衣通姬及光明皇后的可能。第二，狐妖迷惑的对象均为鸟羽天皇（或法皇、上皇），鸟羽天皇的皇后为美福门院（藤原得子）。以下对衣通姬、光明皇后及藤原得子进行具体分析。

衣通姬（生卒不详），是日本第十九代天皇允恭天皇（约5世纪中叶在位）的宠妃，也是皇后忍坂大中姬的胞妹。《日本书纪》记载，"容姿绝妙无比。其艳色彻衣而晃之。是以时人号曰衣通郎姬也"②。天皇相中衣通姬的才貌，七次差人召唤入宫，不过衣通姬"畏皇后之情"屡次拒绝。最终因使者以死相逼才勉强入宫。衣通姬入宫后得到天皇的宠爱，后因"皇后之妒"，移居位于河内国的离宫茅渟。衣通姬传说还有另一个版本。《古事记》记载，衣通姬是允恭天皇的皇女，"御名所以负衣通王者，其身之光自衣通出也"③。衣通姬的胞兄是木梨之轻皇太子，二人坠入情网。这一时代的近亲结婚并不稀奇，但同母兄妹相爱是被禁止的。因之，天皇剥夺了木梨皇太

---

① 梁归智. 女娲·妲己·性畏恋：对《封神演义》一个基本情节的解析[J]. 明清小说研究，1991（2）：98.

② 坂本太郎，家永三郎，井上光贞，ほか. 日本書紀：上[M]. 東京：岩波書店，1965：441.

③ 倉野憲司，武田祐吉. 日本古典文学大系1：古事記·祝詞[M]. 東京：岩波書店，1975：290.

子的身份，并处以流放。衣通姬不顾一切追随皇子到流放地，二人殉情而亡。不管怎么说，衣通姬有才、有貌、有德、有情。也正因为如此，后世尊她为和歌守护神。[①]

光明皇后（701—760），原名安宿媛，因熠熠生辉之美而被称为光明子[②]，是藤原不比等之女、奈良时代圣武天皇的皇后。光明子自幼十分聪颖，孩提时候就能教商人使用刚从中国传来的尺子。[③]十六岁成为皇子妃，二十九岁被册封为皇后。当时有皇后与天皇并肩处理国政的传统，故皇后必定出身于皇族，而光明子以臣下之女的身份被册封为皇后是罕见和反常的。[④]圣武天皇在位二十四年期间，精神和身体都比较虚弱，故皇后是实质上的掌权者。光明皇后兴修东大寺，关注慈善事业，创建专门照顾贫困人民的施药院与悲田院，圣武天皇驾崩后又创设正仓院，给后世留下了诸多宝贵遗产。光明皇后亦好书道，曾临习王羲之的《乐毅论》，与圣武的一本正经、纤细的笔迹相比，光明皇后的字透露出坚毅与果敢。光明皇后还有多首和歌传世。后世敬仰光明皇后，法华寺中美丽的十一面观音木雕像，是以光明皇后的面容为蓝本的。[⑤]光明皇后自己也常被比拟同时代的武则天，不过从结局来看，武则天在武氏灭亡之后被人视同恶鬼，而光明皇后一直让藤原氏长久繁荣。[⑥]

鸟羽上皇皇后美福门院（1117—1160），原名藤原得子。鸟羽与第一任皇后待贤门院（藤原璋子）不和，改立高阳院为后，高阳院无子，遂再改立宠妃藤原得子为后。藤原得子生皇子体仁，1141年三岁的体仁即位，是为近卫天皇。母因子贵，藤原得子权势高涨。[⑦]1155年近卫天皇早夭，对于继任者，藤原得子排斥崇德上皇的皇子重仁亲王，拥立养子守仁亲王继位，是

---

① 日本和歌守护神有三位，一说为住吉明神、玉津岛明神与柿本人麻吕，一说为衣通姬、柿本人麻吕与山部赤人。
② 朝日新聞社. 朝日：日本歴史人物事典[M]. 東京：朝日新聞社，1994：649.
③ 小石房子. 人物日本の女性史100話[M]. 東京：立風書房，1981：29.
④ 小学館. 日本大百科全書：第9巻[M]. 東京：小学館，1984：38.
⑤ 円地文子，阿部光子. 栄光の女帝と后[M]. 東京：集英社，1977：189.
⑥ 円地文子，阿部光子. 栄光の女帝と后[M]. 東京：集英社，1977：193.
⑦ 小学館. 日本大百科全書：第19巻[M]. 東京：小学館，1984：655.

第三章　中日「狐妖乱世」戏

147

为后白河天皇。此举与崇德上皇对立，引发了保元之乱 ①，也成为武家政权崛起的契机。

衣通姬才貌双全、有情有义。光明皇后美貌聪颖、执政果断，后人称赞。在人形净琉璃《玉藻前曦袂》"诉讼"一场中，因玉藻前通体发光，泰成直指玉藻前是妖魔。为证清白，玉藻前自拟为光明皇后和衣通姬。此处可以窥见创作者或许在潜意识中用狐来附会光明皇后和衣通姬。藤原得子因貌得宠、因子得贵，干政引发大乱。不过这中间也有隐情，史书记载鸟羽上皇与璋子不和，原因不详。而野史《古事谈》记载，鸟羽的第一任皇后璋子所生崇德并非鸟羽之子，而是鸟羽祖父白河天皇之子。② 璋子表面上是白河法皇的养女，其实是白河法皇的情人。不管怎么说，鸟羽与璋子不和是事实。藤原得子干政拥立养子守仁亲王继位，似乎更多是出于鸟羽上皇本身的意志。

四、古代日本对女性参政的态度

在日本历史上，女性凭借卓越的智慧频频登上政治权势的最高位。在日本的原始神话中，太阳神天照大神是日本天皇的始祖（皇祖神），拥有天界至高无上的权力，而这位天照大神就是一位女神。弥生时代，巫女卑弥呼以"鬼神之道"统治邪马台国，是日本历史上的第一位女王。飞鸟时代，日本出现了第一个女皇——推古天皇。她册封圣德太子为摄政王，引进中国的政治、文化，确立了以天皇为中心的政治统治。之后相继出现了第二位女性天皇——持统天皇。她是天武天皇的皇后，执政期间继承天武天皇的政治思想，使大化改新得以完成。奈良时代更是女性天皇称雄的时代，这一时期先后出现了六位八代女天皇，而男性真正掌权的时间仅有十四年。也就是说，在日本，女性执政、参政有着良好的传统，不是什么特殊现象。

此外，在古代日本，女性不仅在政治活动中大放光彩，在文化建设中也

---

① 林陸朗. 日本史総合辞典［M］. 東京：東京書籍，1991：242.
② 浅見和彦，伊東玉美，内田澪子，ほか. 古事談抄全釈［M］. 東京：笠間書院，2010：105.

做出了卓越的贡献。日本原本没有文字，当汉字传入到日本后，日本人在汉字的基础上创造了用于表音的文字"万叶假名"。到了平安时代，女性文学大量涌现。贵族女性用万叶假名来书写和歌、物语、日记等文学作品，其书法如云流水、风格独特，被称为"女手"。这种出自女性之手的汉字草体曲线柔美，后来就演化为现今日本的公用文字平假名。平安时代国风文化的最大特色就是女性文学的兴起。日本第一部长篇小说《源氏物语》的作者紫式部便是一位女性，同时期的女作家清少纳言所著的《枕草子》也被誉为日本国学的杰作，《蜻蛉日记》《更级日记》等的作者也是女性。女性在古代政治、文化等领域中表现出超凡智慧，令人印象深刻。因此，当像藤原得子这样的参政后妃出现时，就不会引起日本人那么强烈的反应。

五、中日狐观念的差异性

在中国，正如第一章所述，自西汉起狐逐渐堕入妖途，之后愈演愈烈，最后连昔日最尊贵的九尾狐也失去了瑞兽的地位，成为最恶劣的妖精。中国的狐妖文化太深入人心了，以至于后来民间开始祭祀狐神时，也只是不入主流的"淫祀"，狐神的处境也并不那么光鲜。到了清代，狐神被狐仙取而代之，在泛仙化文化语境下，狐妖也被美誉为狐仙，狐仙的地位可想而知。在这种狐妖大行其道的背景下，国人创造九尾狐妖妲己形象时，恐怕很少受到狐神、狐仙的羁绊，而在狐的妖性上大做文章。

在日本，情况大为不同。玉藻前系列狐戏为什么都要提到通体发光呢？除了前述暗指允恭天皇宠妃衣通姬、圣武天皇时代的光明皇后外，还暗指茶枳尼。《大正新修大藏经》之"溪岚拾叶集"云："天照大神天下天岩户笼者。辰狐形笼也。余畜类替自身放光故也。辰狐者。如意轮观音化现也。以如意宝珠为其体。"[①] 所谓辰狐，又称辰狐王菩萨、贵狐天王、荼枳尼。天

---

① 渡邊海旭. 大正新脩大藏経：第 76 卷　統諸宗部第 7 [M]. 東京：大正新修大藏経刊行会，1968：571.

照大神以畜类之形躲入"天岩户",可知辰狐地位之高。而荼枳尼,又称吒枳尼,本为印度之神,属于夜叉的一种,提前半年能知人死,取人心脏而食。后来荼枳尼被收编入佛教系统,进入日本后与稻荷融合,成为护佑五谷丰登、商业繁盛的稻荷神。可见"辰狐=荼枳尼=稻荷神",有善恶两重属性。

传说中的玉藻前死后尸骸里出现宝珠,与辰狐"以如意宝珠为其体"吻合,有日本学者认为玉藻前就是荼枳尼。[①] 又因为稻荷神不仅是五谷丰登之神,还有爱欲神的一面,从淫欲的角度出发,有学者认为玉藻前与稻荷神有一定关系。[②] 而在神佛融合时代,日本人认为稻荷神的本源就是荼枳尼。综上可以总结为"狐妖玉藻前=荼枳尼=稻荷神"。在这种思维模式之下,玉藻前传说与剧本的创作者们,仅仅从中国继承了狐妖变美女惑君害民的大故事框架,没有让玉藻前背负像妲己那么多的罪恶。

事实上,在玉藻前终焉之地那须野,每年9月人们会举行盛大的"那须九尾祭",此外人们还建造了玉藻稻荷神社。《玉藻社略缘起》(1808)中这样记载:三浦介和上总介射杀狐妖,狐妖死后,当地村民将其尸体掩埋成冢,称为"狐冢"。狐妖亡灵化作杀生石。建久四年(1193)四月,源赖朝在那须野狩猎时,了解了事情原委,便在狐冢附近的森林中建造了此社,供奉玉藻前为篠原稻荷大明神。[③] 源赖朝为什么会建造玉藻稻荷神社呢?从政治层面考虑,藤原得子引发保元之乱,导致平氏家族权倾天下。其后源赖朝击败平氏,夺得天下。通过祭祀"玉藻前=藤原得子",暗示权力交接,也为镰仓幕府的合法性做了注解。从宗教民俗学层面考虑,受御灵信仰的影响,日本人认为一般非正常死亡的人,死后冤魂不散,会不断作祟于人,非常恐怖,因此狐妖死后变成杀生石杀生的情节也在情理之中。日本人想方设法想要排解这种恐惧,于是就有了玄翁和尚作法超度玉藻前亡魂的情节。得

① 濱中修. 玉藻前物語考:荼枳尼天と王権[M] // 徳田和夫. お伽草子百花繚乱. 東京:笠間書院, 2008:528.
② 大山ゆり. 玉藻前の神話学:文明二年写本『玉藻前物語』を中心に[J]. 国文学論輯, 2011(32):11-31.
③ 中野猛. 略縁起集成:第3巻[M]. 東京:勉誠社, 1997:76.

到救赎的玉藻前怨念消失，立地成佛，从此不再作恶。表面上这是对狐妖玉藻前的救赎，实际上这是日本人对自己的救赎。甚至有人觉得这样做还不够，采用各种方式"收买""取悦"这个恶妖。由恐惧转而去敬奉它，在那须野建造玉藻稻荷神社专门祭祀玉藻前，这大概是日本人这种心理的最直观的反映吧。

综上，中日狐观念在以下几方面存在较大差异。其一，两国对女性执政的态度不同，古代中国极力贬斥女性当政，相比之下古代日本对女性当权容忍度较高。其二，两国神妖观念不一样，狐神地位也不一样。日本的神与妖角色容易切换，畏与敬二律背反，妖怪只要好生供奉，也可以成为保护神。中国神与妖角色相对固定，此消彼长。其三，两国狐神地位不一样。日本狐神的神阶为正一品。中国的狐神为"淫祀"，不被官方认可。因此，尽管中日"狐妖乱世"戏同根同源，都有狐妖化作绝世美人迷惑帝王的情节，但是中日狐妖的形象存在较大差异。中国狐妖妲己的形象有五个关键词：美、媚、淫、残忍、恶毒。日本狐妖玉藻前的形象则是：美、才、偶见淫、小恶。

|第四章|

中日狐戏瑰丽奇异的舞台艺术

不管是在中国的戏曲舞台上，还是在日本的各传统戏剧舞台上，都不时可以看到狐的身影，但由于文化差异和剧种自身的特点，中日两国的狐戏在舞台呈现上有着明显的差异。本章将以中日两国代表性的狐戏为例，着重分析狐角色在舞台扮装及现身、变身特技等方面存在的差异，以期了解中日狐戏的舞台艺术特征及异同点，然后从审美学角度出发，解析这些差异产生的根源。

第一节　中国狐戏的舞台艺术

入清以来，随着地方戏的兴起，元明以来的讲史和演义小说成为许多剧种争相编演的热门题材。在此背景下，《聊斋志异》《封神演义》等神话小说相继被改编成戏曲剧目，其中诞生了大量狐戏。这些狐戏凝聚着一代代人的思想价值观念、审美趋向等，其舞台瑰丽而奇异，深受人们的喜爱，至今常演不衰。为了探究这类剧目的舞台艺术特征，以下主要选用两部代表性狐戏剧目做分析考察。

一、京剧《青石山》

京剧《青石山》是以往北京各戏班正月必上演的贺岁大戏，主旨在于破除邪疫，由昆剧《请神斩妖》（或称《请师斩妖》）翻演而成，是非常经典的狐戏。这出戏近年来也频繁演出，北京、天津、上海等地名家都有出演。在纪念宋德珠一百周年诞辰专场演出时，笔者有幸陪同导师麻国钧教授观看由宋丹菊领衔主演的折戏《青石山》，颇为震撼，至今意犹未尽。这里笔者就以宋丹菊版本的《青石山》为例来谈中国狐戏的舞台艺术。

在本剧中，九尾狐分别由宋丹菊、代京津、李丹、程萌四人饰演，剧情非常简单，讲的是青石山风魔洞九尾狐妖化身美女迷惑周从纶（也作"周柏龙"），周家老仓头请道长王半仙前往捉妖，王反为狐妖所辱，急请师吕洞宾至，吕亦难降服，乃书牒文请关帝。关命关平、周仓率天兵降妖，捉住狐妖。

在序场中，代京津饰演的九尾狐在小妖们的簇拥下登场亮相（见图4-1），她完全是一个美貌的妙龄女子装扮，头饰上有一个红色的小绒球，标志其狐身份。

图4-1　九尾狐（代京津饰演）[1]

她一上场就唱道：

青石山风魔洞千年修炼，玄狐姬，九尾仙，妖媚无双，幻化万端，风云起处弄波澜。……洛阳书生周柏龙，是个俊雅儿男，俺念

---

[1]　京剧《青石山》的图片均由中国戏曲学院朱天教授提供，在此表示感谢，以下不再一一标注。

第四章　中日狐戏瑰丽奇异的舞台艺术

153

美眷慕元阳，何惧天凡，趁黉夜到书房迷魂牵绊，施巧计，展魅惑，管教他难离缠绵。

在这一场里，九尾狐饰演者主要是以花衫行当应功，表演时突出美、媚，却不留丝毫俗气，有妖的戾气，但无恶的丑陋，呈现在观众面前的完全是一个妖媚多姿的狐妖形象。正如九尾狐上场词所述"玄狐姬，九尾仙，妖媚无双，幻化万端，风云起处弄波澜"，她一出场便艳惊四座。当她唱到后一句"洛阳书生周柏龙，是个俊雅儿男，俺念美眷慕元阳，何惧天凡，趁黉夜到书房迷魂牵绊，施巧计，展魅惑，管教他难离缠绵"时，配合着优美的身段、莲花指，把九尾狐的妖媚展现得淋漓尽致。

第一场中，因为周公子被狐妖迷惑，生命垂危，周府老仓头奉命去邀请号称王半仙的老道士来捉妖。这王半仙学术不精，却整天打着道士的幌子招摇撞骗，来到周家捉妖反而被九尾狐妖羞辱，无奈只好去搬请师傅吕洞宾出面捉妖。吕洞宾来到周宅，立遣功曹神持牒到南天门，请伏魔大帝关公降妖。关公见牒，就派关平、周仓率领天兵天将，到青石山风魔洞，活捉了狐妖并斩之。这一场戏中九尾狐的戏份不多，仅在王半仙设坛捉妖现场露了个脸，她与王半仙有一段简短的对话：

王半仙：妖怪呀妖怪，你好大的脑袋。

九尾狐：你住了吧。我乃民间女子，前来见你捉妖，青天白日掌剑杀人，来来来，给你杀，给你杀呀（双手叉腰，凑上脖子逼近王半仙状），你个老妖精（用扇子轻打王半仙）。

王半仙：咱爷俩不定谁是妖精呢。……

（接着，当老仓头指出面前这个标致的小娇娘就是妖怪时，王半仙开始拔剑捉妖，但一个回合就被九尾狐打倒，九尾狐旋即转身下场了。王半仙收妖不成反被羞辱，便决意去搬请师傅吕洞宾帮忙。）

图4-2　九尾狐（李丹饰演）

在这一场里，周老仓头和王半仙插科打诨、妙趣横生，是一场讽刺喜剧。当王半仙设坛捉妖时，九尾狐悄然上场，一身大红花衣，头上照例佩戴着标志狐身份的红绒小球，一手执扇，一手叉腰，几句台词、几个身段动作，便将狐妖的媚气一展无余（见图4-2）。这一场简化了九尾狐和王半仙较量的戏份，迅速向后场过渡，把重点放在九尾狐力战众天兵天将的武打场面。相比之下，昆剧《请神斩妖》（王芝泉饰演九尾狐版）中王半仙斗妖的戏份就厚重了很多。王半仙壮胆收妖，却被九尾狐妖打得丑相尽显。九尾狐把扇子向王半仙脸上连甩两下，王半仙便被打得晕头转向（背向观众时顺势用宽大的衣袖遮脸，涂抹脸），当他再次面向观众时已经是鼻青脸肿相了，那场景相当滑稽。九尾狐并未就此罢休，继而来了个提耙人的绝技表演。当她提起王半仙时发出了一阵狂笑，那场景将九尾狐的妖性、戾气表现得酣畅淋漓。不管是京剧，还是昆剧，这场戏中的王半仙都是丑角，与其说是在和九尾狐较量，不如说是配合九尾狐进行一场滑稽表演，以此来凸显九尾狐的妖性。

到了第二场，关羽收到吕洞宾牒文后，调兵遣将，派大将周仓、关平率领天兵天将前去降妖。这是一场非常精彩的武戏，经常作为一折单独演出。这一场武戏有几个看点，首先是九尾狐原形之狐狸嘴徒手对抗关平，只见他嘴上衔着一个小红绒球（见图4-3），头上也戴着红色绒毛，在与关平的打斗中，身段优美、动作轻盈敏捷，但几个回合下来还是败给了关平，于是转身下场。接着化身为人形，由宋丹菊扮演九尾狐上场（见图4-4），只见她身穿玫红衣，衣上点缀着象征狐身、狐尾的白色绒毛，头戴雉翎，手持刀，继续与关平对战。该段武戏中的九尾狐是以刀马旦应功，打钩刀和刀架子，展现了宋派独特的表演方式，美、媚的身段工架。接下来是由程萌饰演的九尾狐出场再续战（见图4-5），这一幕中的九尾狐则是以武旦应功，戏中出手套路是整个武戏最核心的部分，囊括了前踢、后踢、连踢、卧踢、前桥踢、虎跳踢、双枪双踢等，充分运用刀马刀、双枪等兵器技术技巧，来表现九尾狐高超的武艺。这段武打表演可谓京剧武戏中的经典，当演员把从四面八方飞来的双头枪一一挡回，不差毫厘，台下的观众顿时沸腾了，掌声如潮般涌来。更令人惊叹的是，以往甚至有演员（如代京津、陈宇，她们均为京剧宋派弟子）踩跷表演这场武戏，把失传已久的跷功搬上舞台，结合身段表演，既凸显了狐妖的媚气，又展现了狐妖高超的武艺，把角色诠释得更加生动了。这是该剧的又一大亮点，实在难能可贵。

图4-3 狐狸嘴

图4-4 九尾狐（宋丹菊饰演）

单是踢枪和蹦叉就已属高难度动作了，这些动作还要在踩跷的前提下完成，其难度可想而知了，可谓"台上一分钟，台下十年功"，演员需要经过非常艰辛的训练，才能练就如此技艺。

图 4-5　九尾狐（程萌饰演）

　　京剧的舞台动作是非常写意的，这是京剧乃至中国戏曲的一大典型特征。本剧在塑造狐妖形象时，很少采取特殊的舞台装置来凸显其妖性，空空荡荡的舞台上全靠演员通过唱做念打来表现。本剧前半场是文戏，演员通过优美的身段、莲花指，以及独特的西皮腔调，将九尾狐的媚气展现得淋漓尽致；后半场是武戏，演员在翻扑跌打之中，既显武戏之功力，又不失旦角轻盈翩跹、勇猛花哨、刚健婀娜之美，成功地塑造了媚气与妖性十足的九尾狐妖形象，令人印象深刻。在舞台装扮方面，演员头上佩戴红色绒球，或服饰上点缀白色绒毛，以此象征狐。

　　除了像京剧《青石山》、昆剧《请神斩妖》这样表现狐妖的剧目外，还有大量表现善良多情的狐仙的剧目，这些剧目大多属于聊斋戏，舞台充满浓郁的聊斋风格，剧看似在敷演狐的故事，实际上让人感受到的是浓浓的人性，这是显然不同于狐妖的舞台艺术之处。以下我们通过五音戏《云翠仙》来考察分析。

二、五音戏《云翠仙》

五音戏是发源于山东淄博及周边地区的一个地方小剧种，原名肘鼓子（或"周姑子"）戏，以地方特色浓郁、唱腔婉转优美、表演朴实细腻而著称。它形成于清代中期，距今已有近三百年的历史。2006年，五音戏被列入国家首批非物质文化遗产保护项目名录。同年，《云翠仙》亮相上海国际艺术节，是唯一入选的地方戏，其空灵玄幻的舞台效果、优美动听的唱腔，融淄博本土文学艺术于一体，凸显了"聊斋故里书儒林心史，五音经典谱人狐传奇"的地域文化意蕴。① 《云翠仙》由蒲松龄《聊斋志异》的同名故事改编而来，由淄博市五音戏剧院创作首演，一级演员、非物质文化遗产传承人吕凤琴，二级演员、淄博五音戏剧院副院长朱雷声担当主演。该剧讲述了美貌心善的狐仙云翠仙为报救命之恩，甘愿放弃千年道业，将穷途末路、自寻短见的梁有才救活，并自媒自嫁与其成婚。婚后，二人恩爱无限，羡煞旁人。不承想，恶少赵世虎垂涎云翠仙美貌，欲占为己有，利用梁有才醉心功名的弱点，设下圈套诱骗梁有才写下典妻契约。众狐仙闻讯，打抱不平、将计就计、大闹花堂，惩罚了恶霸赵世虎，终使得夫妻二人劫后重逢、破镜重圆，重新开始了幸福美满的生活。《聊斋志异》中的《云翠仙》更为现实。狐女遇人不淑，嫁给品行不好的丈夫，婚后其夫本性暴露，整日招呼狐朋狗友饮酒、赌博，输光了所有家财，最后不惜将妻子卖为妓女换取银子。狐女彻底绝望，设计逃归娘家，在娘家人的帮助下，狐女狠狠地惩治了丈夫后离去。五音戏《云翠仙》对书中故事进行了较大改编，迎合国人追求合家欢的心理趋向。

《云翠仙》是一部具有浓郁聊斋风格的大型通俗轻喜剧，烟云缭绕的舞台上，回荡着柔美动听的唱腔，再配上翩翩的舞姿，让人有一种进入梦境的感觉。该剧从题材上来看，属于本书第二章所考察的"人狐婚恋"戏类型，

---

① 王新荣."北方越剧"五音戏：小剧种唱出大气象［N］.中国艺术报，2013-07-12（04）.

剧情大致遵循同一种模式：书生救狐—狐报恩嫁书生—婚姻遭遇挫折—走出困境，夫妻破镜重圆。在这个故事模式下的狐戏舞台艺术是怎样的？以下我们详细考察。

序　救狐

伴随着优美的旋律，舞台上的山石后忽然探出一只美丽白狐，只见她身着白衣，衣领上点缀着白绒毛，脸上戴着半狐面具，头上插着紫色羽毛（见图4-6）。很快这种美好便被赵世虎一帮人打破，他们正在追猎这只白狐。当赵世虎弦响箭离，白狐受伤应声倒下。书生梁有才因赶考刚好途经此地，搭救了白狐，并替她包扎了伤口，然后留下一句"……你我虽人狐殊途，有此一面，也算殊胜缘分了"便转身离去了。顿时歌起："莫道人狐两殊途，危难幸得君救扶，虽是寥寥话几句，却已悄然泪模糊，泪模糊。""悄然泪模糊"，很显然，这里倾诉的是狐的内心，但已全然是在描述人的情愫了。

图 4-6　戴半狐面具的狐女 [1]

---

[1]　五音戏《云翠仙》的图片均由该剧演员吕凤琴提供，在此表示感谢，以下不再一一标注。

第一场　邂逅

这一场的舞台非常唯美，一开场便是一群狐仙女嬉戏的场面（见图 4-7）。正如其歌曰："山清清，鸟儿鸣。一抹秋色轻点红，耳畔溪流叮咚响，袖边雾岚戏清风。画中恍如梦，也醉身儿融。宛若飘飞瑶台上。方知人间胜天庭。"只见舞台上山清水秀、烟云缭绕、轻歌曼舞，宛如仙境一般。从这些狐仙女口中得知，云翠仙自从上次机缘邂逅书生梁有才后，一直对其念念不忘，每天去路边等候心上人。

图 4-7　嬉戏中的狐仙女们

接着，场面一转，就来到云翠仙等候梁有才的路边。云翠仙从一片云雾缭绕的层峦之间现身，只见她头上插着黄色绒毛，身上穿着彩云图案衣裙，最有特色的是她右手长长的白绒毛衣袖，象征着狐尾巴。云翠仙甩动着长长的衣袖，配合着灵动的舞姿、婉转动听的唱腔，将埋藏在心底的丝丝情愫娓娓道来。皇天不负有心人，云翠仙终于等来了她的意中人。为了考验梁有才的人品，同时也是为了找个借口向梁有才搭讪，云翠仙随手将一块玉佩丢在路边，然后转身下场了。再上场时衣服已经换成了普通妙龄女子所穿的衣裙，表示现在显现的是人形。伴随着一片烟云，云翠仙悄然上场，故意不小心和梁有才撞了个满怀。梁有才急忙扶起云翠仙时，正好碰上她炽热的、充满深情的双眼。二人四目相对，梁有才明显感受到了眼前这个美丽女子的爱意，于是急忙提袖遮挡，并退后赔礼。这个场面把青年男女萌生情愫的过程巧妙地表现了出来，成为许多剧照的经典画面（见图4-8）。之后，云翠仙故意戏弄梁有才，让他帮自己找玉佩，找到后又赠玉佩，整个过程中还不时趁机频频向梁抛媚眼示好。一方是热情洋溢、活泼奔放的娇媚女子，另一方却是杨柳不解春风意的呆气书生，末了还留下一句"君子固穷，不饮贪泉"，婉拒了她的赠玉。通过这些场面，我们感受到的是一个时而情思满怀，时而活泼机灵，面对爱人或娇或嗔的凡人女子，要不是她上下场时舞台上会升腾起火彩烟云，以及她头上插着黄色绒毛，提醒我们她是狐的身份，我们在她身上已经感受不到任何妖、仙的气息。

图4-8　云翠仙与梁有才

第二场　舍丹救书生

　　云翠仙告别了众姐妹，急忙下山追梁有才。想到马上可以嫁给梁了，禁不住喜出望外、心花怒放，喜悦之情溢于言表，正如其词所唱："禁不住情切切，羞答答，桃花腮儿映红霞。今朝圆梦许配他，怎不教人乐开花。……心恋人间千般好，翠仙我遇他、等他、爱他、嫁他，终成一家。"云翠仙的这一段喜极而舞的表演，把一个即将迎来爱情的妙龄女子的那种甜蜜、羞涩的内心诠释得非常逼真，看不出半点或妖或仙的那种凌云在上的感觉。云翠仙一路欣喜，情切催急行，可没想到来到梁有才身边时，发现他已经悬梁自尽了。面对这突如其来的横祸，云翠仙万分震惊、悲痛，通过一组激烈的耍水袖（见图4-9），把人物种种情绪诠释得淋漓尽致，给人非常强烈的震撼力。悲痛欲绝的云翠仙，最终不顾姐妹们的劝说，决定吐丹救人。云翠仙的那些狐仙姐妹说："仙丹一旦用去，必将元气大伤，法力不再了。不仅再无仙缘，只怕也难回狐族了。"也就是说，云翠仙为了救爱人，需要付出沉重的代价。再看云翠仙吐丹的过程，也是非常痛苦的。看她痛苦的表情，以及倒地做出乌龙绞柱的翻滚（见图4-10），观者无不为之动情落泪。仙丹吐出之后，按照剧中的说法，云翠仙就失去了法力，与普通凡人无异。梁有才是救回来了，那么接下来二人的生活如何进行，只有仰仗有法力的姐妹们助力了。只见众狐仙女挥动着长长的衣袖舞动起来，顿时舞台上火彩造势，烟雾骤起，灯光闪烁，忽亮忽暗，忽紫忽红，仿佛进入了一个魔幻世界，舞台背景也随机迅速改换。等烟雾退去，舞台上已经出现了一间漂亮的青砖粉墙房屋，身着华丽服饰的书生已经伏在屋内一书桌上了。梁有才苏醒后，云翠仙自媒嫁给了梁，这些都自不待言。

图4-9　云翠仙耍水袖

图4-10　云翠仙吐丹救书生

第三场　人狐婚恋起波澜

　　死而复生的梁有才和云翠仙终喜结良缘，幸福地生活在一起了，云翠仙更是对新生活充满了憧憬（见图4-11）。二人恩爱无边，晴耕雨读，其乐融融，羡煞旁人。但很快，二人平静的幸福生活因恶少赵世虎的到访被打破。从二人谈功名的一段看似无关紧要的打情骂俏对话中，透露出梁有才对

功名的执着，其认为"要
博取功名，必须有靠山"，
这就为后续剧情的展开埋
下伏笔。这场戏中，云翠
仙完全褪去了妖、仙的外
衣，成了一个名副其实的
凡人女子。在丈夫面前的
云翠仙活泼俏皮、清纯可
爱；面对恶霸赵世虎，她

图 4-11　婚后的云翠仙

嫉恶如仇，不委曲求全，敢于当面怒斥恶人。这反映出她性格中忠贞不渝、
敢爱敢恨的一面，其个性之鲜明、形象之饱满，远远超越了我们对不食人间
烟火的妖、仙的印象。

第四场　诈变

宋彩云是梁有才同窗好友孙铭之妻，因嫉妒梁与云翠仙神仙般的生活，
同时也为了给自己丈夫
谋取一官半职，于是利用
赵世虎贪图美色及梁有才
醉心功名的弱点，伙同赵
世虎诱骗梁有才在醉酒的
状态下写下典妻契约（见
图 4-12）。这场戏里云翠
仙没有出场，她的命运却
在这场戏里悄然地发生了
转变。

图 4-12　梁有才醉酒典妻

第五场　情断

梁有才前去赴赵世虎的酒宴一宿未归，云翠仙在家焦急等待。终于在

天明时，喝得烂醉的梁有才被孙铭护送回到家。云翠仙从孙铭口里得知自己被卖给赵世虎的事实，此时云翠仙的心情正如伴唱词所描述的，"如晴天霹雳当头炸，万条雨箭胸口扎，是悲，是怨，牙咬碎，是怒，是恨，泪如麻"，再加之电闪雷鸣的舞美效果，云翠仙的心境被渲染得更入木三分。接下来云翠仙有一大段直抒心胸的唱词，通过五音戏独特腔调唱出，再配上细腻的动作表演，把狐仙女内心的悲愤、怨恨、绝望等情感生动地表现了出来，情真意切，催人泪下。梁有才意识到自己中了奸计，情急之下直奔赵府找赵世虎理论。云翠仙知道手无缚鸡之力的梁有才此去凶多吉少，赶忙呼唤自己的狐仙姐妹来帮忙。狐仙女们决定将计就计，惩治赵世虎等恶人，于是开始施法变身，顿时舞台上烟雾起，呈现出一派灵幻场面。至此，剧情趋向高潮。

第六场　狐仙女大闹花堂

梁有才找赵世虎理论，被赵府的人打了个半死，扔到山沟里去了。与此同时，赵世虎急不可耐地派人上门抢云翠仙，其狐仙姐妹变作云翠仙的模样上了花轿。接着有一段路途中欢天喜地的喜剧表演，让人不禁捧腹大笑。到了赵府，狐仙女们各显神通，大闹花堂（见图4-13）。她们挥挥衣袖，赵世虎和宋彩云便像中了魔法一样，互殴对方，滑稽丑态百出。这场戏中，观众能看见狐仙女们在舞台上来回穿梭舞动，挥动衣袖，施法操控赵世虎和宋彩云，但作为当事人的赵世虎和宋彩云，他们是看不见的，且狐仙女们的施法效果也全是由演员的唱、做、念、舞来呈现的，这体现了中国戏曲高度的假定性和虚拟性。

图4-13　狐仙女们大闹花堂

第七场 破镜重圆

云翠仙得知梁有才被扔到了深山，连忙来到山里寻夫。找到梁有才时，发现他已经奄奄一息了。当梁有才询问云翠仙是如何脱离虎口时，云翠仙说漏了嘴，暴露了自己的身份。云翠仙见再也无法隐瞒了，就含泪向梁有才讲述了她报恩、吐丹救他的经过。听了这番话，梁有才对妻子的愧疚感更加深了。身心的巨大痛苦终令梁有才吐血昏厥。眼看着夫妻就要人狐两别了，云翠仙又一次急忙唤来狐姐妹，并说服姐妹们帮助梁有才起死回生。最终，云翠仙原谅了梁有才，二人破镜重圆，跨越人、狐的爱恋完满收场。在这场戏里，一方面，云翠仙呈现的是狐女的悲惨遭遇，感情色彩主要突出的是"悲"，演员表演情感饱满，唱腔哀婉动听，声声催人泪下。而另一方面，云翠仙的狐姐妹们作法救助梁有才的场面，也就是表现超自然力的场面，非常具有灵幻色彩。狐仙女们扬起长袖，将昏迷中的梁有才团团围住，顿时舞台上火彩烟雾弥漫，伴奏歌起"情到极处金石开，姐妹和泪作法来，长袖拂去斑斑垢，唯愿人间少尘埃"。在烟雾的遮掩下，梁有才早已褪去血迹斑斑的衣服，换上了先前光鲜的装束出现在云翠仙面前。很明显，狐仙女们的超自然力是在烟雾、灯光等舞美辅助下，通过唱词描述、演员表演呈现出来的。

《云翠仙》是五音戏中一部精彩的聊斋戏，舞台充满着浓郁的聊斋风格，唯美而灵幻。首先，本剧舞台装扮精美、独具匠心。狐仙女们佩戴狐面具，头上点缀几缕羽毛，甩动着象征狐尾的长长的白绒毛衣袖翩翩起舞，将一个个美丽灵动的狐仙女形象呈现在观众面前。其次，本剧舞美特效运用恰当，演员们表演技艺高超，二者有机结合，逼真地展现出狐仙女的超自然力，并塑造了一个敢爱敢恨、个性鲜明的云翠仙形象。云翠仙从身份上讲，她亦狐、亦仙、亦妖，但从她的故事来看，她爱慕梁有才的才华，感念他的救命之恩，在梁有才受辱自寻短见后舍丹救人，然后自媒自嫁给他。在梁有才受到赵世虎的诱骗签订典妻协约后，她怨恨、沮丧、痛苦、失望过，但当梁有才迷途知返、悔过自新时，又不计前嫌，毅然原谅了他，其情感之丰富、个性之鲜明，与我们印象中的"仙"是不太相符的。中国文化中的"仙"一般都是笼统的、模糊的、抽象化的"善"的代言，从这个意义上来讲，可以说云翠仙是高度人性化的狐，是极具凡人思维、形态的仙。全剧看似是在敷演狐的故事，但自始至终都透露着浓浓的人性。

第二节　日本狐戏的舞台艺术

日本的三大传统戏剧——能乐、歌舞伎、文乐中均有狐戏，以下分别以各剧种中代表性狐戏剧目为案例，详细探讨日本狐戏的舞台艺术特征。

一、能乐中的狐戏

能乐是日本古典戏剧的代表，2001 年与中国的昆曲同时被联合国教科文组织评选为"人类口头和非物质遗产代表作"。"能乐"一词是明治时代之后才出现的，在江户时代以前，能乐被称作"猿乐"或"猿乐之能"，和中国的散乐有着千丝万缕的联系。我们当今所说的能乐，事实上包含能和狂言两种表演风格迥异的艺术形式。能是注重"幽玄"唯美的"歌舞剧"，而狂言则是以滑稽谐谑为特征的"科白剧"，两者从演员流派到表演程式各自独立，但共用同一舞台和乐队，相互交替演出，堪称"一莲托生同气连枝"。能和狂言中都有狐戏。据笔者统计，能中的狐戏剧目有六部，分别为《狐》《小锻冶》《杀生石》《白狐》《吉田狐》《论议狐》。除了《小锻冶》《杀生石》外，其他剧目已废弃不再上演，很难获知这些剧目当时上演的舞台状况。涉及狐的狂言剧目有四部，分别为《佐渡狐》《狐冢》《业平狐》《钓狐》，其中前三部仅以狐为话题，讲的是人观念中的狐，狐并没有参与剧情，故本节不做讨论。考虑到舞台资料收集的便利性，本节选取现今仍在上演的经典能《杀生石》和狂言《钓狐》来探讨日本狐戏的舞台艺术。

1. 能《杀生石》

能《杀生石》的故事发生在栃木县那须野，今天在那里仍可看到杀生石遗迹（见图 4-14）。很多年前那里发生过火山喷发，到处弥漫着硫黄气味。据说，但凡鸟兽靠近那须野都会无缘无故丧命，甚至人类也惨遭过毒害。人们认为是一块石头在作怪，因此将那块石头命名为"杀生石"。于是，关于杀生石就产生了各种各样的传说。后来，日本艺人将杀生石和玉藻前、玄翁和尚的传说结合起来，创作了经典能《杀生石》。

能《杀生石》的剧情简介详见第三章，此处不再累述。本剧是典型的复式能，包括上、下两场。在上演时，舞台正面靠里的地方摆放着象征杀生石的道具，上半场结束后，前仕手①退场到该石块道具后面，在这里迅速改换成狐的装束。②接着，只见后见③从两侧将石块道具放倒，看上去就像石块裂成两半一样。然后，后仕手就从裂成两半的岩石中飞跳了出来（见图 4-15）。狐妖的这种现身方式具有一番质朴的趣味，其视觉冲击效果无疑是非常出色的，无怪乎《杀生石》的演出剧照大多都是反映该场面的。之所以能收到如此效果，与地谣的吟唱、演员的舞蹈动作表演，以及观众的理解和想象密不可分。从这个意义上来讲，日本能和中国戏曲有着异曲同工之处，舞台喜"空"，不喜"实"，空无一物却可包罗万象，极简单的道具就能够表示出形形色色的环境处所、大小场合。能舞台上使用的道具，在后继艺能如歌舞伎中得到进一步的提炼与加工，对歌舞伎舞台装置的形成与发展产生了巨大的影响。不过歌舞伎在后来的发展中，舞台表现逐渐趋向于"写实"，与能舞台的"写意"形成鲜明的比照。

---

① 能乐的主角称为"仕手"。除了人外，还有鬼神、亡灵、精怪等，扮演世间不存在的角色。
② 能或狂言中，登场人物一度退场，叫作"中入"。能中的"中入"一般是针对仕手而言的，指的是仕手穿过桥廊进入镜间，或者是进入舞台上的道具中，进去前是前仕手，出来之后就成了后仕手。本剧因流派不同，表演方式有差异，金刚流前场结束时，仕手进入舞台上象征石头的大道具中，改换装束，为后场做准备。本文选用的正是金刚流版本。
③ 后见要时刻注意舞台上是否有突发事故，万一主角等发生意外，要替代出演，作用十分重要。

图 4-14　杀生石遗迹

图 4-15　《杀生石》狐妖现身

（图 4-14 和图 4-15 引自本田钦三《能观赏入门》①）

　　能也被称为"假面剧"，能面是能中使用的假面，能面是能之生命，但也并非所有的人物都使用能面，通常只有主角才戴能面。能基本都是展现人与鬼神的对话，而能面则是人类演员向鬼神转换的媒介，主要是为了表现鬼神、怨灵、畜生等非人类或者超人类而创造的舞台道具。人类演员出演非人类或者超人类角色，从某种意义上来讲是不自然的行为，使用能面可以消解这种不自然。正如德国的利普斯在《事物的起源》中所说的："戴面具者是戏剧中的英雄，而不是戴着它们的人；戴面具者是他所代表的角色，而不是他的外表。戴面具者实际上是死者的亡灵、祖先和动物，这一概念有助于加强戏剧引起的恐惧。"② 能面是能舞台上非常重要的道具，人戴上能面即成鬼神，摘下能面又回归人自身。再看《杀生石》一剧，上半场的主角是玉藻前亡灵化身成的乡间女子，她佩戴"若女"（见图 4-16）能面，有的流派戴"增女"（见图 4-17）能面，身着华丽的唐织衣，雍容华贵又隐隐透露出一种妖媚感。后半场里，玉藻前亡灵以九尾狐妖原形出现，佩戴的是暗示狐妖身份的"野干"（见图 4-18）能面，也有流派表演时戴"小飞出"（见图 4-19）能面，无论是哪种能面都给人一种狐妖所特有的令人毛骨悚然的感觉。

①　本田钦三. 能観賞入門［M］. 埼玉：淡光社，1981.
②　利普斯. 事物的起源［M］. 修订本. 汪宁生，译. 兰州：敦煌文艺出版社，2000：276.

图 4-16　若女　　　图 4-17　增女　　　图 4-18　野干①　　　图 4-19　小飞出②

（图 4-16 和图 4-17 引自伊藤正义《别册太阳：能》③）

能也是祭祀剧、镇魂剧，故事性并不强。《杀生石》中，杀生石及玉藻前的故事都是通过主角独舞、地谣吟唱来表现的，整个剧的最终目的在于，玄翁做法事超度狐妖亡灵，消解狐妖内心的执念，使其不再作恶，充分体现了能的祭祀、镇魂性质。这一点和后继戏剧歌舞伎、文乐有着明显的不同。

综上所述，能《杀生石》让凡人演员戴上能面来扮演狐妖，并通过舞台道具营造出狐妖从石块中现身的神秘现象，这是本剧的最大看点。该剧符合能祭祀、镇魂特征，狐妖故事的来龙去脉通过演员台词、地谣伴唱交代，最终目的在于超度亡灵、镇魂，这是本剧的独特之处。

2. 狂言《钓狐》

正如上文所述，能与狂言诞生于同一个艺术母体，都是承袭了猿乐的艺术形式。猿乐中模仿逗乐的元素则被狂言较好地传承了下来。相对于能的庄严、凝重，狂言在艺术风格上更加活泼、跳跃，也更加外化，二者同台演

① 能面［EB/OL］.（2016-12-30）［2021-11-02］. http://www.nohmask-japan.com/new_yakan.html. "野干" 是狐的别称。"野干" 能面的太阳穴处有两个角，眉毛和胡子营造出怪异、优美的氛围，可以说是想象着女狐的样子创造出来的假面。
② 能［EB/OL］.（2020-01-10）［2021-11-02］. https://www.the-noh.com/sub/jp/index.php?mode=db&action=view_detail&data_id=48&class_id=1. "飞出" 能面因画面上的眼球好像飞出似的而得名，用于拥有超能力的、敏捷的动物神灵。
③ 伊藤正義. 別册太陽：能［M］. 東京：平凡社，1978.

出，狂言可以从不同程度上化解能带给观众情绪上的沉闷，起到缓释剂的作用。[①]二者不仅艺术风格不同，在表现形式方面也有很大的差异。相对于极其富于象征意义的能表演，狂言的演绎是写实性的。狂言除了特殊戏外一般不用面具，演员的装扮简单朴素，表演、念白接近生活，富有平民性。从严格意义上讲，狂言包含两大类：间狂言和本狂言（独立狂言）。间狂言是指在能乐曲目中狂言方（狂言演员）出场进行的表演，在能表演中担负着重要的作用，而本狂言则是指在两番能的表演间隙上演的独立戏。随着狂言的迅速发展及狂言艺人的大力推广，本狂言已可以脱离能单独表演，成为老百姓喜闻乐见的艺能形式之一，因此通常所说的狂言就是指本狂言了。《钓狐》就是一部非常经典的本狂言剧目。狂言界有句行话叫「猿に始まり、狐に終わる」，意思是说，一个狂言师初登舞台时，要先从《韧猿》一剧中的猴子角色演起，经过长期历练，当能够成功出演《钓狐》里的狐狸角色时，才算一个能够独当一面的合格狂言师。由此足见本剧中狐角色的表演难度及本剧在狂言界的地位。

所谓"钓狐"，是指猎狐的意思。作为狂言剧目名来讲，大藏流、和泉流叫作"钓狐"，鹭流叫作"吼嘁"（日语中叫作「こんくわい」），据说该词原本是模拟狐狸叫声的拟声词，确切地说是雌雄狐鸣叫的重叠音。[②]《钓狐》是一部大型狂言剧目，分为上、下两场，登场人物有两个，即伯藏主（狐）和猎人，其中伯藏主和狐是由同一演员饰演。狂言界的演狐名门是野村家族，他们的演技代代相传，饰演的狐活灵活现，已达到出神入化的境地。这里以野村万之丞年 2020 年 1 月 5 日特别演出的《钓狐》为分析案例，来探讨狂言舞台上的狐戏艺术。

狂言《钓狐》讲的是，一只百岁老狐眼看着自己的狐族接二连三地被猎人捕杀，自己也终将难逃杀身之祸，故铤而走险化作猎人的叔父伯藏主[③]，

① 麻国钧. 东方艺术之奇葩　日本戏剧之瑰宝［M］// 王冬兰. 镇魂诗剧：世界文化遗产——日本古典戏剧"能"概貌. 北京：中国戏剧出版社，2003：8-13.

② 川瀬一馬. 能狂言釣狐考［M］// 川瀬一馬. 日本書誌学之研究. 東京：講談社，1971：1325.

③ 伯藏主，也写作"白藏主"。据说他是大阪府堺市少林寺的一名僧人，很爱护森林里的狐狸，精心照料它们。为报恩，狐狸则发挥它们的神力，远远地守护着该寺院。

上门去劝说他不要再捕杀狐了。他给猎人讲述了玉藻前的故事，以此告诫猎人"狐是一种睚眦必报的、执念很深的动物，不能随便捕杀"。猎人听取了伯藏主的建议，丢掉了捕兽器。老狐以为劝说成功，安心踏上归途。在回古穴的路上却发现了猎人原本已经丢掉的捕兽器，上面还挂着相当美味的油炸老鼠（这是狐最喜欢吃的食物）。老狐虽知不能去触碰，但终究抵挡不住美食的诱惑，露出了狐的本性，将狐爪伸向了油炸老鼠。果然不出所料，老狐落入了猎人的圈套。但经过一番拼死挣扎，老狐最终还是逃脱了。

这场戏从演技角度来讲，高难度的表演很多，但也恰恰成就了这部戏的精彩看点。在上半场里，野村饰演由狐幻化成的伯藏主，最大的看点是对隐藏在僧衣下的狐兽性的呈现。伯藏主狐的舞台装扮一般是这样的：头戴方帽（暗示其僧人的身份），戴面具（见图4-20），该面具给人一种介于狐和人之间的感觉。贴身穿着厚厚的皮毛服，然后外面再罩一身宽大的僧侣服，手持拐杖。在僧人和狐这样的双重身份扮装下，野村家族开创了许多独特的表现狐的方式，如：双肘在腋下夹紧，手握拐杖大概固定到腹部位置，双膝并拢，尽量压低身体重心，缩小身体，上半身向前倾斜，行走时使用"狐足""兽足"，即用脚尖轻轻地跳跃着前行（见图4-21）。此外，伯藏主狐在说台词时还会使用特殊的"狐声"，即词头拉长慢慢地说，后面快速地说。还不时地来一个如木偶人般僵硬地颤肩、摇头，或者伸长脖颈，遥望皓空发出几声高亢的狐鸣，尖锐而凄凉。伯藏主狐登场后的第一个重要场面是"照水镜"（日语中叫作「水鏡の型」）（见图4-22）。老狐变身成僧人伯藏主的模样，为了确认变身是否成功，小心翼翼地碎步走到一潭积水旁边，侧头，稍稍俯身，端详一番后，跳跃后退几步，展开双臂（说明现在已经是人形了）再次看向水面，确认一番后似乎舒了一口气，再次做回原来的狐姿势。在我们印象里，照镜与僧人是极为不协调的组合，这一身份与动作的偏差却恰恰是引发笑点的地方，但这绝不是说野村的这一系列表演脱离了实际，纯属哗众取宠。相反，观众对该场面是能理解、接受的，因为野村和观众有着共同的狐信仰认知，即"狐可以变化成人"，观众眼前是伯藏主，是僧人；但实际不是伯藏主，而是狐。伯藏主狐在舞台上走了几个圆场，来到了猎人家附近，远远听见几声犬吠，惊愕不已。野村在表现伯藏主狐受惊吓的刹那反应非常传神，一声急促的狐鸣、一个腾空跳跃、一连串仓皇失措的逃窜动作，把狐的恐惧状呈现得非常逼真、形象。

图 4-20　伯藏主面具 ①

图 4-21　行走的伯藏主

图 4-22　照水镜

　　伯藏主狐说服完猎人就踏上了归途，在回古穴的路上看到了猎人扔掉的捕兽器，并意外地发现上面还挂着美味的油炸老鼠。闻着散发着阵阵香气的油炸老鼠，掩藏在僧衣下的老狐本性逐渐暴露了出来。他清楚地知道，若是将狐爪伸向"美食"，自己也会落得和其他狐族同伴一样的下场，但他还是无法抵抗"美食"的诱惑。他一次又一次地靠近捕兽器，就在要触碰到"美食"的前一刻，又突然畏惧了，悄然将爪缩了回来，安慰自己"还是回古穴去吧"。如此反复多次，这种场景的表现，若稍不注意便会演成相同动作程式的反复，不免令观众感到枯燥乏味。而野村在表演这段时，通过张弛有度的表演，呈现伯藏主狐欲望逐渐增强的心理变化过程，巧妙地避免了表演的单纯重复。当伯藏主狐盯着"美食"，极力压抑着内心不断增强的欲望，不由地说出"真想吃啊，真想吃啊"这句台词时，以及他接近"美食"的一瞬间又抽身而退时流露出的那种无限的失落，不难想象，他的内心正在经历着一场掰手腕般激烈的博弈。最终，恐惧与不断膨胀的欲望之间的那杆天秤逐渐倾向了欲望一侧，伯藏主狐决定去吃那顿"美食"。为了说服自己，它还勉强找了个正当的理由，"你这家伙（油炸老鼠）是祸害我狐族的罪魁祸首，

---

① 　狂言《钓狐》的图片均为该剧狂言师野村万之丞提供，在此表示感谢，以下不再一一标注。

是我们的敌人，我必须吃掉你"。这个心理挣扎过程的表演非常真实、自然，也是本剧引发笑点之处。此外，本场戏还有一大看点。当伯藏主狐将要享受美味时，像是突然想起了什么似的，自言自语道："……如果穿这么厚的行头开吃的话，很容易落入猎人的圈套里……你这家伙给我听着，我现在就去蜕掉这身沉重的衣服去，然后一口就把你干掉，你给我等着，待那里别动，动了你就是胆小鬼。"说完提起和服下摆，露出了狐狸尾巴，紧接着发出几声狐鸣，大幅度跳跃着从桥廊①上退场。这里，狐的自言自语着实滑稽可笑，突然露狐尾的处理也非常巧妙，让人不禁捧腹。

后半场的主角称作"后仕手"，扮装成狐的模样出场。只见他从头到脚蒙披着象征狐皮毛的白色毛绒服，背上散搭着一件僧人服，脸上戴着狐面具，匍匐着从幕口②慢慢爬了出来，爬过五色幕布③时，背上的僧人服自然掉下，暗示了老狐由伯藏主变回狐形。这场戏的精彩看点是，后仕手模仿狐的一系列演技表演，其中颇具特色的是"狐手"特技（见图4-23），即将双手提起到胸部位置，向内弯曲，手指并拢，这是表现狐的常用特技，在后面即将提到的歌舞伎《义经千本樱》中也可以看到。老狐来到舞台上，猎人早已匍匐在一旁等待老狐上钩（见图4-24）。老狐将狐爪伸向油炸老鼠，果不其然，狐爪被牢牢套住了。接下来便是一段猎人斗老狐的滑稽表演。猎人一手执绳，一手挥着棍子边打边高声呵斥老狐。老狐抓住套在脖子上的绳子做挣扎状，绳子在猎人手中时而放松时而拉紧，老狐做相应的抗争表演。几个回合下来，老狐终于挣脱绳子，穿过桥廊仓皇退场，猎人一边吆喝一边在后面追赶、下场，这也是狂言经常使用的退场模式。

---

① 桥廊指的是舞台上右侧通向后台的通道，是主舞台的一个延伸，供演员出入及部分表演使用。
② 幕口是分割后台和舞台、悬挂五色幕布的地方。
③ 幕口悬挂的幕布，一般由五种颜色的缎子布制成，也有四种颜色的。平时没有演出的时候，幕布是卷上去的，一旦当日有演出，则从舞台准备阶段开始就保持下垂状态，直到演员出场的时候才由专司幕布的人员用木棍挑起来。

图 4-23　狐手

图 4-24　钓狐

　　狂言的主要作用是逗笑，《钓狐》当然也不例外。《钓狐》上半场是人扮人演狐，具体来说，是在伯藏主僧人的扮装下表现狐的兽性。野村家族的狐技表演堪称经典，伯藏主狐"照水镜"、闻犬惊跳的动作程式表演，以及表现伯藏主狐心理的挣扎过程等，都充满滑稽搞笑的元素。下半场是人扮狐演狐，演员直接穿着兽皮毛服登场，本身就具有无限趣味，狐与猎人周旋的场面，更是让人忍俊不禁。

　　关于狐的舞台装扮，本剧主角佩戴了面具。狂言演出除了一些特殊剧目外，一般是不戴面具的，面具主要是用于表现非人类或超人类角色，《钓狐》是不多见的戴面具演出的剧目。本剧前仕手佩戴的是伯藏主面具，兼具了人和狐的表情，有一丝对猎人的恐惧，也有狐兽的神秘、恐怖感；后仕手佩戴的狐面具，嘴巴处于闭合状态，少了一些狐兽的戾气，却多了一些类似于稻荷神使狐的神秘感，可以说面具在形象的塑造方面发挥了非常重要的作用。此外，野村家族非常重视对狐的动作、形态的模仿，创造了"狐足""狐手""狐语"等狐技程式，成为日本狐戏塑造狐的典范，经常被其他剧种所借鉴。

　　当然，本剧之所以能成为日本狐戏中的经典之作，还与其深刻的主题思想不可分。世阿弥曾经把"微笑之中含有快乐"的狂言看成是最理想的狂言，而把招观众哈哈大笑的"卑鄙"狂言视为下流。①《钓狐》可以说是理想狂言的典范，和其他纯粹逗乐的狂言剧目不同，本剧除了给人带来欢乐外，还有着启发人深思的一面。日本人历来崇尚自然，追求与自然的和谐相处，而恰恰有些人在利益的驱使下尽做一些破坏自然、滥捕滥杀野生物的勾当。就像该剧中的猎人，在爱好自然的日本国民看来，他是应该受到谴责的。本剧里，狐与猎人在周旋过程中，狐明显是弱势的一方，猎人奸诈狡猾，狐注定要以失败告终。诚然，狐也有贪婪的一面，但人类何尝不是呢？剧作家对狐明显是持同情态度的，这从伯藏主狐的一句台词中便可以看出端倪。伯藏主狐原以为已经成功说服了猎人，不承想猎人答应丢掉的捕兽器却出现在了自己回家的路上，不由得叹息道："看来，我们在人类眼里终究不过是个畜生罢了，但猎人何尝不是一个恶念深重的残忍家伙啊，他比畜生更不如……"当伯藏主狐愤慨地说出这句台词时，像是给人类敲响了警钟：不要再迫害动物了，它们同我们人类一样也是一个个鲜活生命。②

二、歌舞伎中的狐戏

歌舞伎是江户时代发展起来的都市艺能，在江户、大阪、京都最为繁荣，迄今已有四百多年的历史。江户初期，在出云这个地方，有一个名叫"阿国"的女艺人（出云大社的巫女），为筹资修缮社殿，她穿着色彩艳丽、款式奇异的服装跳"念佛舞"。这便是歌舞伎的初期形态，也叫作"阿国歌舞伎"。阿国所跳的"念佛舞"来源于神社的舞蹈，其又吸收了民间流行的"风流舞"，因此阿国的表演增加了脱离宗教、利用舞女媚态来表现的内容。在舞蹈中间阿国还穿插了一些对话，这样舞蹈就与戏剧开始结合起来。另外，阿国的"风流舞"随意性很强，表演时还即兴加进现实生活中的诙谐情节。"阿国歌舞伎"一经演出，非常受欢迎，引起众多卖艺女子争相模

---

① 石宏图. 东瀛观剧录[M]. 北京：北京：中国戏剧出版社，2001：114.
② 田中澄江. 日本の古典16：能・狂言集[M]. 東京：河出書房新社，1972.

仿，因而形成了"游女歌舞伎"（或作"歌舞妓"）。后来，游女歌舞伎由于引起了严重的社会风气问题而被禁止，取而代之的是"若众歌舞伎"。若众即留有前发的美少年，兼有男色的嫌疑，其弊害如同女子，最终"若众歌舞伎"也被禁演了。之后的歌舞伎表演就由剃去前发的成年男子胜任，称为"野郎①歌舞伎"，走向了偏重对话科白及情节发展的戏剧表演之路。

歌舞伎舞台上经常出现妖怪、神佛、幽灵的身影，可以说歌舞伎是最喜欢让非人类存在登场的演剧，这一点明显受到了日本的先行艺能——能乐的影响，后成为歌舞伎的一大特色。在这些非人类存在当中，狐是较为典型的一种动物精怪，或是祸害人类的狐精，或是富有人情味的狐神、狐灵。以下就以两部经典歌舞伎剧目《玉藻前御园公服》和《义经千本樱》为例，考察狐在歌舞伎舞台上的表现艺术。

1. 歌舞伎《玉藻前御园公服》

《玉藻前御园公服》由鹤屋南北创作，于1821年7月在江户河原崎座上演，主演者为三代尾上菊五郎。在南北朝末期的《神明镜》、室町时期的《玉藻前物语》《玉藻草子》《杀生石》等作品的传播影响下，玉藻前传说自古便为日本人所熟知。进入江户时期，玉藻前传说更是取得了进一步的发展。《通俗武王军谈》引入了明代小说《封神演义》中的妲己故事，从而建构了九尾狐妖化身为殷商的妲己、天竺的华阳、周朝的褒姒，以及日本的玉藻前祸国殃民的故事框架。此外，随着读本②《绘本三国妖妇》（1803—1805）、《绘本玉藻谈》（冈田玉山作）等的刊行，玉藻前故事更广为人知了。而后，1806年3月，净琉璃《绘本增补 玉藻前曦袂》（近松梅枝轩、

---

① 野郎是指蓄着野郎头的男性。所谓"野郎头"，是指剃掉前发，将两鬓及后面的头发向上梳成一髻。

② 读本，日本江户时代小说的一种，分为前期读本和后期读本。前期读本，是宽延至天明年间（1748—1789）流行于上方（江户时代对京阪地方的称呼）的小说，主要是中国白话小说的改编本，用和汉混合文及雅文（平安时代的假名文字）写成，以短篇为主。后期读本，是以江户为中心，在文化至天保年间（1804—1844）盛行的传奇小说。

佐川藤太改编）在大阪上演，次年6月，江户市村座上演了歌舞伎《三国妖妇传》（并木五瓶作）。当时，玉藻前故事名噪一时，《玉藻前御园公服》便由此应运而生了。

《玉藻前御园公服》的剧情错综复杂（剧情参见第三章），其中也有很多与玉藻前完全无关的情节，这里仅提取有玉藻前狐妖登场的场面，来探究歌舞伎中狐戏的舞台呈现特征。

第二幕　狐妖出现

首先是狐妖出现的场面。纪伊国屃濑滨有块怪石，凡是从它上空飞过的鸟儿都会落下来死去。原来这块石头大有来历，九尾狐妖随吉备真备东渡日本，被封印在这块石头里，故也称作"狐冢"。遁入佛门的鸟羽上皇企图超度狐妖魂灵，不想却打破了狐冢的咒法，狐冢瞬间裂开成两半，里面出现一个瓶子，瓶子里不断冒出气泡，转眼间上皇眼前就出现一个形迹可疑的女子。

华　阳：乘着一阵魔风，转眼间就来到了这里，请问这里是？

鸟　羽：大千世界日本。

华　阳：能来到这里真是万分幸运。我从千里之遥的天竺国而来。
　　　　以慈悲为怀的出家人啊，请您务必帮帮我啊。

鸟　羽：这恐怕不太方便，贫僧乃出家之人，佛门戒律森严。况自
　　　　古女人便是污秽之物。

…………

此时，再看华阳，演员操纵一下假发机关，蓬松凌乱的头发瞬间变为光洁亮丽的垂肩束发。然后，她又拉拽了一下外衣上的绳子机关，外衣立刻退去，展现在眼前的是身着大唐风白色绫罗长袖上衣、红色裙裤的美女。她挽留着鸟羽上皇，两人做了个深情互望的"见得"动作（相当于京剧的人物亮相，但要经过一瞬、二瞬才算

完成，造型静止后再将身体重复晃动一次进行再强调）。①

在鸟羽上皇面前，狐妖破石而出，不由得让人想起能《杀生石》中类似的精彩场面。但比起能，歌舞伎使用了更为讲究的舞台道具。道具瓶中不断冒出气泡来，华阳就从这些气泡中华丽登场。华阳犹如灵魂一般，一身幽灵装扮，和鸟羽上皇一番对话之后，就摇身变成一个美女。蓬松凌乱的头发变成了光洁亮丽的垂肩束发，衣服也变成了华丽的中国风长袖服。由幽灵装扮转瞬间变成一个异国美女，其变身过程着实让观众吃惊。歌舞伎非假面剧，演员的假发、服饰、妆容非常重要，通过操纵假发、服饰上安装的特殊机关，实现舞台上演员的变身，这很符合歌舞伎的特色。

鸟羽上皇痴迷于华阳的美貌，将华阳带回了皇宫。在皇宫里，两人男欢女爱、情意绵绵。《玉藻前化妆姿见》里可以看到一幅描绘鸟羽上皇和玉藻前奏乐的插图（见图 4-25），玉藻前身着中国风服装，正偎依在鸟羽上皇怀里吹奏长笛，身后的宫女持掌扇，整个场面充满了异国情调。《玉藻前化妆姿见》是在歌舞伎《玉藻前御园公服》上演后，于 1822 年刊行的通俗插图小说。对于这部作品，佐藤悟曾这样评价："该作是搭乘戏剧热潮的产物，作为了解当时戏剧舞台状况的画证资料具有极高的价值。"

图 4-25　鸟羽上皇与玉藻前

（引自扇舍梅幸《玉藻前化妆姿见》②）

① 参见坪内逍遥，渥美清太郎. 大南北全集：第 9 卷［M］. 東京：春陽堂，1925.
② 扇舍梅幸. 玉藻前化妆姿见：6 卷［M］. 江戸：伊藤与兵衛，1822.

第三幕　纪州和歌浦胧山

横曾根平太郎追寻八咫镜来到纪州和歌浦胧山，碰见了玉藻前。剧本中如此描绘该场面：

> 平太郎从神镜里看到了狐妖，感到非常奇怪。突然，镜子在狐火的作用下掉进了水里。平太郎想捡回神镜，未果，反而被狐火操纵失去理智，用手中的刀切腹自杀后跳入水里。这时，只见水中升起一股白烟，神镜随之浮出了水面，升上空中。霎时间，天空乌云密布，身着十二单的玉藻前手持八咫镜从乌云中浮现出来，通身还散发着光亮。①

这一连串的场面中，演员的变身是一大看点。这里，平太郎和玉藻前都是由尾上菊五郎饰演的。菊五郎先是出演平太郎，平太郎切腹自杀后跳入水槽里（剧场里设置的象征湖泊、河流的储水箱，里面像是有真正的水一样）。菊五郎潜入水中换装，变成身穿十二单的玉藻前。这种水中换装的技艺，是由菊五郎的父亲尾上松助在怪谈歌舞伎《天竺德兵卫韩嘶》中创造出来的。早在 1807 年，鹤屋南北专门为换装高手松助写了《三国妖妇传》，让他表演狐妖在水中快速换装。松助表演的狐妖水中快速换装大获好评，其子菊五郎继承了该技艺，可以说这是一门独家绝技。早稻田大学演剧博物馆所藏的演员图《玉藻前御园公服》（见图 4-26），反映了菊五郎快速换装的场景，图上写着「水中早替わり當り～」（水中快速换装大获成功）。

玉藻前通身发出光芒，暗示了她的妖性，这是玉藻前故事里非常熟悉的场面，通过文字或绘画很容易呈现，但对于戏剧来说并非易事。剧本里这样描述："玉藻前通身散发着光芒……（使用舞台装置）"由此可知，这里确实使用了舞台机关设备。《天竺德兵卫万里入船》一剧里也有相同的场面，

---

① 参见坪内逍遥，渥美清太郎. 大南北全集：第 9 卷［M］. 東京：春陽堂，1925.

即魔法师德兵卫全身散发着光芒。关于这一点，郡司正胜这样谈及过："在没有电灯照明的时代，无法想象他们使用了什么照明设备来实现'全身散发光芒，光芒逐渐扩大，直至照亮整个舞台'效果的。像当今的戏曲一样，幻想的以及舞台装置不能实现的场景，职业剧

图4-26　五渡亭国贞画《玉藻前御园公服》
（日本早稻田大学演剧博物馆藏）

作家是不可能写入剧本的。"①水中快速换装、身体散发光芒等，虽不知使用了什么舞台装置来实现，但可以肯定的是，那是相当奇异的舞台演出。

第五幕　清凉殿

安倍泰成据占卜得知，妖气弥漫整个皇宫。于是，他决定举行驱邪逐妖的祈祷仪式。仪式需要一对戌年戌月戌日戌辰出生的父子的鲜血作药引，再将药引浇洒在药王树上用作护摩木，然后焚烧护摩木进行祈祷。最后，当拿出八咫名镜时，玉藻前终于现出了原形。

> 玉藻前：可恨啊！我曾自由地穿行于三国之间，先后侍奉过天竺的班足太子、中国的殷纣王，不久前来到了日本，得以亲近鸟羽上皇，遗憾的是，最终都不得不离他们而去，一步步堕入魔界。如今，泰成的祈祷，以及八咫神镜的威德，使我现出了原形，暴露出金毛九尾白面狐的真面目。哎！可恨呀！
>
> …………

---

① 参见郡司正勝. 鶴屋南北：かぶきが生んだ無教養の表現主義[M]. 東京：中央公論社，1994：79.

玉藻前：如今现出了原形，只有暂去都城东方的那须野静待时
机了。

雷序乐响起，玉藻前变身为金毛九尾白面狐妖腾云而去。（演
员乘宙做高空表演，在花道合适位置骤然停下。）①

变身为狐的菊五郎乘宙出现在花道上。在歌舞伎中，将演员吊到高空进
行表演，叫作"乘宙"（日语中叫作「宙乗り」）。这种演出方式始于元禄时
代，给出演妖怪、怨灵的演员的背部安装上金属配件，利用钢丝、滑车等装
置，使其在舞台、花道、观众席上空移动、表演。在玉藻前故事中，有狐妖
飞行的场面，小说当中可以用文字、图片来呈现，非常容易，但要在舞台上
呈现却非易事。能乐中没有呈现狐妖飞行的场面，而歌舞伎则是通过乘宙装
置来实现该效果的。

以上，对歌舞伎《玉藻前御园公服》中狐相关的精彩场面进行了考察分
析。可以看出，歌舞伎有着非常成熟、发达的舞台装置，通过这些舞台装置
来表现狐妖的变身、身体发光、飞行等，这在塑造像玉藻前这样具有妖性的
角色方面，无疑是非常成功的。也就是说，歌舞伎演员在出演非人类存在角
色时，舞台装置发挥着极为重要的作用。除此之外，他们还必须准确把握每
个角色的特征。比如，幽灵和狐同为非人类存在，但表演技法绝不相同，必
须注意区别对待。尾上梅幸认为，在歌舞伎中，表现狐（见图 4-27）、狸
等动物精怪时，手一般要提到胸脯附近，而幽灵（见图 4-28）垂下的手若
是提得过高，就看起来像妖怪了。此外，在眼睛形态方面，幽灵是昏昏欲睡
的样子，妖怪是大眼怒张的样子，戏剧里的幽灵和妖怪在这些方面是截然不
同的，必须引起注意。②像这样从细微处入手去表现非人类存在角色，比如
狐，并获得广泛好评的，就不得不提一提歌舞伎《义经千本樱》了。

---

① 参见坪内逍遥，渥美清太郎. 大南北全集：第 9 卷 [M]. 東京：春陽堂，1925.
② 尾上梅幸. 女形の芸談 [M]. 東京. 演劇出版社，1988：166.

图 4-27　狐

（引自村上元三《义经千本樱》①）

图 4-28　幽灵

（引自金森和子《别册太阳: 歌舞伎图鉴》②）

2. 歌舞伎《义经千本樱》

在歌舞伎《义经千本樱》中，狐是主人公之一，因为它在剧中化身为源义经的家臣佐藤忠信，故也称作"狐忠信"。历代艺人对狐忠信的塑造别具特色，甚至还创造出"狐手"③、"狐六法"④等特技来表现狐，给人们留下了深刻的印象，以下也简单探讨一二。

《义经千本樱》通称《千本樱》，是日本歌舞伎久演不衰的三大经典剧目之一，移植自文乐《义经千本樱》。文乐《义经千本樱》由二代竹田出云、三好松洛及并木千柳共同创作，于 1747 年 11 月在大阪竹本座初演。次年1 月，歌舞伎《义经千本樱》在伊势芝居，5 月在江户中村座上演。歌舞伎《义经千本樱》的剧情基本和文乐版一致，舞台上也引入了文乐的义太夫说

---

① 　村上元三. 義経千本桜［M］. 東京：学研，1980.
② 　金森和子. 別冊太陽：歌舞伎図鑑［M］. 東京：平凡社，1992.
③ 　在表演"狐手"时，演员双拳轻轻紧握，置于胸前，保持一高一低，左右转换，使身体形成"子武式"（侧身对着观众），这样不仅造型好看，形体加上眉目的表演也非常传情、传神。
④ 　所谓"六法"，指的是歌舞伎中的一种行走艺术，手大幅度摆动，脚强有力地踩踏着行走，也叫"六方"，主要在演员通过花道退场时使用。其动作特点是，右手和右脚、左手和左脚同时活动着行走。"六法"有很多种类，根据角色的性格及情绪分别使用。"六法"一词的来源有多种说法，最有说服力的说法是行走时手向"天地东西南北"六个方向摆动。"狐六法"指的是从花道退场时，模仿狐的动作姿态行走表演。表演时手轻轻握起，以此来表现狐手。

唱及三味线伴奏，角色的动作、心理活动等都是通过伴奏说唱方式描述的。此外，歌舞伎《义经千本樱》还加入了演员模仿木偶动作的特技表演，如木偶式的机械转头表演，别具特色。

本剧虚构的是源平合战的后续故事。经过源平合战，平氏一族灭亡。剧作家们大胆构思，一方面，让其三大武将知盛、维盛、教经，以及安德天皇还活着，在此基础上展开剧情。另一方面，在源平合战中立下显赫战功的源义经，遭到兄长源赖朝的猜忌、追讨。为了躲避兄长的迫害，他一路外逃，在逃亡途中遭到知盛、维盛、教经的疯狂复仇，在此背景下又插入了狐狸的故事。故事源自白河法皇赐给源义经的一面初音鼓，此鼓是用该狐狸的父母狐的皮所制，出于对父母的思念，狐狸一直追随、守护初音鼓，故事由此展开。本剧中出场人物众多，剧情错综复杂，这里仅选取狐狸登场的第二幕"伏见稻荷鸟居前"、第四幕第一场"道行初音旅"、第四幕第三场"河连法眼馆"，来考察分析《义经千本樱》中狐的舞台艺术。

第二幕　伏见稻荷鸟居前

伏见稻荷神社是京都附近的一个神社。① 义经一行逃到了这里，义经的爱妾静随后也赶来了。义经自知逃亡之路异常艰辛，不愿牵累静，就让静留在京都，并将朝廷赏赐给他的初音鼓作为信物赠给静。静不愿与义经分开，无奈之下义经只好命人把静绑在鸟居前的樱花树下。临行前，义经一行先进入神社参拜。正在这时，源赖朝派来的追兵早见藤太（滑稽角色）带着一帮人也追到了这里，发现了静，刚要带走静时，突然听见花道扬幕里传来一声"且慢！"随后义经的家臣佐藤忠信（狐所变）出现了。只见他头戴毛发竖立的菱皮头套，火焰脸谱，穿着缀有宝珠刺绣的四天衣②，手脚上也画着表现肌肉的纹路，完全是一派武生装束（见图4-29），夸张而豪放。狐忠信在

---

① 剧作家将该幕戏地点设置在伏见稻荷神社是有深意的。在日本民俗信仰中，日本人认为狐是稻荷神的使者，甚至是稻荷神本身，因此在日本全国大大小小的稻荷神社里都可以看到供奉着的狐神像。在这一幕里，狐化为忠信出现在稻荷神社中，正是源于上述狐与稻荷神的信仰。
② 歌舞伎独特的服装，比和服短，敞袖，衣摆两侧有缝隙，一般用于动作激烈、勇猛的角色，也指穿着这种服装的角色。

这里上演的是一场武戏（歌舞伎里叫作「荒事」[①]），充分展示了狐的神力。狐忠信上场，大展身手，将藤太一伙打得四处逃散。这一幕刚好被义经看到。义经非常感激忠信（此时，义经还不知道忠信实为狐所变），不仅亲赐铠甲，还把"源九郎"[②]的姓氏赐给了忠信，然后将静托付给他后就安心离开了。静伤心欲绝，哭着从花道退场，狐忠信尾随其后。

图 4-29 狐忠信形象

（引自村上元三《义经千本樱》）

此时，狐忠信的退场表演是一大看点。静一退场，雷序乐随即响起，忠信立马显露出狐的本性，在观众面前通过返面变装[③]方式，迅速改换成白质地的火焰宝珠花纹装束，然后模仿狐的动作姿态，做"戏蝶"[④]、"狐手"、"狐六法"等系列技能表演，最后到扬幕跟前奋力一跃，退场。

---

① 歌舞伎演技演出之一，鬼神、精怪等超人类存在夸张地表现其勇猛气势的演出形式，或者指该演技本身。"荒事"以强劲豪放的演技为特色，独特的化妆和夸张的姿势中，凝聚了歌舞伎独特的样式美。

② 源于源九郎狐的传说。

③ 歌舞伎是日本最喜好给观众制造惊奇的演剧。演员舞台上瞬间换装或更换装束颜色便是歌舞伎的一大创意，常常使观众叫绝。舞台上瞬间换装，主要通过抽线变装、返面变装的技法来实现。抽线变装有很多种类，常见的是"覆衣"法，即在一套服装外再披另一套服装，在舞台上快速去掉外面那套服装，露出里面的服装，实现瞬间变装的效果。这种技法的关键在于衣服上的一个小小的设置，即提前用粗线把衣服的袖子、下摆粗略缝起来，在表演中，要和其他演员、辅佐的人（歌舞伎中称作"黑衣"或"后见"）协调一致，在最好的时机抽线变装。返面变装是指把上半身的和服解下，顺势垂搭成裙裤，从而露出色泽鲜艳的里衬，一般在表现角色性格发生大的转变时使用。此处狐忠信变身使用的就是返面变装法。

④ 这里的蝴蝶是舞台道具的一种。歌舞伎舞台上表现小动物时，会给一个被涂染成黑色的细竹竿（日语中叫作「差金」）顶端装上钢丝，然后把象征蝴蝶等小动物的小道具挂在上面，由"后见"操作竹竿呈现飞行效果。

这一段退场表演暗示了忠信的狐身份。这样特殊的角色、故事构架，与其预留悬念，不如提前告知观众，反而可以起到丰富忠信狐形象的作用。对于演员来说，这一幕的表演难度非常大，既要能够表现出武生的勇猛，又要展现出狐的妖性。明治时期的名优第五代菊五郎曾出演狐忠信，他的这段退场表演非常精彩，完全是一副灵狐的姿态。

第四幕　第一场　道行初音旅

这一幕是非常有名的舞蹈剧，经常单独上演。道行[①]舞蹈剧中，登场人物多为恋爱中的男女，静和狐忠信虽为主仆关系，但二人郎才女貌像极了一对恋人，在一片樱花灿烂的舞台背景的衬托下，分外唯美而温馨。因为忠信是狐，所以在舞蹈中会经常出现狐的程式动作，比如"狐步""狐手"等，这一幕里呈现出的狐忠信完全是一个英俊男子形象，与"伏见稻荷鸟居前"中的武生形象相比，仿佛是截然不同的两个人。

静听说义经去了吉野山，于是便带着狐忠信一起踏上投奔义经的旅途，这一幕表现的正是二人旅途中的场景。在樱花盛开的吉野山中，突然不见了狐忠信的踪影。静感到很好奇，不知道为什么，只要她敲这个初音鼓，狐忠信就一定会出现。果不其然，静敲了几下之后，雷序乐骤然奏起，狐忠信就从花道的升降装置（日语中叫作「すっぽん」）[②]中现身了（见图 4-30），这里再次暗示了忠信并非人类。只见他身着印着车轮图案的黑绫子和服外套，佩戴着手甲脚绊，背着包袱，手持斗笠登场了，他先在花道上做一番出场表演后，就速速朝舞台上的静走去。

为了一扫旅愁，静让狐忠信跳舞解闷。在狐忠信的引领下，静也开始翩翩起舞，两人甚至模仿"男雏女雏"并列而站（见图 4-31），引来观众阵阵

---

① 原义是上路。歌舞伎中的"道行"，一般为舞蹈剧，主要是表现男女恋人赴某个目的地途中的场景，还有一些是表现男女私奔或情死（日语中叫作「心中」，指男女恋人一起自杀）路上的场景，因此这样的舞蹈剧一般都充斥着喜悦、温馨，又平添一种忧愁的气氛。

② 在花道七三（花道以 7∶3 比例划分，距离花道扬幕为 7，主舞台为 3）位置上切割成四方形，设置可以像电梯那样升降的装置，在妖怪、幽灵、动物精怪等非人类存在突然现身、消失这样的非现实场面中使用。

喝彩声。在此过程中，当静拿出初音鼓助兴时，狐忠信时而抢过鼓，表现出对初音鼓无限迷恋的样子，时而又在静背后做出"狐手"动作（见图4-32），处处流露出狐的本性来，这里人和狐的区分表演是本场戏的精彩看点。一曲舞毕，狐忠信拿出义经赐给他的铠甲，静则把初音鼓放到铠甲上，两人怀着对义经的思慕与仰慕之情，对着铠甲与初音鼓深深一拜。狐忠信看着铠甲，向静讲述了源平合战的情景：兄长继信为保护义经，被能登守教经射杀身亡。听到这里，静不禁为

图4-30　狐忠信登场

（引自金森和子《义经千本樱：歌舞伎名舞台》[①]）

继信之死潸然泪下。这时追兵藤太带着小喽啰们再次出现，狐忠信不费吹灰之力就将藤太一伙击退了。为了早日见到义经，静和狐忠信又踏上了旅途。

图4-31　狐忠信与静模仿"男雏女雏"

（引自村上元三《义经千本樱》）

图4-32　狐忠信"狐手"

（引自《NHK日本传统艺能》[②]）

第四幕　第三场　河连法眼馆

这一场迎来了本剧的高潮，也是最精彩的一场。静在狐忠信的一路保护

---

① 金森和子. 義経千本桜：歌舞伎の名舞台[M]. 京都：淡交社，1998.

② 日本放送出版協会. NHK日本の伝統芸能[M]. 東京：日本放送出版協会，1998.

下，终于与义经在吉野山河连法眼馆相聚了。本场戏里，真正的佐藤忠信从出羽国赶来了，只见他身着正式的武士公服，即大肩上衣，搭配拖地和服裙裤，仪容端正（见图4-33），从花道登场了。佐藤忠信远远地看到了主君义经，怀着一种迫切的心情速速向义经走去，到了花道七三位置便向义经深深地鞠了一躬。全剧至此，真正的佐藤忠信正式登场。义经向佐藤忠信询问静的情况，佐藤忠信却什么也不知道。义经大怒，责怪他有失职之罪。这时来人报告，静在忠信的陪伴下来到了这里。存在两个忠信的事被揭穿，义经便让静确认哪个忠信才是真身。静发现，一路伴随自己的忠信和眼前这个忠信确实有些不同。她突然想起了初音鼓，每当她敲打初音鼓时，忠信总会赶到她身边，听着鼓声非常陶醉的样子。于是，义经命人押解先到的佐藤忠信进府邸里屋审问，留静一人在外召唤另一个忠信询问情况。至此，本场戏中途拉上了帷幕。

图4-33　真佐藤忠信

（引自金森和子《义经千本樱：歌舞伎名舞台》）

在本剧中，佐藤忠信和源九郎狐（即狐忠信）是由同一个演员饰演的，故此处让佐藤忠信一度退场，便于后台换装，变身为源九郎狐。演员不仅改换舞台服饰，其发型也换成蓬松的前茶筅状。此外，演员还要调整妆容，使脸线条看起来比较柔和。因为佐藤忠信是武士，妆容凸显的是"刚"的一面，而接下来要扮演的源九郎狐，情感主导需要突出"柔"的一面。为了给演员换装争取时间，在第二场戏再次开幕之前，舞台右边"床"座会插入一段义太夫节的演奏，交代后续故事的背景。

而后幕布拉开，静开始敲打初音鼓，边敲打边四处张望，看看狐忠信有没有出现。突然，一阵阵急促的鼓声响起，花道扬幕里瞬间亮起了灯，响起了"刷"的一声，照常规这是打开扬幕、人物出场的预示。但当观众把视线投向那里的时候，却不见有人出来，正在生疑之时，发现源九郎狐不知什么时候已经出现在府邸正中央的三层台阶上（见图4-34）。源九郎狐的这种出其不意的出场方式，简直令观众惊诧不已，而这种神秘性又非常符合狐狸的特点。那么，源九郎狐是如何在众目睽睽之下不动声色地出现在舞台上的呢？舞台大道具河连法眼馆是一个"天王建"风格的建筑（见图4-35），这种建筑的地基很高，其正中央是涂成黑色的三层木制台阶（见图4-36），这段台阶是一个特殊的舞台机关，源九郎狐正是从这里上场的。该舞台机关是明治时期第五代菊五郎出演源九郎狐时，由大道具名人第十四代长谷川勘兵卫设计创造的，即使现在也经常使用，在这之前源九郎狐主要是通过花道升降装置出场的。

图4-34　源九郎　　　　　　图4-35　　"天王建"府邸
　　　狐出场

（图4-34和图4-35均引自金森和子《义经千本樱：歌舞伎名舞台》）

图4-36　三层木制台阶

（引自村上元三《义经千本樱》）

　　这一场源九郎狐的扮相是穿湖色上衣，下着紫渐变色长裙裤（裤腿比腿长出二分之一），这种日本古代样式的长裙裤，穿着走路都困难，可演员竟穿着它，双腿一蹦一跳地跳上几层台阶，走出的矮子步又快又利落，看上去既有程式，又符合人物特点。静一边打鼓一边逼问源九郎狐的身世。此刻源九郎狐的内心是很矛盾的，如果说出实情，肯定要离开这里，离开这里就意味着离开初音鼓，离开自己的父母。但如果不坦白，义经和静都不会放过它，他们终究要弄清楚两个忠信谁真谁假。而静这边呢，鼓越敲越紧密，在逼近源九郎狐的刹那，把鼓扔向源九郎狐，转身拿起刀就向源九郎狐斩杀过去。源九郎狐一手举起鼓，顺势向后下了一个深度"板腰"（见图4-37），然后将鼓高举过头，以示祭拜自己的父母，内心的所有矛盾与挣扎全都表现在这一动作里了。但源九郎狐不得不将鼓还给静，他将鼓放在地上，轻轻用手抚摸，似乎在与父母做最后的道别。突然，他像要抢回珍贵的宝物似的，非常怜爱地把鼓抱在怀里，万般不舍。长时间的停顿后，他再次将鼓举起，拜别……最后他终于放下了鼓，一步一回头地走下台阶，泪水止不住地流。他走得很慢，突然他停下了脚步，再也抑制不住自己的感情，一个侧身翻（见图4-38），重新滚上高台，支手作揖，说道："我一直隐瞒了自己的身世，今天我就要离开了。由于我的缘故，佐藤忠信遭受猜疑，对此我非常抱歉，但我实在是有难言之隐。"[①] 于是，源九郎狐开始讲起自己的身世。

图4-37　源九郎狐"板腰"

图4-38　源九郎狐"侧身翻"

（图4-37和图4-38引自金森和子《义经千本樱：歌舞伎名舞台》）

① 参见戸板康二. 歌舞伎名作选：第1卷[M]. 山本二郎，郡司正勝，校訂. 東京：創元社，1953.

源九郎狐：桓武天皇时期，连年干旱，朝廷为了祈雨，猎杀了大和
国的一对千年夫妻狐，用它们的皮做成了鼓，在祈雨仪
式上向雨神演奏神乐。他们面向太阳敲打该鼓，鼓发出
了波浪的声音。因为狐是阴兽，故能引发降雨。当看到
久违的雨水时，百姓们第一次发出了欢呼声，故称此
鼓为"初音鼓"。这个鼓是我的父母，我正是这个鼓的
儿子。[①]

听着听着，静不由得毛骨悚然，极力压制着内心的慌乱，目不转睛地盯
着狐忠信。

静：你说你的父母是这个鼓，你是它们的孩子。那么，你就是
狐了？

在静说"那么，你就是狐了？"这句话
时，雷序乐响起，随着一阵急促的太鼓声，
源九郎狐"啊"地大喊一声，双脚一跳，遁
入地下，两三秒间换成一身白绒毛狐装束从
"屋体"下边钻了出来（见图4-39），源九郎
狐终于现出了原形。它浑身颤抖，极力压抑着
内心的痛苦，继续诉说着。

源九郎狐：为了祈雨，我的父母被猎杀
的时候，我还是个不懂得别
离之痛的小狐。日复一日，

图4-39　狐原形登场
（引自金森和子《义经千本樱：
歌舞伎名舞台》）

---

① "河连法眼馆"这一场的台词均引自下文文献。原文为日文，由笔者自译成汉语。以下不一一标
注。戸板康二. 名作歌舞伎全集：第2卷［M］. 東京：創元社，1968.

年复一年，随着时间的推移，我因为没有赡养过父母，没有报答过父母的生育之恩，而遭到同伴的鄙视，被当作野狐来看待。鸽子、乌鸦都知道反哺，懂得孝敬父母，鸟既如此，何况通人语、知人情的狐呢？不管是多么愚钝的畜类，都懂得行孝。但我已失去了父母，当时我唯有一个念头，就是守护这个鼓来尽一份孝心。我的父母都有千年修行的功德，它们的灵魂都驻留在这个鼓皮上了，守护这个鼓就像守护我的父母一样。但可悲的是，当时鼓被留在了宫中，宫中有众神守护，我害怕而不敢靠近。多亏老天怜悯，初音鼓被赠给了义经主君，出了皇宫，我也就没有什么可害怕的了。我欣喜若狂，自那日起便一直守护着这个鼓，这一切都得感谢义经主君。后来，我在伏见稻荷神社前偶遇了忠信，听闻了义经主君的遭遇，想着可以报答主君的恩情，故变作忠信模样，解救了您，并得到了主君的褒奖，赐给我清和天皇后裔"源九郎义经"的姓名及他的铠甲。我本为畜类，却得到如此厚爱，这也许是我一心想着对父母尽孝心，一片诚意感动了上天的结果吧。现在我不得不告别我的父母，告别这个鼓了。

静听到这里，对狐的恐惧感已经烟消云散了，反而被它这种对父母如此执着的依恋之情所打动。

源九郎狐：这鼓声传达着您对义经主君的思慕，对于我来说，这鼓声就像是父母在召唤我一样，多少次我都不由自主地返回到鼓的身边。刚才的鼓声，像是父母在教训我说："由于你的缘故，忠信蒙受猜疑，承受了痛苦，这都是你的罪过，你还是早早回到咱们的巢穴去吧。"因此，如今我不得不回古巢了。一直以来欺瞒你们，我非常抱歉。

源九郎狐痛哭流涕，依依不舍地回望着初音鼓，然后突然一个箭步跳到一条不足十厘米宽的栏杆上，蹲在那里，一脚前一脚后，快速地向前蹉步，又快又稳，堪称绝技（见图4-40）。然后又跳下台阶，右膝跪地，左腿向后一抬，飞快旋转，一个变身躺地，身体一弯一伸，运用形体大幅度的开合动作，表达内心的痛苦。静被感动得哭了，源九郎狐蜷缩在台阶旁，等待着命运的最后判决。演员的这一组精彩动作，穿插在如诉如泣的道白当中，在三味线的烘托下，达到了和谐完美的境地。

图4-40　源九郎狐在栏杆上蹉步

（引自金森和子《别册太阳：歌舞伎图鉴》）

面对此情状，静已没了主意，起身唤义经出来。看到义经，源九郎狐低头伏地深深一拜，旋即反翘仰天，神情异常悲伤，离别之痛、感激、愧歉，种种情绪全在这一动作中了（见图4-41）。咚隆咚隆伴奏乐响起，源九郎狐依依不舍地反复回望着初音鼓，当它走到舞台左手边的柴门边时，转身一个"窜毛"动作（见图4-42），来到了府邸室内，躲在府邸右侧的窗内。义经见不见了狐的踪影，于是急令静敲打初音鼓，再次召唤源九郎狐。可不管怎么敲打，那鼓都没有发出声音来，或许是因为父母狐和子狐分别太伤感的缘故吧。

图4-41　狐反翘仰天　　　　　　　图4-42　狐"窜毛"退场

（图4-41和图4-42引自金森和子《义经千本樱：歌舞伎名舞台》）

　　源九郎狐在窗内听义经诉说着自己从小失去父母，现在又被兄长猜忌、疏远的经历。义经从源九郎狐的经历想到自己的处境，不由得对它产生了同情。而源九郎狐这时也哭泣起来，从房梁上一个跟头翻下来，跪在义经面前，感谢义经对他的理解。

　　在这样激烈的动作之后，源九郎狐还有一段台词，既不能让观众感觉到任何喘息，又要非常平静地说狐语，这是一项相当难的表演技能。再加之狐语需要技巧，要使用高音，词头要拖长，词尾要急促，拨音「ツ」要吞音，发成「ッン」，并且说话过程中不能让人看出呼吸换气的迹象，声音要像从别的地方发出来的一样，因此演员在进行这段狐语表演时要忍受相当大的生理上的痛苦。

　　义经感念源九郎狐的一片孝心，为使它能够和父母永远在一起，决定把初音鼓送给源九郎狐。源九郎狐接过初音鼓，欣喜若狂，就像是在父母面前撒欢儿一样，它把鼓贴在自己的脸上，然后抱到怀里，如此还觉得不能表达兴奋的心情，它又把鼓抛到空中，再把鼓放在地上，玩耍起来。这时鼓又发出了声音（后台打鼓操作），告诉它今晚僧兵要来袭击义经，嘱咐它要好好保护主人。接下来，是一组别出心裁的滑稽武打。六名僧兵追逐又蹦又跳的狐，却怎么也捉不到它。相反僧兵与僧兵倒厮打起来。原来狐爬上树杈，施展魔法，让僧兵失去了理智，自相残杀。在狐将魔法收回以后，僧兵才醒悟过来，一哄而上，抓住狐。狐却借助众僧兵将其托起的力量，跃上了空中，使用乘宙装置开始高空表演。狐击打着初音鼓，顽皮地摇晃着脑袋，在天空中翱翔（见图4-43）。鼓发出了越来越强的声音，传达出骨肉团聚、亲和之情的福音，缥缥缈缈地回响于浩荡宇宙之中。

以上，通过两部歌舞伎剧目考察了歌舞伎中狐戏的舞台艺术风采。可以看出，歌舞伎舞台极为追求写实性。在狐戏的舞台呈现中，会使用诸如乘宙装

图 4-43　狐高空表演

（引自金森和子《义经千本樱：歌舞伎名舞台》）

置、三层台阶装置、升降装置等各种大大小小的舞台机关道具，以及多种速换装法，来表现狐的神出鬼没、瞬间变身等舞台效果，使狐的妖性、神力充分可视化，营造出充满魔幻的、令人惊异的神奇视觉效果，让观众身临其境地感受歌舞伎狐戏的魅力。此外，在舞台装束方面，演员甚至披着象征狐毛皮的白色长绒服登场，并模仿狐的动作形态创造出了"狐手""狐六法"等狐特技表演。通过以上舞台艺术手段，实现了狐向人、人向狐的自然、灵活的转变，而不让人产生任何不违和之感，扮人像人、扮狐像狐，人、狐形象都非常饱满。

三、文乐中的狐戏

同是狐忠信题材，用文乐表现又是另外一种艺术天地，接下来详细探讨。

文乐，又称"人形净琉璃"，是日本的木偶戏。"净琉璃"是指一种伴以

三味线演奏的说唱艺术。日本很早以前就有操纵木偶的技艺，但说唱和木偶二者的结合，即人形净琉璃的诞生是在16世纪末。

一方面，日本的木偶可以溯源至太古时期，主要用于宗教咒术活动中，供人娱乐的木偶戏是从中国传入的。[①] 到了平安时代，出现了操纵木偶卖艺的职业艺人，这些艺人或木偶被称作"傀儡"。另一方面，日本的说唱艺术源于镰仓初期产生的平曲，它是由盲人法师以琵琶伴奏说唱平家物语，故也叫作"平家琵琶"。之后也逐渐开始说唱平家以外的故事，其中净琉璃姬故事《净琉璃姬十二段草子》[②] 大获好评，之后该类说唱艺术被统称为"净琉璃"。净琉璃最初使用的伴奏乐器是琵琶，三味线传入后开始改用三味线。经历了不同发展路径的木偶表演艺术及说唱艺术，到庆长初期（16世纪末）终于结合在一起，人形净琉璃正式成立。

人形净琉璃形成后，便开启了飞速发展的历程。在此过程中，说唱艺人竹本义太夫和剧作家近松门左卫门发挥了巨大的作用。竹本义太夫博采众长，开创了自己独特的唱腔，即"义太夫节"。此外，竹本义太夫还和当时的著名剧作家近松门左卫门联手，改造了当时主要以神佛灵验和英雄传说为题材的净琉璃内容，将视角重点放到了普通民众身上，深入挖掘、细腻表现他们的内心世界。近松门左卫门笔触下句句是深情，竹本义太夫则通过自己独特的唱腔，深刻地传达出那份深情，二人珠联璧合，创作出一部部演绎民众故事的经典剧作。不管跨越多少时空，净琉璃都能瞬间抵达观者内心，成为最能打动人心的日本艺能之一。

近松时代的人形净琉璃还是一人操纵木偶进行表演，但很快就发展为三人操纵木偶。同时，随着故事内容的不断复杂化，开始出现多人联手创作的情况。在剧作家们的共同努力下，延享、宽延年间，三大名剧《菅原传授手习鉴》《义经千本樱》《假名手本忠臣藏》相继诞生，即使是今天也经演不

---

① 日本放送出版協会. NHK日本の伝統芸能 [M]. 東京：日本放送出版協会，1998.
② 该作品是关于牛若和净琉璃姬的爱情故事，说的是三河国一个富翁的女儿净琉璃姬，她精通古今诗文乐理，善弹琵琶，是一个美丽而多才多艺的少女。年轻的武士牛若在东下时，与净琉璃姬偶然相识至相爱。后来，牛若因受人所害，重病中被丢在河滩上。净琉璃姬闻讯，夜间在河滨哭泣不止，感动了上天诸神，哭活了牛若。

衰，人形净琉璃顿时名噪一时，人气远远超过同时代的歌舞伎。于是，歌舞伎开始大量移植净琉璃中的经典剧目，从净琉璃中移植来的剧目在歌舞伎中有一个专有名词，叫作"丸本歌舞伎"。

我们在上一小节中考察的歌舞伎剧目《义经千本樱》，实际上也是从净琉璃移植而来的。一方面，通过探究在移植的过程中，歌舞伎吸纳了什么、舍弃了什么，尤其是聚焦狐戏舞台呈现的部分对两剧种进行比较，我们可以更清晰地发现两剧种中的狐戏在舞台呈现方面的差异。在此基础上，我们可以再将视野扩展到中日狐戏的宏观比较上。另一方面，不管是歌舞伎版，还是文乐版，《义经千本樱》都可谓传承不息的经典之作，是日本演剧历史上演出最为频繁的剧目之一，且经常在一些大型纪念活动中上演，其典型性、代表性不言而喻。笔者正是基于以上认识，决定在本小节考察文乐中的狐戏时依然选用《义经千本樱》这个剧目。

文乐版和歌舞伎版《义经千本樱》的故事情节基本一致，涉及狐的情节也是"伏见稻荷鸟居前""道行初音旅""河连法眼馆"三场戏，但在狐的舞台呈现方面，文乐还是有很多不同于歌舞伎的地方。

1. "伏见稻荷鸟居前"场

在文乐中，本幕戏也是狐忠信的一场武戏，通过各种舞台手段表现他的妖性，展示他的勇猛。当早见藤太带着一帮小喽啰刚要带走静、夺走初音鼓时，一阵雷序乐响起，只见一只白狐出现在稻荷神社外围栏的假山头，龇牙咧嘴地怒视着围栏内的一帮恶徒（见图4-44）。然后，嗖地一下从象征围栏的背景道具里蹿了进来。这是一只由一人操纵的白狐假形，来到舞台上与观众打了个照面后，就转身攀上樱花树，随后消失在樱花树后的假山里了。紧接着，白狐变化成义经家臣佐藤忠信的模样从假山后走了出来。白狐先现身，后退场到假山后，然后换作佐藤忠信的模样出场，通过这样的舞台设计预示了忠信的狐身份。狐忠信一出场，不由分说就将早见藤太打倒在地（见图4-45），然后一把夺过初音鼓还给了静。这一幕刚好被义经看到，之后便是托付静、赠送铠甲等，剧情与歌舞伎并无差异，此处不再赘述。

图 4-44　白狐现身 [1]　　　　　图 4-45　狐忠信
制服早见藤太

本幕戏的主要看点在于，狐忠信的出场场面，以及与早见藤太的打斗场
面。前者涉及由狐假形向狐忠信的转换，白绒毛狐假形配合着特殊的伴奏乐
突然登场，首先给观者一个强烈的视觉冲击，继而让狐攀爬樱花树并迅速消
失在假山后，来巧妙地实现角色的转换，呈现狐变人的效果，强调了狐的神
力。狐忠信出场后，和早见藤太的一番打斗，主要呈现的是狐忠信的勇猛，
其场面的激烈、精彩程度丝毫不亚于真人演员的表演效果，着实让人惊叹。

2. "道行初音旅"场

道行表演，是人形净琉璃的精彩看点之一，正如其文字所示，表现的是
剧中人物奔赴某一目的地旅途中的场景。能乐、歌舞伎、文乐，以及日本的
民俗艺能都有道行表演。人形净琉璃中的道行，是将义太夫演唱、三味线伴
奏与演员舞蹈三者融为一体，共同演绎出的一场华丽的舞蹈剧。人形净琉璃
中多悲剧，故中间插入一场道行舞蹈表演，能够使观众得到心理上的舒缓。
原则上，历史剧（日语中叫作「時代物」）[2] 中的道行一般安排在第四幕的
第一场，世态剧（日语中叫作「世話物」）[3] 中的道行一般安排在最后一幕。

---

① 文乐版《义经千本樱》的图片均引自高桥洋二《别册太阳：文乐》，以下不再一一标注。
② 历史剧是指净琉璃、歌舞伎中描述江户时代以前的贵族、僧侣、武士等上层阶级事迹的剧。
③ 世态剧是指净琉璃、歌舞伎中描写庶民生活和爱情生活的剧。

本剧属于历史剧，本幕戏第一场便是静和狐忠信奔赴在吉野山中的道行场面。在一片樱花烂漫的吉野山中，二人一路前行，虽是主从，但面对这番美景，不禁触景生情，翩翩起舞，像极了一对恋人（见图4-46），非常唯美。他们一边欣赏木偶表演，一边倾听着"床"座上义太夫的吟唱及清纯悠扬的三味线伴奏，简直让人心旷神怡。除了静与狐忠信的舞蹈，狐忠信多处显现狐性的表演也是非常精彩的看点。一开场，当静敲响初音鼓时，狐忠信以白狐假形现身，在静视野之外徘徊一圈后（见图4-47），又迅速变为狐忠信的模样。在给御讲述兄长继信的事迹时，又通过抽线换装方式改换成一身艳丽的红白相间和服外套（见图4-48），所有这些特技表演，都堪称人形净琉璃的绝技。

图4-46　狐忠信
　　　　与静跳道行舞
　　　　　　　图4-47　狐原形登场　　　　图4-48　换装后的狐忠信

在本幕戏中，除了剧中角色外，那些木偶的操纵者也发生了些许变化。我们知道，人形净琉璃的最大特征是三人操纵木偶。主操纵者的主要职责在于支撑整个木偶，操纵木偶头和右手。其余两人，一人操控左手，一人操控脚（文乐里中的女形，相当于戏曲中的旦角。女形几乎都没有脚，操纵木偶脚的艺人用拳头做出膝盖的形状，通过整理和服下摆等动作做出脚行走的样子）。三人各司其职，同心协力操纵同一个木偶。一般情况下，为了凸显木偶角色，所有木偶操纵者都是身着黑色和服，除了主操纵者不戴乌帽子，其余两人都要戴上乌帽子。① 在遇上华丽的道行舞蹈剧时，木偶主操纵者一般都会褪去黑色礼服，穿上有色彩的和服正装，这样可以极大地烘托舞台气氛。例如，本场中的静与狐忠信的木偶主操纵者，都穿上了色彩鲜艳的无袖大肩上衣，搭配和服裙裤，这些细节的处理也是文乐独具匠心之处。

3. "河连法眼馆"场

这场戏的看点很多，是本剧最精彩的一折，有和歌舞伎同出一辙的演技表演，如狐忠信的速换装、"狐手"表演等，同时也有文乐自己独特的表演绝技。

出现了两个佐藤忠信，到底孰真孰假，静被要求做出判断。于是，静决定敲初音鼓召唤一路同行的那个忠信一问究竟。因为是木偶表演，故在静敲打初音鼓时，舞台左边的小幕口，一个艺人同时配合拍打小鼓。鼓响几遍后，该艺人将鼓放进一个没有盖子的黑色木箱里，然后拿出一块紫色的布罩在箱子上，随后慢慢拉开紫布，有一种魔术师变魔术的感觉。慢慢紫布被顶起，露出一面小鼓来。顿时，雷序乐响起，一只白狐假形穿过鼓皮，破箱而出，这是该幕戏的一大看点（见图 4-49）。

白狐登场后，在静身后徘徊一圈，迅速跳入文乐舞台的船底②变身成了忠信模样（见图 4-50）。在静的逼问下，狐忠信终于决定道出自己的身份。只见狐忠信似乎在忍受内心极大的痛苦，全身无力地瘫倒在地（船底），

图 4-49　白狐穿鼓

① 在文乐中，不戴乌帽子的木偶主操纵者一般都是日本"人间国宝"（相当于中国非物质文化遗产传承人），操纵左手及脚的两个艺人原则上必须戴乌帽子。不过，如果这两人也是"人间国宝"，则同样不用戴乌帽子操纵木偶。
② 文乐舞台中，低于舞台平面的部分。

第四章　中日狐戏瑰丽奇异的舞台艺术

操纵者乘机迅速换成另一装束的狐忠信——身穿印有银色车轮图案的黑棉布质地和服（见图4-51），从府邸廊檐下钻了出来。

图4-50　幻化成忠信模样的狐

图4-51　变装后的
狐忠信

　　接下来，狐忠信开始娓娓道来自己的身世。原来它是生活在大和国的源九郎狐，化作佐藤忠信的样子，一路追随初音鼓的持有者静，并默默守护着用父母狐的皮制成的初音鼓。当狐忠信讲到初音鼓是用自己的父母狐的皮做成的、自己是鼓的孩子时，静质问他："那你就是狐了？"话音刚落，雷序乐响起，两个木偶操纵者同时迅速撤下狐忠信方才的黑色外装，露出里面火焰白质的装束，这种换装表演是文乐的一大绝技。忠信露出狐的本性后，在表演中就处处显示出狐的特征来，如当角色情绪激动时的狐跳跃，独具特色的"狐手"[①]（见图4-52）等，将看似有诸多局限的木偶角色演得活灵活现。此外，本场戏的另一大特色是义太夫声情并茂的吟唱腔调和清幽而纯净的

① 　文乐中木偶的手，因角色、用途不同其活动方式是不同的。女性角色的手一般小巧玲珑，非常可爱，其大拇指不动，其余四个手指并拢成一个整体，分成三截活动。与此相对，男性角色在表演时动作幅度大，手的形态也丰富多彩。最复杂的形态是五个手指，包括关节、手腕都能活动，文乐专用名词叫作「たこつかみ」（「たこ」是章鱼的意思，「つかみ」是抓的意思，合起来就是像章鱼爪一样活动自如）。手指可以活动，但手腕固定不动的，叫作「つかみ手」；手腕可以活动，但手指是固定形状不能活动的，叫作「かせ手」。除此之外，还有其他一些特殊的手，如模仿狐抓形态的"狐手"、弹古筝的"筝手"、弹拨三味线的"三味线手"等，动作越多、灵活度越高的手，操纵起来难度就越大。这里还仅仅谈及的是手，若考虑到头部，文乐可以细致操纵眼睛、眉毛，还有脚部的动作，都非常复杂，故文乐界有种说法是"操纵脚十年，左手十五年，才能成长为主操纵者"，足见操纵木偶绝非易事。

三味线曲，声声摄人心魄，再加上木偶演员声泪俱下的表演（见图4-53），使观者无不为之动容。

图4-52　狐手　　　　　　图4-53　狐诉说身世

当源九郎狐讲述完自己的身世，静早已放下了先前对它的戒备，被它的深情厚意打动，一时没了主意，于是招呼义经出来处置。看到义经，源九郎狐深深鞠了一躬后，就现出白狐原形消失在了樱花树里（舞台操作，由一个艺人操纵白狐假形乘坐升降装置沿着樱花树上升，并最终消失在树荫里）（见图4-54）。

图4-54　白狐樱花树里退场

尽管义经想挽留，但为时已晚，源九郎狐早已消失得不见了踪迹。看到源九郎狐重情至此，义经不由得感慨自己的遭遇：早年丧父，如今连兄弟也反目成仇了，狐类尚懂得感恩、重视情意，相比之下，我们人类显得如此薄情。听到义经的这一番感慨，源九郎狐终于现身了，一阵雷序乐突起，只见一只白狐破窗探出头来（见图4-55），旋即又抽身，从府邸庭院的石灯道具中窜了出来，然后一头栽进船底，变成狐忠信模样出现了。

图4-55　白狐破窗

义经感念源九郎狐的孝心，再加之通过自己的遭遇，感悟到人生的无常，便索性将后白河法皇所赐的初音鼓赠予了源九郎狐。得到初音鼓的源九郎狐，想到可以一直陪伴在父母的身边了，高兴得手舞足蹈起来（见图4-56）。为了回报这份恩情，源九郎狐告诉义经今晚会有一帮恶僧来偷袭，届时它将会用神力制服他们，说完便嘴里衔着初音鼓欢欢喜喜地飞走了（见图4-57）。

图4-56　欣喜若狂的源九郎狐

图4-57　白狐归巢

以上，以《义经千本樱》为例，考察了文乐中狐戏的舞台呈现样态。可以看出，文乐中的狐原形主要是通过一人操纵的狐假形来呈现的。当它幻化成人时，又会通过使用诸如"狐手""狐跳跃"等特技表演来表现狐的特性，不管是狐假形，还是幻化为人的狐妖，都会借助各种舞台机关装置来表现它的神力，这一点也被后来的歌舞伎所借鉴，并得到极大发展。文乐的净琉璃说唱艺术经过悠久的历史沉淀，已经达到炉火纯青的地步，其在人物情感的抒发方面，相比歌舞伎更加细腻入微。而歌舞伎也有它的特长，由于是演员表演，不管是肢体动作，还是语言神态，都具有更高的灵活性及个性化，为之服务的舞台机关装置也更复杂、多样化。两剧种的狐舞台呈现各具特色、各有千秋，都成功地塑造出一个鲜活的、充满灵性的情狐形象。

第三节　中日狐戏舞台艺术差异

麻国钧先生曾敏锐地指出，与西方戏剧（主要指话剧）的"写实"相对，东方诸国的传统戏剧以歌舞（包括肢体语言）为主要表现手段，走的是一条"写意"路径。[①] 而就中日两国的狐戏舞台艺术而言，写意的程度又不尽相同。日本歌舞伎、文乐写意中又稍偏写实，日本能乐与中国戏曲完全写意。具体来讲，日本歌舞伎、文乐、狂言舞台普遍追求演狐像狐，在"形似"上下足了功夫。相比之下，中国戏曲与日本能演狐更讲求"神似"，而不强求"形似"，很重视集中显示狐的本质特征，而不是面面俱到地刻画狐的所有细节。

中国的狐戏舞台充满写意性。京剧《青石山》敷演的是九尾狐妖的故事，但除了演员头上的红色绒球，或衣服上点缀的几缕白绒毛，暗示其狐身份外，我们很难找到狐的影子。但该剧通过演员优美的身段、独特的唱腔、高超的刀马旦武戏功力，分明成功地塑造出一个媚气、妖性十足的九尾狐妖形象。除了像《青石山》中这样的狐妖形象，中国狐戏中还有相当数量的、

---

① 麻国钧. 流动的舟车　瞬变的空间：东方传统演出空间文化散论　四 [M] // 《中华戏曲》编辑部. 中华戏曲：第 57 辑. 北京：文化艺术出版社，2018：1.

敷演女狐仙故事的剧目，如本书中提到的五音戏《云翠仙》。此外，还有诸如评剧《狐仙小翠》、越剧《秀才遇仙记》、晋剧《文山狐女》等，这些剧目中的狐仙和云翠仙一样，是正面形象的代言，她们或为报恩，或仗义出手救助凡人男子（大多为落魄书生），并最终嫁给男子。她们美丽动人、善良多情，在整个感情里，她们一味付出不求回报，是古代男子最理想的伴侣。她们是狐、是妖、是仙，却具有凡人的美好特征，她们所拥有的超自然力也是为其人性之美服务的。在舞台上，她们的装扮没有刻意去追求外形上与狐的相似，或头上插几根羽毛，或戴简易狐面（或半狐面），或在衣袖等个别地方稍做装饰来象征她们的狐身份，显得低调而含蓄。她们上下场或者展现超自然力时，有的剧目会使用火彩烟雾、灯光等极为简易的舞台道具，构成灵幻、抽象的舞台空间；有的小剧种狐戏剧目由于演出条件有限，基本没有采取什么现代化的舞台特效。不管怎么说，即使采取舞台特效，也仅仅是作为最基本的辅助手段，主要还是靠演员写意性的表演，将"它们"呈现出来，如：饰演狐仙的演员衣袖一挥，对方演员就做出被操控了的样子；狐仙站在原地不动，扇子一摇，舞台火彩烟雾一起，立马在烟雾的掩饰下快速转换了场所，演员顺势说一句"我来到了哪里哪里"，场所就改换了；抑或脱下象征狐的服装、面具等，便表明现在是人形。台上演员这么演、这么说，台下观众就迅速在脑海里构建起那个场景的画面，对于演员的表演心领神会。也就是说，演员以白以唱、以虚拟性动作来调动观众的联想，共同创造环境、事件和人物关系等因素构成的特定戏剧情境。这么多年来，中国戏曲一直这么演，中国的观众早已习惯了这种虚拟的、写意的舞台。这也为演员提供了用武之地，戏曲演员不受舞台实景的限制，可以"创造"出场景和环境来，这正是中国戏曲的魅力所在。

　　日本的狐戏舞台更倾向写实性。首先表现在舞台装束方面，狐角色一般会戴狐面具，甚至会穿象征狐毛的长绒毛服，从外形上达到了和狐的"形似"。如狂言《钓狐》前仕手戴"伯藏主"面具，暗示其非人类身份，后仕手戴狐面、穿白绒毛服，以示其狐原形。歌舞伎不戴假面，但勾脸谱（日语中叫作「隈取」），根据狐角色在戏中的行当变化，勾画不同的脸谱。如《义经千本樱》中的狐忠信，在出演武戏时，为了突出它的勇猛，勾画了火焰脸谱，手脚上也勾画红色条纹。在现出原形时，狐忠信换装成白色长绒毛服。由于文乐是使用木偶进行表演的，在表现狐原形时会使用狐假形。其次，日本狐戏还会使用各种舞台机关道具，以及各种狐技来塑造狐，以达到"形似"的境地。这一点表现得最为突出的是歌舞伎。为了表现狐的神秘性、超能力，歌舞伎会大量使用升降装置、三层台阶大道具、乘宙装置等，还会采用水中速换装、返面变装、抽绳变装，以及"狐手""狐足""狐六法"等绝技，塑造出一个个妖性、灵性十足的狐形象。文乐在表现狐时，和歌舞伎多有互相借鉴的痕迹，也有自己独特的表现方式，如《义经千本樱》中使用狐假形穿鼓、速变装、穿窗出场、乘宙退场等特技。此外，还有使用木偶变脸绝技表现狐的，如在本书第三章中提及的文乐剧目《玉藻前曦袂》，在表现九尾狐妖吞噬掉玉藻前真身，变化成玉藻前模样一段时，就使用了变脸绝技，从女形脸瞬间变成狐脸。表演玉藻前时使用的假行头里藏有美丽少女瞬间变成狐狸的机关，一拉线，狐狸的脸就从假发的台座落下盖住少女的脸，将线松开，狐狸脸就会缩回去，重新露出少女的脸（如图 4-58）。可以看出，日本狐戏在舞台呈现上总是极尽一切表现手段把狐演得像狐，它们或是怨念深重、妖性十足的玉藻前九尾狐，或是充满灵性的情狐，形象鲜明，给人留下了深刻的印象。

图 4-58　玉藻前变脸

（引自高桥洋二《别册太阳：文乐》）

｜附录一｜

中国狐戏剧目一览 ①

八戒与悟空

吉林京剧剧目。九尾狐狸精等欲害唐僧，设计调走悟空，八戒力战群妖，保护了唐僧，又与悟空一起共歼群妖。

该剧由姜振岐根据包蕾、孙毅著《猪八戒学本领》一书改编，1963 年由长春市京剧团首演。

白玉楼

川剧剧目。作者不详。耿贤忠家有废宅一座，名白玉楼，为狐妖借居。耿子耿去病夜往窥视，见老叟老妇、少男少女等数人围坐饮酒，亦入而共

饮。席间，耿去病见一女子天生丽质，女子也颇留情于耿。耿言不由衷口吐狂言，以致众人不欢而散。次夜耿生又往之，见一恶魔撞入，耿生毫无惧色，怒目以对，鬼惭而去。俄顷女至，自谓青凤，言父甚怒，已迁别所，特来道别。一日耿生至郊外，见好友莫机耀猎一狐，生怜悯，索而归，竟青凤也，遂为欢好。又一日，青凤弟忽至，言父被莫三郎获，求耿生往救。耿生不允，少年痛哭而去。青凤求耿生救父，耿生允。耿向莫索狐，莫慨赠之，果为老叟。感耿生两度救其父女，老叟遂允其婚姻，耿生与青凤如愿以偿。

京剧又名《青凤传》，敷演同题材故事。

白云洞

山东柳子戏剧目。作者不详。书生蓝云章被两狐精劫持到白云洞欲结夫妻，幸得前往西天取经的唐僧师徒搭救而脱身。

百草山

乱弹剧目。作者不详。赵国神童王德兴赴京赶考，路过百草山，山中狐妖作乱，幻化人形，逼迫王德兴成婚，遭拒，现出原形，将王生捉走。土地将此事报知玉帝，并化身补缸匠人，将狐妖手中的宝物神缸骗走。众天将下凡收妖，孙行者用钉心锁锁住狐妖。

包天帕

陕西秦腔剧目。又名《茅山学道》《狐狸配》。作者不详。狐狸精胡媚儿，醉卧青石，被王能捕获。书生赵玉郎遇见为之求情，王能放之。媚儿记赵玉郎之恩，遂订婚约。茅山有修炼成仙之毛老道，系媚儿之师兼义父，背赵玉郎上山，欲食其肉，媚儿屡救之，后偕玉郎逃走。毛老道闻讯追来，媚儿以包天帕擒之，夫妻相偕回家。

碧游宫

山西梆子剧目。作者不详。姜子牙统兵伐纣，胡雷、胡升兄弟带兵抵抗。经过一场激战，胡雷被擒。因他拒不投降，姜子牙才命人将他斩首。胡升见胡雷被斩，急修表文给纣王，请求派兵援。中大夫杨任接到告急表文，忙去回纣王。这时纣王正和妲己在鹿台寻欢作乐，根本无心过问此事。杨任见状，冒死请求封王速派援兵。妲己见杨任如此一心为国，遂以敬酒为名诬陷杨任调戏于她。昏庸的纣王听信妲己谗言，不但剜掉了杨任的双目，还将杨任扔进了虿盆。胡雷死后，他的师父火灵圣母寻姜子牙报仇。幸广成子用天印打死火灵圣母，姜子牙才得救。火灵圣母原来是通天教主头上金冠托化而成，因此他携冠前往碧游宫。通天教主见了广成子，并未责难于他。但他手下的四大仙、四圣母却百般刁难广成子。最后广成子奉了通天教主之命，用翻天印晃倒四大仙、四圣母，才离开了碧游宫。

常遇春

莆仙戏剧目。作者不详。明镇国大将军李文忠，训子玉祥学习韬略，立志功名。虎贲大将军常遇春女瑞凤勤学闺训，兼习武艺。适遇春奉命北伐元虏，瑞凤把酒饯，不意打破紫霞杯，认为不祥。玉祥于元宵观灯，偶遇狐精被感致病，幸得铁冠道人解救无事。文忠亦奉旨率兵北伐，大战元将李土齐，得胜奏捷。遇春在柳河川与元女将夏少妃、元将白元沱大战，被少妃暗发一箭伤臂，仍力战打退元虏。回营后，因伤重临危，适文忠回师，到帐探视，遇春即将令印交忠接管，交毕即逝。瑞凤闻讯，痛不欲生，誓报父仇。时元将白元沱闻遇春死，发兵围困文忠。明廷命提督朱亮祖选拔英才，比试武艺，玉祥、瑞凤、胡敏达、汤元鼎等皆赴场比试，玉祥、瑞凤武艺超群，蒙选往征元虏，二人分兵，玉祥出燕都，瑞凤出雷振关。在柳河川瑞凤计诱夏少妃深入盘山谷，用乱箭射死，后与玉祥会师来救李文忠，终得解围，消灭元虏。文忠班师回朝，复旨褒封，玉祥、瑞凤共偕伉俪。

嫦娥

京剧剧目。作者不详。太原宗子美随父访林妪，见其女嫦娥，林妪假称欲许婚，继而故索千金以难之。宗子美又遇少女颠当，订婚；后逢嫦娥，嫦娥赠金，子美乃与嫦娥成婚。颠当怨之，不辞而去。子美富，嫦娥被盗掳去，子美寻访，与颠当重逢，颠当假作贫状试之，并暗告嫦娥所在。子美与嫦娥重会，偕归家中，又娶颠当，始知嫦娥乃真仙，颠当为狐女。

朝歌恨

京剧剧目。又名《囚羑里》。作者不详。纣王行暴政，又畏诸侯不服，乃诳姜桓楚、鄂崇禹、姬昌、崇侯虎等四侯进入朝歌，除崇侯虎外，均加以罪刑，囚西伯姬昌于羑里。姬昌长子伯邑考进宝赎父之罪，妲己借学琴挑逗邑考不成，恼羞成怒，将其杀死，做成肉酱，送与姬昌。姬昌知而不敢不食，得赦回国。随后纣王反悔，派雷开等追赶，被雷震子救走。

川剧《五弦醮》（《进三宝》），莆仙戏、邑剧、湘剧《伯邑考》，陕、甘秦腔《回西岐》（《文王哭狱》），滇剧《传琴斩考》，均敷演该段故事。

痴儿配

川剧剧目。又名《鸾凤配》。作者不详。青鸾、赤凤本为并蒂连理，一日在天空游玩，被张仙弹打，鸾凤分离。五百年后，两人在太清官相会，不料被仙女看见，定以玷污太虚胜境、有乱清规之罪，青鸾被打落临安，痴呆一世，赤凤被贬入深山为凡鸟，在圣母洞中服苦役。十六年后，赤凤在深山中遇上修炼千年的老狐及女儿爱莲，将自己的身世相告。一日老狐遭雷殛，拼命逃避，竟至临安城王玉成府中，避入王玉成衣袖中躲过劫难，发现痴儿已投胎王玉成府中。老狐为帮助鸾凤相会，让爱莲顶替赤凤到圣母洞中服役，自己与赤凤扮作母女来到临安王府，谎称外出寻亲，路资用尽，愿将女儿留在王府做工，自己去寻找能治痴病的灵丹。王府将赤凤收为媳妇，与痴儿完婚。邻居王御史之子王昭见赤凤貌美，欲寻不轨，被赤凤施计惩治。王御史遣葛真人降符拿妖，赤凤被捉拿囚于三清洞。爱莲假扮赤凤让痴儿服下仙丸，痴病速愈。爱莲假装生气逃出，痴儿追赶至深山，老狐赠其银锤一把，痴儿用银锤劈开三清洞，赤凤得救，鸾凤和鸣。

打锡壶

山东梆子剧目。作者不详。狐狸化作打锡壶的刘廷金，与刘及刘妻生出了一场闹剧。

大补缸

闽剧剧目。作者不详。王家村在深山中，有狐、狸、猫三妖，自称仙号，率群妖获取美少年。遇樵夫王标、李三入山采樵，狐乃化作虎，负之而去。李三归告王母，王母祷于观音，观音遣土地往探，土地化作补缸匠入山。狐知其来意，幻作王大娘，引入室补缸，故作艳装以戏之，土地失手破缸，狐借端嘲讽，土地急遁，三妖率众追之。观音召天兵收捕，孙悟空出阵进战，三妖不敌，化作仙禽，悟空未能取胜，观音乃排天罗地网收妖。

大回朝

京剧剧目。又名《太师回朝》《陈十策》。作者不详。殷朝太师闻仲扫平北海，班师回朝，见纣王设种种暴虐设施，献上安邦十策，劝贬妲己，并用鞭痛打奸臣费仲、尤浑。

川剧有《太师骂纣》，秦腔有《太师回朝》，敷演同题材故事。此外，汉剧、徽剧、滇剧、河北梆子、山西梆子均有此剧。

玳瑁簪

川剧剧目。作者不详。海州书生刘子固到盖城舅父姚敬仲家祝寿，见杂货铺中的阿绣貌美，借故买扇以亲近，阿绣以玳瑁簪相赠。子固归家禀明父母，备好聘礼复去盖城下聘，不料姚家已迁回广宁。前世与阿绣一起修行的玉香狐得知此事，变作阿绣模样与刘夜合，被家仆识破，玉香狐说明缘由，言子固与阿绣洞房花烛之夜再会。北国姜羌战火起，广宁之地遭劫。阿绣逃难途中被乱军冲散，被玉香狐引至子固身边，二人归家成婚。玉香狐摘黄菊花化为玳瑁簪，践前约前来相会，两个阿绣令人无法辨认，齐赴公堂。州官以官印照出玉香狐原形，辨明真伪。子固上京赶考，途中被姜羌劫去，留作军师。玉香狐化作子固貌，杀死姜羌。时有汉军潜至姜羌营中，见状大喜，子固被认为平贼有功，回朝受封。子固百般推辞，难以明辨，玉香狐空中显形，领受皇封，驾云彩回转昆仑。

刀笔误

川剧剧目。又名《投庄遇美》。冉樵子、徐文耀编剧。书生张鸿渐为友人范加餐鸣冤代写讼词，官府反坐其罪，张亡命天涯。一日，投宿山中，得遇狐仙施舜华，二人结为夫妻。日久天长，张思念家中妻儿老小。得施舜华帮助，张于一深夜回到家中。邻人魏色亡久窥张妻方氏，见张夜归，误以为有奸人，前往捉拿，见张鸿渐归家，又以案未了相要挟，被张杀死。张自投官府，二罪齐发，押解上京。施舜华得知，途中扮作表妹以酒灌醉公差，张得以逃身。舜华凡日已满，回升天界。张潜伏于一学馆教书十数载，方氏在家教子读书，子张虑深成人，娶妻王氏，后赴京赶考。张思家心切，一日深夜潜回家中，夫妻刚见面，忽听敲门声大作，张以为差役前来捉拿，逾墙而走。方氏开门才知是儿子中举，前来报喜。张逃至途中，到一告老还乡的京官许继衡府中求宿，被收留。许之侄许自新与张虑深同科中举，相携回府，张鸿渐父子相认。许之长子许自诚为巡按，转函各府官员为张鸿渐平反，十余年冤案始得澄清，阖家团聚。

莆仙戏又名《张鸿渐》，敷演同题材故事。

点金丹

清传奇。西泠词客著。该剧作于清乾隆年间，两卷，二十四出，剧叙寒门秀才冯生偶遇狐仙辛十四娘，一见钟情。辛十四娘也经阴间天曹薛夫人做媒嫁与冯生。冯生回家后连夜操办婚事。此事引起其友人纨绔子弟楚符的不满。楚符决计陷害冯生并霸占十四娘主婢。冯生被害入狱后，十四娘四处奔走，并用法术为其伸冤破案。最后，楚符及其妻子阮抱云被定罪，其家产归冯生所有。当冯生功成名就时，十四娘炼丹成功升天，在临去前为冯生娶妻生子，并预示其后来仕途。

川剧、滇剧、闽剧又名《辛十四娘》，川剧《紫薇剑》系其中一折，经常单独演出。

东院楼

川剧剧目。又名《东望楼》。作者不详。武举人齐光，修东院楼一座，不料平了鬼魂章阿端的坟茔。齐光到武棚训徒，夫人陈玉香及丫鬟到后园游玩，被鬼魂捉到阴曹废命。齐光回府料理后事，章阿端与狐妈妈来到东院楼欲捉拿齐光，见齐光武艺高强、相貌英俊，章阿端便与齐光成了一对阴阳夫妻。一日，齐光想起前妻玉香，章阿端遣狐妈妈到阴间以钱买通鬼差，让陈玉香返回东院楼夫妻相会。从此齐光与二女鬼共咏桃天。

杜女

莆仙戏。作者不详。宋太祖亲征南唐，命高君保、刘定金夫妇掌军务。南唐余兆兵败，入山请狐精相助，狐精乘机下山，变为妓女，采阳补精，以求长生。余兆回营，排下四方恶阵，高君保负重伤，刘金定命郑应、冯茂二将到云梦山请诸仙下山破阵。太祖拜孙膑为军师，遣五英将分头取宝，高君保奉令要取张十显头颅，十显自知该受刀斧之死，先托后事于徒弟知修，君保至，遂自杀。狐精化为杜女，投桂花巷为妓，书生陈桂承被其蛊惑，几濒于死。杨延平误至花儿寨寻问杜女，被花解语所擒，认花为杜，想假意从婚杀之，取血牒令，花乃梨山老母徒弟，告明后，延平方知不是杜女，同意对付狐精。花化作陈桂承，至桂花巷骗出杜女，延平杀之。至是诸仙因五英取宝已备，乃破阵杀余兆，南唐主李璟乞降，太祖班师，大赏功臣。

恶人图

淮北梆子戏。作者不详。唐太宗时开科取士，江南李雅飞、洛阳文双奎二士，进京赶考求取功名，途中相遇，结为兄弟。这时狐狸仙姑因下凡逃避劫数，在农民王叔桃园内吃酒。醉后现形，被王叔小童捉住。李出银十两，酬童释狐。适西凉国乌齐，令大将苏烈进贡恶人图致唐王昏迷过去。皇后出榜征医，狐狸感恩赠药及宝珠，叫二生揭榜，将唐王病医好，唐王封二人为文武状元，挂印平西。狐狸又暗中相助，杀败乌齐国王及苏烈，西凉乱平，凯旋。

二冀州

豫剧剧目。作者不详。苏护进女赎罪，途中妲己被千年狐狸吞吃，变作假妲己。纣王见了大喜，封苏护为太师、苏全忠为国舅，并命费仲在十里亭设宴、百官送行。崇侯虎不满，在太云山截杀苏氏父子。多亏妲己真神招来郑伦救出父兄，指明出路。苏氏父子遂决心投效西岐。

翻天印

浙江昆剧传统剧目。作者不详。商纣王迷恋妲己，荒淫无道。武成王黄飞虎，反出朝歌，投奔西岐周文王。周兴兵伐商，商将丘引，求其师火灵圣母相助。广成子用翻天印助周，打死火灵圣母，火灵之师通天教主，率众妖摆下诛仙阵，以拒周兵。太上老君、准提道人等众仙破了诛仙阵，周文王、姜子牙、黄飞虎率众杀奔朝歌而去。

反五关

京剧剧目。作者不详。妲己蛊惑纣王逼胁大臣黄飞虎之妻贾氏，贾氏不屈，坠楼而死。黄飞虎怒，与结拜弟兄黄明、周纪等反出朝歌。先过三关，经历诸多危险，至界牌关，为黄父黄滚镇守，怒其子反，欲缚子请罪，黄明等劝说不听，计迫黄滚，同反出关。最后至氾水关，遇余化，被擒，幸得哪吒相救，打伤余化，出关投奔西周。

川剧、徽剧、汉剧、滇剧、豫剧、粤剧、邑剧、赣剧、闽剧、湘剧、潮剧、大弦子戏、横岐调、闽北四平戏、闽西提线木偶戏、河北梆子、陕甘秦腔、山西梆子、云南梆子均有此剧，也名《黄飞虎反五关》《黄飞虎反朝歌》《黄飞虎迫反》《黄沙岭》。安顺地戏有《封神榜之出五关》。

飞龙剑

陇东道情。作者不详。汉武帝时，西羌国造反，战败，进贡美女求和。女兄王建章随同入朝，女封西宫，王封国舅职居太师，在朝专权，残害忠良，暗通西羌，谋夺帝位。正宫苏后鉴于王妃与帝朝夕饮乐不理朝政，欲劝帝，和王妃相争，苏怒打王妃，王怀恨与兄密谋，派人盗取昭阳宫飞龙剑刺帝，借以陷害苏后。继又定计骗帝出游瑞云寺赏景，趁机杀之，以夺帝位，为杰士刘逢太等所救。刘等杀死王家四子，生擒王建章。其时，李先春征剿西羌，得狐仙相助，战胜西羌王，回朝奏明王建章私通西羌之事，真相大白，武帝斩王建章，封赏功臣。

封神榜

清传奇。作者不详。该剧五本一百出，写商朝末年，纣王无道，九尾狐奉昊天差遣托替妲己，迷惑纣王、混乱朝纲的故事。

同题材戏曲作品有清宫大戏《封神天榜》，清茂苑啸侣传奇《封神榜》，清传奇《千秋鉴》，京剧连台本戏《封神榜》，潮剧、泉州傀儡戏《武王伐纣》，弋阳腔《封神传》，秦腔《武王革命》，琼剧《封神演义》。此外，京剧、川剧、汉剧、秦腔、豫剧、徽剧、滇剧、祁剧、辰河戏、莆仙戏、邵阳布袋戏、皮影戏等剧种多单演其中关目。

武孝廉

川剧剧目。本剧剧情在第二章第一节已提及，此处略。

凤舄缘

清传奇。作者不详。演梁溪计生修遇狐华鄂绿，为计撮合得佳妇江佩茝事。

凤仙传

川剧剧目。黄吉安编剧。平乐书生刘赤水，家贫未娶，一日外出至友人处饮酒，忽想起未熄灯火，旋即返家。狐仙胡郎、八姑夫妇酒醉过刘宅，借榻小睡，适遇刘归，仓促离去，遗八姑紫褂一件。八姑为索回衣物，许刘以佳偶。一夜，刘见一人用被子裹一女来，置于榻，视之，丽人也。女醒，言名凤仙，八姑之三妹，为姐所害，深恶之，后与刘处甚善，仍思报复八姑以泄愤。一日凤仙得八姑绣鞋一双，广示于人。八姑夫妇恨凤仙之所为，说动父母远去蓬莱，以断凤仙、刘生之情。凤仙知其缘故，但无力阻止，只有告别刘生，随父母而去。刘生不再娶，等待凤仙归来。

鬼狐配

滇剧剧目。作者不详。女鬼李可卿，十六岁亡，不甘做孤魂野鬼，想重返阳世，过人间生活。见文曲星转界的桑子明才华过人，乘夜前去私会。桑子明发愤读书，虽有莲香陪伴，不为所动。可卿遂吹动迷魂风，盗走子明元气，使子明害病濒危。先是狐女莲香之母，曾被子明搭救，为报救命之恩，遂命莲香化为人身与子明结为夫妻。莲香见子明病危，取出红黑二丸救活子明，并告知可卿与子明亦有夫妻缘分，如今长沙马太守之女，将于十九岁天亡，让可卿快去求告阎王前往借尸还魂，日后好与子明结为夫妇。

京剧《莲香传》、川剧《仙狐配》，均敷演同题材故事。

荷花配

川剧剧目。作者不详。上本：兵部尚书之子杜君才苦读诗书，一日会友游玩，被苦修多年化为人形的玉面狐相中，知其为文曲星下凡，欲盗其元气，成就仙道。二人一见钟情，拜了天地。西方永法罗汉得知文曲星被玉面狐缠上，领了佛旨前来解救，送给杜君才灵符两道、瓷坛一个收妖。杜遵罗汉所嘱，回家将玉面狐收进瓷坛。玉面狐苦苦哀求，杜心软将其放出。玉面狐称自己与杜缘分已满，即将成仙，要杜五月五日到西湖一游，碰上花船即追赶，至池塘，见红莲一枝，便连根采回，放火中烧炼，自有美人出现。说罢，玉面狐告别而去。下本：荷花仙子在西天宝莲池修行六载，能化为人形，偷身下凡来，五月五日端阳节驾船游西湖。杜君才来到西湖，果然看见一艘姑娘乘坐的大花船。他追赶上前，姑娘尽跳水中化为莲花，杜将花采抱回家，依玉面狐之言行事，果然美人出现。荷花仙子为考验杜，变作一块石头。夜晚，杜将石头放进被子，石头又变作美人，二人情投意合。南海观音得知，摘去荷花仙子仙根，从此仙子长留人间。

京剧也有同名剧目。

黑牡丹

清传奇。作者不详。叙中州孙又阳遇狐女黑牡丹报恩的故事。

恒娘记

清传奇。作者不详。演《聊斋志异》恒娘事。

红花谱

玉垒花灯戏传统剧目。作者不详。狐狸与蟒修炼成精。一日狐狸精听佛祖讲经，被佛祖识破，命护法神逐出。狐狸精自知成仙无望，心灰意冷，欲找婿成亲。蟒精看中狐狸精，欲与她成婚，狐狸精不允，双方动武。狐狸精不敌，躲进学堂，为学生商参收留。商参乃文曲星转世，蟒精不敢进学堂搅扰。夜间有二鬼来害学生，被狐狸精识破，除了二鬼，保住商参。二人互生爱慕之情，结为百年之好。

红梅亭

川剧剧目。作者不详。唐代，荣国公李绩奉命征剿番贼，临行叫妻女立即回故乡钱塘江。母女二人行至西蜀山野，见一树梅花开得鲜嫩可爱，留荒郊太可惜，便命下人将红梅树连根拔出运回家乡，修一座红梅亭将其养护。书生王云先奉母命前去看望返回故乡的舅妈李夫人和表妹李奇珠。舅妈见外甥才貌双全，欲选为婿，又怕他年少贪恋新婚，耽误功名，遂将其留家攻书，等功就名成再言婚事。红梅仙子为早了凤愿，免被他人占先，扮成民女去王云先书房，施法让王迷了性。王云先一日不见红梅仙子便夜不成眠，二人在红梅亭前抱头痛哭，被书童看见，告诉了李夫人。李夫人令书童把红梅亭烧了，并答应把女奇珠许与王云先，等到金榜题名再洞房花烛。狐金莲冒充红梅仙子把王云先骗到仙鹤岭。红梅仙子功成圆满，救了王云先，王才得以与红梅仙子、李奇珠完配。

狐狸殇

浙江醒感戏。又名《斩狐狸》。作者不详。秀才龚文达早年丧父，其母敬神至笃，许愿以祈其子早遂功名。龚文达却不信鬼神，捣毁神像。城隍怒告玉皇，玉皇因其乃文曲星下凡，只能误其功名，遂命某殇女之幽魂化为狐狸精去迷惑龚生，使其误了考期。后经张天师点破，龚生醒悟，重新攻书博取功名。殇女幽魂则被超度后修炼而登仙。

狐狸缘

蒲州梆子戏。作者不详。张万春之子张盎，为孤峰山狐狸所蛊惑。一夜狐狸邀请众家姐妹同到书馆，与张盎一处饮酒取乐。适值张仆前去书馆送茶，闻馆内有嬉笑声，心警异之，急请张万春来看。酒酣狐狸姐妹遂现原形，吓得张盎心神恍惚，卧病不起。法师林士茂云游四方，寻求天书。张府请他降妖，于深夜拿住狐狸，仗剑欲杀之。狐狸哀求，愿将天书献上，并言张盎之病，去到孤峰山下温泉沐浴，立可痊愈。林士茂得知天书下落，当即放狐狸走去。狐狸归山，老狐狸早已得悉情因，即在孤峰山下化成一座庄院，又命众小狐狸变为小姐、丫环、厨役。及林士茂与张万春等到来，由化身为仆役的苍狼，带领张盎去到温泉沐浴，并有意引诱张盎走进化身为小姐的狐狸的房中，化身为老夫人的老狐狸假意嗔怒，而变成员外的梅鹿一口允许他们成婚，张万春只得答应。林士茂求天书而得天书，欣然而去。

狐女

川剧剧目。萧锦云改编。狐女红玉羡慕人间男耕女织的美好生活，从深山来到凡尘，巧遇善良清贫度日的书生冯相如，暗寄芳心。然冯心属卫女，却家贫无力迎娶。恶少垂涎卫女之美貌，欲强行霸占。红玉暗中襄助这一对恋人，又得虬髯侠士神力扶助，铲除恶少，成全了冯生与卫女姻缘，自己回至深山。

狐仙报恩

邑剧剧目。作者不详。白狐仙、花狐仙和灰狐仙姐妹三人，同往其母老狐仙处拜寿。饮宴之后，姐妹各自归洞。白狐仙于归途中观赏风景，变成一个猿猴，采果游玩。猎人周大刚入山打猎，将猴捕捉，擒往长街发卖。张廷瑞秀士在扫祖墓归途中与周相遇，见周所猎得之猴眼中落泪，顿起怜惜之心，愿以金与周买猴释放。周甚慷慨，见猴通灵，立予纵释。两人萍水论交，结义而别。白狐仙感张救命大恩，乃化身美女，甘犯仙戒，私下红尘，与张结为夫妇，以报张救命之恩。老狐仙闻女犯戒，怒加诘责，知情有可原，乃予玉成。白骨精以花迷人，张为所惑，时白狐仙因生产暂居母家，适归家发觉时，乃往白骨精洞中救夫而归。白骨精不甘失败，乘白狐仙离家采药之隙，攫食张心而去。白狐仙求救于母，母命三女生擒白骨精面责，更念其修炼不易，挈之返洞虔修。复以仙丹，使张复活，家室重圆。

狐仙故事

新编奇幻京剧剧目。封三娘在山中误触陷阱，白狐所变的男子替她解围，三娘对白狐产生了爱慕之心，白狐却因为过往而犹豫不决。他曾经有过一段不容于世人的人妖之恋，最后决定露出狐妖的原形吓走三娘，从此分别。三娘转世为也娜，虽然不曾忆起前世，冥冥之中的依恋让也娜为一群妖怪所抚养长大。十八岁时也娜遇见亲生父母，妖怪们决议将也娜归还父母。但也娜不快乐，父亲甚至为她订下一门亲事，母亲见也娜日渐委顿，希望妖怪们在也娜出嫁当天抢亲。数十年后，妖怪们欲要冒险为也娜取来长生不死的仙草，也娜不愿意连累亲人，悄然离去，来到三娘曾居住的山里，遇见了前世爱慕的白狐，白狐每日与年老的也娜做伴，直到最后。

该剧由赵雪君编剧，2009年10月16日国光京剧团在台北城市舞台公演。

狐仙小翠

评剧剧目。王元丰与张琼英订有婚约，因元丰患了呆病，张父遂毁约。一日，狐仙小翠幻作少女游春时被太师之子一弹射中，现原形负伤而逃，被元丰相救。小翠为报答元丰，幻作琼英模样，嫁给元丰，并为其医治好病症，成全了王、张婚姻之后，飘然而去。

此剧由薛恩厚、汪曾祺编剧，1982年由中国评剧院首演。

虎梦

清杂剧。作者不详。苏东坡出守扬州时，政绩卓著，且文名冠绝一时，凡属草木昆虫，一经品题，俱成佳话。南山白额虎精因此想小试其术，示意小狐变成老鼠试东坡。一天晚上，东坡在灯下读书，闻有老鼠咬书之声。他将书童叫醒，让把老鼠赶走。书童秉烛寻找，只见一鼠在橐儿里头，翻着肚皮。书童以为它死了，将它倒了出来，没想到老鼠却跑了。于是东坡以"黠鼠"为题，作一赋。

画皮

黄梅戏。王生从樵夫处救下受了箭伤的小白狐，小白狐感念王生救命之恩，不由得对王生暗生情愫。小白狐无意间得知王生的邻居小玉姑娘与王生为青梅竹马，小玉一直暗恋王生，却不能嫁给她，终相思成疾，郁郁而终。于是，小白狐借小玉人皮化成人形，向王生表露心迹，而王生出于对妻子的忠诚拒绝了小玉（小白狐）的情意。正当小白狐脱下人皮黯然伤心之际，王妻突然来访，看到脱下的人皮，惊吓过度，灵魂脱壳而死。小白狐万分自責，主动吐丹救王妻。失去仙丹的小白狐最终骨化形销。

该剧由中国艺术研究院戏曲研究所孙红侠根据蒲松龄《聊斋志异》、陈嘉上电影作品《画皮》改编。

怀春

高腔。作者不详。狐王之女玉面姑姑怀春，整日茶饭不思。獾婆看出缘由，劝其出嫁，又赞牛魔王好处，准备为玉面说媒。

宦娘

川剧剧目。赵循伯改编。长安秀才温如春游学归家途中，得一隐士指点，琴艺精进。一日遇雨，借宿一老妪舍下，闻其女宦娘弹琴并惊其貌美，遂生爱慕之情，向老妪提亲，被婉拒。温不知宦娘为狐仙。夜深，温弹一曲《凤求凰》，宦娘感其情真并慕其琴艺，自知阴阳阻隔难求和谐，欲随其学习琴艺。葛部郎之女良工爱慕温之人品，葛部郎嫌其家贫未允。宦娘闻知，暗中相助，使有情人终成眷属。洞房之夜，宦娘向新娘新郎言明真情，表达习艺之愿望。

黄河阵

豫剧剧目。作者不详。商朝时，姜子牙带兵伐纣，闻太师领旨迎战，被姜子牙所败。闻太师派了三仙姑助阵，姜子牙兵不取胜。最后，姜子牙在西天佛祖、元始天尊等的协助下，摆了黄河阵，拿住了三仙姑。

混元盒

清传奇。张照著。敷演张节真人与金花圣母斗法，用混元盒收服诸妖。明代有写混元盒之小说《五毒全传》，所叙张天师收端阳五毒于混元盒故事，或为此剧蓝本。

京剧又名《阐道除邪》，川剧《菖蒲剑》与该剧情节相近。

火烧琵琶精

汉剧剧目。又名《子牙算命》。作者不详。姜子牙在朝歌城中开设卦棚，琵琶精故意前往问卦。子牙见是妖精，即行打倒，用符压住。地保见子牙打死民妇，前去报官。适逢比干路过，子牙拦轿喊冤。比干问知状，随带上殿面见纣王。子牙当殿火烧琵琶精现出原形，并言宫中有妖，献坤木剑斩妖。妲己看见琵琶精被烧，心中怀恨，假装患病，向纣王进谗，欲害子牙，子牙逃去。

湖北荆河戏、滇剧均有此剧。滇剧又名《姜子牙火炼琵琶精》。

姜后烧焚

莆仙戏。作者不详。商朝纣王为妲己所迷惑，数月未上朝理事，姜后谏之不听，反而受责。后怒，毒打妲己。妲己含恨，与杜损、尤浑等谋，命心腹姜环，假为刺客，入宫刺纣王，供系姜后所使。姜后虽受剜目酷刑，亦坚不招承。纣王大怒，将其十指焚烧而死。殷郊、殷洪两殿下闻讯，知其母为姜环等所害，即将姜环杀死，并要入宫行刺妲己，结果事败脱逃。纣王命武成王带御林军追捕，赖方相、方弼兄弟救之得免。四人到半途，分为东西两路而逃。殷郊往东，到其外祖父姜桓楚处，殷洪到西伯处，都欲借兵为母报仇。殷郊在商容家投宿时，不幸被捕，殷洪也被雷开所擒，解至半路，兄弟又相会。至京，纣王要将两子处死。商容为保全殿下生命，不辞跋涉之劳，入宫保奏。纣王不听，商容愤甚，撞死于金銮殿。纣王命尤浑押两子到法场斩首，忽沙飞石走，两殿下不知去向，尤浑只好回宫复旨。

姜皇后

京剧剧目。又名《挖目烙手》。作者不详。妲己妒忌姜后，命奸臣费仲、尤浑买嘱刺客姜鸿故意行刺纣王被擒，诬为姜后所指使。纣王怒用非刑拷问姜后，姜后被冤而死。

陕、甘秦腔、河北梆子有《闯宫抱斗》，包含该段故事情节。

蕉帕记

明传奇。单本著。该剧作于万历三十八年至四十一年间（1610—1613），两卷三十六出。东吴人龙骧，父母双亡，由父执胡章抚养。胡章有女弱妹美而有才华，龙骧很是爱慕。白狐前生乃西施，修炼千年，因缺元阳炼丹不成，因而变为弱妹勾引龙生，得炼成丹，后又设计撮合龙生与真弱妹。本剧因其间白狐变蕉叶为帕题诗一节在剧中起关键作用而得名。

该剧在四川川剧、浙江越剧、湖南花鼓戏、江西采茶戏、河北梆子戏等剧种中均有改编演出。

金麒麟

大弦子戏传统剧目。宋仁宗时，国舅徐宏强抢王进道之未婚妻黄秀英，杀死王父，用金麒麟贿赂华州知府苏尚，将王进道押入监牢。进道之弟保童告状不准，适遇包拯路经华州，拦道喊冤。包拯准状，改扮道人私访，正值徐宏强逼黄秀英成婚，被狐仙阻拦，命人寻请法师除邪。包拯入府，探知王进道押禁牢内，故意装疯闹衙，收容入监，经禁卒讲述因果，案情大白，包拯按律铡死国舅徐宏，将徐妹许配给王保童，与王进道、黄秀英同时完婚。

该剧于 1960 年由柳学夫整理，由菏泽地方戏曲院大弦子戏剧团演出。

金水桥

陕西秦腔剧目。又名《纣王斩子》。作者不详。妲己得知殷郊、殷洪二位殿下在商容府中，于是假装思念，让纣王召回朝中。二殿下回朝，妲己设计陷害，纣王怒，要斩二子，被仙人救走，商容因当殿直谏被杀。

河北梆子、云南梆子、山西梆子、贵州梆子均有此剧目。

金琬钗

碗碗腔传统剧目。作者不详。九狸仙化作崔府丫环莲香助艳娘鬼魂和书生结合。

进妲己

京剧剧目。又名《反冀州》《献妲己》。作者不详。殷末纣王无道，信费仲、尤浑谗言，欲强娶冀州侯苏护之女妲己。苏护不允，几被斩，乃题诗于官门而去。纣见而怒，差崇侯虎兵伐冀州被擒，崇黑虎再至，累战不休。经西伯姬昌解和，苏进献妲己为妃。途中妲己被九尾狐摄去女魂，进宫后蛊惑纣王。

川剧、豫剧、怀梆、宛梆、滇剧、邑剧有《反冀州》，湘剧有《苏护寿君》，秦腔、河北梆子、河南梆子、山西梆子有《无影簪》《伐冀州》，汉剧有《恩州驿》，湖北荆河戏有《马踏冀州》，均敷演该段故事。

九花洞

皮黄剧目。作者不详。九尾黑狐狸大仙奉金花圣母之命镇守九花洞，因不少道友被张天师收服，愤愤不已。闻知张天师常在玄帝庙打坐，遂变作张天师模样，前去庙内混乱。普化天尊带众神朝罢玉帝而回，辨出真假，擒住狐妖。

九龙柱

川剧剧目。作者不详。殷代，纣王荒淫无道，武王举兵讨伐。太师闻仲专心扶纣，终被武王围困于绝龙岭，被九龙柱烧死。

山西梆子也有此剧目。

九尾狐仙

新编川剧剧目。该剧改编自京剧《青石山》。九尾狐幽居深山，修炼千年，成道为仙。玉皇使者吕洞宾惊慕九妹奇艳姿容，心生歹意而遭拒绝，遂怀恨在心，有意刁难。与此同时，九妹与至诚君子周义仁相互爱慕，最终有情人终成眷属。

此剧由四川省成都市川剧院一、二联合团于 1990 年创作。

锯大缸

海城喇叭戏、二人转·拉场戏。又名《补缸》。作者不详。狐狸精有一大瓷缸，以摄取胎儿衣胞，入缸升华，幻化作人形自娱。天庭获悉，派雷公前往轰击，将大缸击裂。狐狸精变作王大娘，欲求个漏匠补缸，观世音则派土地神假扮漏匠前去补缸，趁其不备将缸打碎。王大娘追至郊外，被天兵天将擒获。

刘伯温招亲

四根弦。作者不详。狐狸闹书房，与刘伯温结为夫妻，身份暴露后，献宝助刘成就功名。

刘海砍樵

湖南花鼓戏。本剧剧情在第二章第一节已谈及，此处略。

刘全锦

梨园戏。作者不详。刘全锦雇骡送妻何氏去岳母家贺寿，半路遇千年狐狸精出游。狐狸精见何氏美貌，即变为全锦面貌，跟进刘家。全锦回家闻男子声音，即搜家。狐狸以假混真，吵闹一场。何氏见二人一般模样，不能辨别，直至包拯面前上告，包拯亦不能辨明真假。樵人卢花上吕得山砍柴，被虎咬去，其母胡氏至包拯处上告。包拯方在问起"吕得山"。恰有勇士名吕得山，以为包拯叫他，鲁莽上堂答应。包拯即差他上山擒虎。吕得山至此，自认绝望，乃别妻、喝酒，步上吕得山，向土地祷告。土地公婆乃命虎往包拯衙受审。吕得山牵虎至公堂，结果虎咬死狐狸。刘全锦夫妻团圆，吕得山得奖回家。

马介甫

京剧剧目。作者不详。儒生杨万石、杨万钟兄弟郡试而归，途中与千年得道狐狸所变的马介甫相识，三人结为金兰，同回杨家。兄长万石娶妻尹氏，刁悍异常，虐待其夫与翁父。介甫变巨鬼惩治她，尹氏惊吓后知是介甫所为，变本加厉地虐待其夫与翁父。万钟为使兄长、父亲脱离被悍妇长期虐待的苦海，以石块击尹氏头部，然后自己跳井而亡。其妻王氏被尹氏逼嫁他人，遗下其子喜儿与祖父相依为命。介甫又到杨家，见万石惧内过甚，以"丈夫再造丸"服下，使万石一时变性，将悍妇痛殴一顿。其后，又惧内异常，其父伤心地离家出走。介甫将杨父和喜儿接到山上居住。杨家遭火灾，万石夫妻一贫如洗，尹氏自愿贱卖与张屠夫。张屠夫对悍妇自有一套整治之方，尹氏在张家受尽折磨与摧残。万石沦为乞丐，后与新中解元的喜儿相逢，才与家人团聚。喜儿对尹氏害死生父记恨于心，乃唤乞丐数人羞尹氏以泄愤。尹氏难以承受，自缢身亡。

邑剧、闽剧、潮剧、川剧也有此剧目，川剧又名《胭脂虎》。

梅绛雪

京剧剧目。又名《龙虎剑》《红尘仙侣》。作者不详。宋初，秀才蔺孝先上京应考，路过态耳山，遇见公孙俭缚住一狐狸，两眼流泪，似有乞怜之意。孝先心怀恻隐，求公孙俭放狐归山。后二人结为仁义兄弟，公孙俭并以宝衣"梅绛裘"相赠而别。孝先至洛阳舅父家中，见表妹艳芳美貌，相思成疾。狐狸为报救命之恩，变化为艳芳，前去书房成亲。事为艳芳之兄花友锦所知，禀知其父。其父深知艳芳被诬蒙冤，即将友锦逐出门外，立遣孝先赴京应试。孝先行至中途，被戎飞行抢去包裹，继又投宿至其家。适戎未归，其母以沽酒压惊为名，实欲招飞行回家杀之以绝后患。戎母去后，戎妹用计放走孝先，二人约定终身。花友锦被逐出门后，中途遇戎飞行结为义兄弟，同至熊耳山公孙俭处投军。石守信奉命征剿公孙俭，连遭失败。蔺孝先到京得中状元，奉旨犒劳三军。听石守信述说军情，愿往山寨说降。花友锦、戎飞行归降后，各封官爵。适蔺孝先与花艳芳成亲之日，狐狸驾临云头，方将前情后因一一说明，众人疑惑始得尽释。

川剧、滇剧有《梅绛裘》（狐裘名）。秦腔又名《狐狸缘》《梅绛裘》。

此外，汉剧、晋剧、河北梆子、河南梆子、山西梆子、青海眉户戏、德隆曲子戏均有此剧目。其中，《狐狸闹书馆》《狐狸送子》系该剧的一折戏，经常单独上演。

弥勒记

清传奇。又名《锡六环》。孙埏著。后梁年间，弥勒下凡，化身为张契。张契是浙江奉化的儒生，不愿科举，遁入空门。父母赠布袋为念。张契到鹤林寺出家，住持印心赐法名布袋。布袋和尚一心向佛，不管佛祖如何考验他，他均不为所动。后来，他来到江村，想在锦屏山募一块地修塔。锦屏山土地夫妇恐不得安生，便与山中千年老狐商议对策。老狐请来峨眉山千年雄精，与土公土婆点起土子土孙及小妖，杀奔鹤林寺。正好布袋两个道友舍利、维卫来会面说法，闻讯出寺御敌，却被杀败。观音差四金刚助阵，斩杀二妖。

迷心小姐

香童戏。作者不详。全剧为苏妲己一人演唱的独角戏，讲述如何败坏纣王江山。殷纣王到女娲庙敬香，见女娲神像美妙，顿起淫心，在粉壁上书写邪念诗句。出游归来的女娲真魂见诗大怒，即在庙前设招妖牌一座，召天下妖魔去败纣王江山。时有九尾狐狸精应召，按女娲旨意，在馆驿中吃了大臣苏护之女妲己，变成妲己模样，被纣王选入中官。纣王迷恋妲己，终日饮酒作乐、不理朝政，妲己又用计杀了丞相比干，害了大将黄飞虎的夫人，通黄反出五关。最后，妲己在白虎关前与姜子牙大战而死，被封为"迷心小姐"。

墨金刚

川剧剧目。作者不详。杨玉与谢全忠为友。杨游虎丘，为狐所缠，李修元赠谢以金刚图收妖。杨死，其妻桂莲香被判官摄去欲占为妻。杨和桂二人向南岳大帝倾诉，帝惩判官，命二人还魂。

闹书房

茂腔、柳腔传统剧目。狐仙胡九蓉随圣母九天赴宴，途经刘基书房，见刘仪表堂堂，顿生凡念。赴宴之后，私自下山求结姻缘，刘基不从，赶走狐仙，但又不免深为忏悔。他在喃喃自责时，被门外恋恋不舍的胡九蓉听到，她惊喜交加，将拂尘变为纸扇，借口寻扇敲门而入，二人相见。通过相互装扮告状人与审案官的诙谐形式，胡九蓉倾诉心曲。刘基见她善良多情，不嫌贫寒，便与她指竹为证，以花为媒，缔结良缘。

该剧由秋潮、鲁杰整理，青岛市光明剧团演出。吕剧、五音戏、四根弦、哈哈腔、化妆坠子均有此剧目。

炮烙柱

京剧剧目。作者不详。纣王宠妲己，建造摘星楼，设炮烙等毒刑，大臣梅伯劝谏，反被纣王炮烙而死；宰相商容撞死金殿。亚相比干劝谏不听，识破妲己为狐精，火烧轩辕墓以毁其巢穴。妲己恨之，假装心疼，蛊惑纣王，强令比干剖腹挖心。比干得姜尚之助，服符水出门以解，仍被妲己幻化的妇女害死。

元杂剧有鲍天祐著《谏纣恶比干剖腹》。秦腔又名《抱火斗》《龙凤剑》，湘剧、赣剧、婺剧、辰河戏、湖北高腔、桂剧、邑剧有《龙凤剑》。闽剧有《梅伯炮烙》。此外，川剧、汉剧、豫剧、滇剧、闽剧、湖北荆河戏、河南梆子、河北梆子、山西梆子均有此剧目。

劈桃山

陕西秦腔剧目。又名《劈桃山救母》。作者不详。灌州杨天佑，系碧云宫黄衣金童转生。三仙女思念金童，私自下凡，与之婚配。狐妖孙七姐争婚不遂，乃约牛魔王等逼之，被三仙女战败。七姐奏玉帝，帝大怒，令张四姐下凡收取法宝，擒了三仙女，压于桃山，并火烧杨家庄。杨天佑被火烧毁双目，至白马寺安身。十八年后，仙女之子杨林宝成人，得李老君传授武艺，并赐宝物兵器，刀劈桃山，救出母亲及妹妹，同到白马寺与杨天佑相会，并返天界复位。

平顶山

京剧剧目。又名《莲花洞》。作者不详。唐僧等经平顶山，太上老君之金、银二童子，化身为金角、银角二妖，计困孙悟空，摄去唐僧。孙悟空运用机智，盗取妖所持之葫芦、幌金绳、芭蕉扇诸宝，剪除二妖之母狐精，收服二妖。

平妖传

清传奇。剧情同小说《平妖传》。

千秋剑

川剧剧目。作者不详。朱元璋登基后，大放花灯与民同乐，文官赐吴绫蜀锦，武官赐金冠战袍，大赦天下。将军徐达之子徐孝先到会场观灯，遇大臣胡大海之女胡秀英。二人一见倾心，两相眷恋。但因人多拥挤，不得交谈，各自回家去了。二人目中传情被紫阳山金狐仙看见，狐仙即变成胡秀英模样，去到徐孝先书房百般调情，临走时突然变脸，把徐公子吓昏倒地。一道人知徐被狐妖所缠，赠红黑二丸，叫徐公子吞下红丸使其苏醒，再把黑丸放入酒壶中，等狐妖来时将其灌醉，又赠千秋剑一柄，遣来魁星，将狐妖收服。

千秋鉴

清传奇。作者不详。剧中人物李文忠、常遇春、徐达等的事迹见《明史·列传》。全剧三十一出，写元末明初，朱元璋建都金陵。上帝敕旨驱逐金陵千里之内所有山妖狐魅。钟山黄花洞千年老狐无处安身，潜影借形化作美女混入都城。元宵节，朱元璋降旨大放花灯，与民同乐。灯市上，钟山狐见李文忠之子玉麟身带一团青气，知其日后必成大器，遂生借其灵气成仙道之念。钟山狐自称蓬莱仙子，来到玉麟卧房。玉麟被其美貌迷惑，自此早眠晚起、神思恍惚，身体日见羸弱。母亲邓氏不知何故，心中焦虑。一日，钟山狐约玉麟到花园赏月，趁机摄其元阳。待邓氏在太湖石畔找到玉麟，玉麟已昏迷不醒。仙界铁冠道人观星象，知钟山狐在李府作孽。遂前往救醒玉麟，又赠法宝，传授秘诀镇妖。玉麟将铁冠道人所赠"千秋鉴"明镜摆在神案，堂中高悬"雷霆殊判"待钟山狐至，又用仙酒迷其本性。钟山狐酒醉，吐出千年炼就的灵丹。玉麟遵铁冠道人所嘱，将灵丹吞入腹中，躲在神案下，雷神斩妖。之后敷演李玉麟与明将常遇春之女常瑞凤一起驰骋战场，后成婚配的故事。

巧娘配

川剧剧目。又名《小南海》。作者不详。广东书生傅连天阉。一日，他辞别父母前去南海求佛除疾，途中遇新寡华三娘。三娘得知傅连将路过自己的娘家浔阳牧村，请带书信一封交其母，即修道千年九尾狐仙华妈妈。杨家有女巧娘，嫁与毛洪，因毛洪阳痿，巧娘气病而亡，游魂四处漂泊，被华妈妈收为义女。是日华妈妈到南海向观音求得仙茶，搭救义女。傅连来到浔阳牧村时天色已晚，为躲避猛虎爬上了华家梨树，被丫头发现带回家中。巧娘问明傅连身世姓名，心倾慕之，欲与之拜堂成亲。傅连百般推辞不过，被强迫推入洞房。巧娘发现傅连缺陷，大呼冤屈，要将其赶出院门。隔壁华妈妈循声过来，询问傅连来由，傅得知其正是要找的华母，交上书信。华母欲将自己的亲生女儿嫁与傅连，赐傅连仙丹两颗，告之吃下病愈，又嘱其不要搭理巧娘。仙丹果然灵验，傅连按捺不住喜悦之情告知巧娘，巧娘大喜，将傅连拉入洞房。

京剧又名《巧娘》，敷演同题材故事。

琴隐缘

清传奇。作者不详。虞山赵孟放因授琴狐女，得狐报德，后筑琴隐园并以自号。

青凤与婴宁

京剧剧目。作者不详。风流率性的耿去病邂逅美丽善良的狐仙青凤，一见钟情，婚后育有一女，只笑不哭，名唤婴宁。青凤不被容于人世，遂将女儿托付给山里人家，隐逸山林。十七年后婴宁长大，天真烂漫、貌美如花，一次郊游中偶遇秀才王子服，为其痴情所动，遂嫁与之。不料邻居贾生贪慕婴宁美色，攀墙偷窥时被马蜂蜇倒，一病不起，其父怒将婴宁告上官府。已有身孕的婴宁得知王子服已将休书写好，便毅然回到山林，与母亲青凤为伴。

青梅

京剧剧目。作者不详。程生与狐交好，生女青梅，狐因程别娶，怒辞去。程死，其弟卖青梅于王进士家为婢。青梅与王女阿喜情如手足。青梅代阿喜谋嫁张介受，王嫌张贫不从，反以青梅嫁张。王夫妻染疫死，阿喜因贫葬亲，而充李绅之妾，被大妇逐出，入寺暂居。张介受中试为官，青梅避雨至寺，遇阿喜，乃践前约，使阿喜成婚，自居妾位。

川剧、滇剧均有《青梅配》。

青牛混宫

罗戏传统剧目。作者不详。贞观年间，青牛临凡混入宫院，变作假唐王。二狐狸精变作假贵妃，使金殿乱成一团。此时，唐僧率弟子西天取经回朝交旨，悟空见宫中妖气腾腾，辞师闯宫。青牛挺身迎棒，面无惧色，悟空束手无策。太上老君发觉，下界降伏青牛。

青石山

京剧剧目。作者不详。青石山狐妖九尾仙欲迷惑书生周从纶，趁他清明上坟之际，化成一妇人，假装欲寻自尽。周从纶将她救起，她便要随往周家，被周从纶婉拒。夜晚时分，九尾仙潜入周从纶的书房，迷惑周从纶与她共结姻缘。次日早上恰被书童撞见。周从纶心智迷乱，周府家人请来道士王半仙捉妖不成，又请仙师吕洞宾。吕洞宾焚符表向关帝求助。关帝命关平、周仓率众神将将九尾仙擒拿。

京剧有《青石山》，一名《捉狐斩妖》，又名《请师斩妖》。清杂剧亦有《青石山》。此外，秦腔、山西梆子亦有同名剧目。昆曲《请师斩妖》亦演此事。

情中幻

清杂剧。崔应阶著。狐仙任幻娘春心偶动，一日出游与书生郑六郎不期而遇，一见钟情，遂定终身。郑六郎表兄韦鋆，闻郑新婚，前来相贺。韦见幻娘美丽动人，遂趁郑外出，上前调戏，被幻娘誓死相拒。韦本快义之人，见幻娘坚贞，萌生敬意，因与幻娘兄妹相称。韦一日见一女子音色双绝，颇为属意。幻娘知之，遂将其摄至韦处与韦欢聚。郑六郎授槐里府尉，欲携幻娘赴任。幻娘曾得异人指点：逢庚遇辛不利西行，因此迟疑不决，经郑再三相逼，勉强同意，行至马嵬驿，为二郎神所追摄。幻娘向郑叙述根由，遂脱衣掷地而遁，适逢黎山老母赴蟠桃宴回来路过。黎山老母见其道行艰深，将其收服，指引其到马嵬驿修炼，待天宝十五年时同贵妃太真同升天界。

软邮筒

清传奇。孔传铄撰。剧情全为虚构，写唐代杜陵书生杜朗生游卢龙塞，遇卢龙节度使张直方率人马打猎，被张邀请至幕府中掌管文书。张直方有十院歌姬，其中王青霞、李紫云色艺出众，杜牧奉圣旨巡边，张直方表示把紫云赠给他。青霞、紫云同游府中花园，青霞伤秋，在园中墙上题诗一首。杜朗生见诗心生爱慕，和诗一首，在所住院中吟诵，青霞隔墙听见，又口吟一诗作为酬答。张直方夫人郦氏让青霞为杜朗生缝制棉衣，青霞把自己的诗写成方胜装入袜中，并用细线在袜上绣"软邮筒"三字。杜朗生收到棉衣，向张直方道谢，适逢张直方的部下猎获一只狐狸，杜朗生求情，把狐狸放生。有劣生李熏冒充郦夫人侄孙，化名郦熏前来投靠，张直方听信他的谗言，亲自到杜朗生住处巡视，发现了青霞的题诗，拷问青霞并把她锁到后院磨房中，又让郦熏去杀害杜朗生。郦夫人心慈，放杜逃走，杜与侍候他的大安童逃到刘家荒园中躲避。被杜朗生救下的那只狐狸本是狐精，他化作令狐员外把杜朗生主仆二人引到府中，又派女狐精救出青霞，使她和杜朗生结成夫妻。郦熏进京游说杜牧，得官为四夷馆伴使，适逢锡兰国昆仑公主来朝，国书为番文，皇上传旨让宰相令狐绚访求认识番文的人才。杜朗生得狐精传授，能识番文，他偕青霞来京，辨识国书，因功得官为翰林供奉，后升卢龙节度使。张直方受杜牧弹劾而罢官，经杜朗生说情，复官为卢龙副使。紫云与青霞重逢，杜朗生把紫云送与杜牧团圆。

此剧今存旧抄本，已收入《古本戏曲丛刊五集》。

三世记

清传奇。永恩撰。明末书生邵士梅在睡梦中有神仙告诉他，他的前生是栖霞人高东海，与妻子约定三世为夫妻，现在妻子已经降生在馆陶董家。邵士梅赴乡试中试，得官为馆陶县教谕，寻得董世徒家幼女，与梦中神仙所告相符，于是由友人陆宸主婚，娶董女为妻。三年后，邵士梅赴会试中状元，董氏突然病逝，临终遗言说她将转生襄阳王家，与邵士梅还有一段姻缘。王氏曾得梦，知与邵生有三世之约。邵生领兵过王氏门前，彼此相望，似曾相识，默然心照。大别山一狐精，装一胡秀士，自称王家女婿，欲骗娶王小姐。夫人识破"女婿"绝非好人，将其扭送县衙究治。县令苏慎为狐精耍弄，竟从狐精之请，将小姐断给狐精。夫人闻讯，取出御笔神鹰图，展示公堂。狐精见神鹰图，十分惧怕，化作黑气而逃。苏慎请来老神仙，老神仙借图作法，击杀狐精。南方火祖将宝物神鹰图收归天上。老神仙保全了王家母女性命与财产。邵生此时已升官为荆南道，陆宸奉旨任襄阳太守。邵生与小姐，一为本地巡道，一为当地小民，婚姻不便。故邵生奏明圣上，获得恩许，奉旨成婚。又准假祭祖，荣归故里，成三世奇缘。

三思斩狐

桂剧剧目。作者不详。武三思带兵征剿九炎山，被薛蛟围困，修本回朝搬兵。武则天降旨，命三思之妻花月姑带兵投救。阵前会薛蛟，两相爱慕，停战野合。薛蛟被月姑吸取原阳，李靖前来指点，命薛蛟将月姑之丹吞吃，方能置她于死地。二次相会。薛蛟将丹吞下，月姑回营，现出九尾狐狸，被武三思杀死。

桑生传

陕西秦腔剧目。作者不详。儒生桑生，与狐仙莲香结缘，观主劝阻，桑不听，病卧几死，莲香以灵丹救活。莲香产子交桑，约十年后相会，遂死去。时南苗作乱，桑任军师，于紫竹庵认胡氏女，道及始末，方知乃为莲香复生，夫妻荣归受封。

山人扇

清传奇。宛君著。明高士董天士与狐女温玉的一段奇缘。狐女温玉慕董天士高名而自荐枕席，被拒后，乞假以姬人名，求其题画扇。

山王图

傩戏。作者不详。狐狸精化作美女害人，摄取了纣王的巡查城门的将军秦文玉的魂魄，最终被山王收服。

狮子洞

耍孩儿传统剧目。九尾狐狸精与牛头狮子精盘踞狮子洞中，唐僧师徒西天取经路过此处，狮子精将唐僧、沙僧掠入洞府。悟空、八戒分头寻师，八戒偷懒，在树下打盹。悟空发现，变作美女，扇坟哭夫，捉弄八戒，假意允亲，让八戒背之。途中，悟空现出原形，严斥八戒，八戒悔悟，一同力战二妖，不敌，反双双被擒。后经菩萨降妖，师徒得救。

1960 年，解久城等曾改编此剧，由怀仁工农剧团首演。

双陈平

玉垒花灯戏传统剧目。作者不详。狐狸精金敖、金凤姐妹去朝拜佛祖，被佛祖看破，命护法神赶出。两姐妹气愤不过，到人间滋事作怪。时有举子陈平同家人陈琪上京赴试，金敖、金凤用妖风把他们吹到三家店。陈平病倒，陈琪赶回家报信。狐狸精金敖却早变作陈平在家等候，假陈平把陈琪责打一顿。陈琪不解，跑回三家店。这时金凤又变作陈平夫人王氏，在此等候，假夫人责怪陈琪不好好服侍东家，又将他责打一顿。陈琪觉得事情太怪，又回家去看，见少夫人在家未动，尚未发问，又被假陈平责打了一顿。陈琪到开封府喊冤。包公命王朝、马汉用照妖镜一照，竟是一双狐狸精在作怪。包公请来佛祖，收服双妖。

双魂配

川剧剧目。作者不详。姜侍郎新修府宅，挡了狐妖洞穴，狐妖每日作祟，姜府不得安宁。姜请来炼士收妖，老狐率男鬼胡旭和女鬼乔秋云、阮小谢与炼士斗法。炼士请雷公相助，活捉老狐，缚于柱上。时姜侄儿陶有余到来，见老狐落泪，心生恻隐，救下老狐。为报救命之恩，老狐命秋云、小谢陪伴陶生。花花公子王兴见二女垂涎三尺，欲行非礼，被陶逐出。王设计陷害陶生，使其身陷囹圄。二女越监探陶，并欲闯过鬼门关还阳。判官见二女貌美，欲纳为妾，二女不从，判官竟关了鬼门关。最终二女逃出，共配陶生。

双美缘

清传奇。作者不详。北宋仁宗时，文彦博为河北宣抚。其子凤池与张丽娟邂逅。赴试时，顺道托丽娟舅氏陈执中做媒。陈有女淑美，正以诗择婿。凤池奉命题诗，为陈激赏。陈允其中状元后，以二美同配。狐仙圣姑姑、左瘸儿、胡永儿在雁门关造反，贝州王则起义响应。文彦博带兵剿寇，却为敌所困。凤池考场夺魁，闻父有难，遂上书请援。仁宗封陈执中为荡寇将军，往河北平妖。丽娟梦得九天玄女传授兵书和枪法，乃与舅氏同往，调遣神兵破敌。凯旋后，凤池与丽娟、淑美完婚。

双珠佩

清传奇。作者不详。叙温如莹、江之嫣遇通天狐撮合事。本《夜雨秋录》中《狐侠》一则。

太师托梦

京剧剧目。又名《阴回朝》。作者不详。闻仲奉命抵御姜尚，战死绝龙岭前，但忠魂不散，转回朝歌，向纣王报告战死经过及商朝将亡情形。可惜纣王仍不悔悟，荒淫如故，以为有妲己御侮，定可无事云。

桃木剑

汉剧剧目。作者不详。云中子在山中采药，见妖风一阵，知是狐妖化身苏妲己，扰乱商朝。乃往见纣王，说明宫中有妖，献桃木剑悬挂宫门，斩妖驱邪。苏妲己诈充患病，迷惑纣王，将桃木剑摘下用火焚毁。

陶禾生

傣剧传统剧目。陶禾生在书房念书，此时狐狸精犯了天条，将遭雷击，在急风暴雨中，逃进陶生的书房躲藏于书桌底下，因而得救。为了报恩，她把陶生的灵魂引到乔家花园里，与美丽的小姐乔金英相会，彼此产生爱情。陶生托媒婆到乔家求婚，遭到了乔员外的反对，乔金英含恨死去。陶在狐狸精的帮助下，来到乔金英的墓前，这时坟墓突然裂开，狐狸精把乔金英的灵魂引出来，使他俩终成眷属。

该剧由刀安仁编剧，清光绪十四年（1888）由盈江县新城土司戏班首演。

天花板

庐剧剧目。又名《余文进捉妖》。作者不详。花郎余文进，在破庙中得神书一本，能换来四神将停用。刘员外之女被妖精缠住，员外出招贴一张：老者除妖赏，少者除妖招婿。余文进揭示，除了妖精。全剧大半篇幅描写余文进得书后和四神将的纠缠，以及捉妖前和刘家家人的逗笑。

天平山

襄阳花鼓戏、皖南花鼓戏剧目。作者不详。赤脚大仙滚脱临凡，托名刘海，定居天平山下，全赖砍樵度日。后山九妖狐狸修炼一千余年，炼有仙丹一颗，因无仙根，不能成为正果，于是化为少女胡秀英，与刘结为夫妻，冀图夺取刘之仙根，修炼成仙。刘得观音老母、吕洞宾和花石罗汉之助，终于迫使秀英吐出仙丹，并由八仙接返天庭。

天台山

陕、甘秦腔剧目。又名《长生禄》。作者不详。东汉灵帝时，状元刘晨闲游天台山，遇麻姑仙，与其女金花、银花婚配，于狐洞住宿七日七夜，等于人间七十余年。一日，刘晨辞别归里探亲，依旧为幼相貌，全家生疑。刘晨言明原委，皆因于狐洞内食"长生禄"之故。

河南梆子，山东曹州梆子，山西晋中、北路梆子也有此剧目。晋南河津县小亭村明万历四十八年（1620）初建舞台题壁也有此剧目。

头冀州

豫剧剧目。作者不详。殷商纣王在女娲宫进香，出言不恭，激怒女娲。故女娲派千年狐狸大仙托苏妲己之身，进至皇宫，乱其江山。

山西锣鼓杂戏有《降香》，滇剧有《樊梨花》，均敷演该段故事。

土地堂

襄武秧歌传统剧目。狐仙下凡,巧遇因闯祸被官兵追捕之书生杨奉仙,爱之,并欲委身于杨。杨不允,狐仙遂于土地堂内假设公堂与之斗智,奉先为狐仙智慧所折服,乃允婚事。

该剧由清进士李华炳编剧,于光绪时由武乡县鸣凤班首演。

吞丹斩狐

蒲州梆子剧目。作者不详。武则天时,武三思娶花月姑(九尾狐所化)为夫人,三思因薛刚反武则天,往讨,被围九焰山,搬花月姑助阵。花诱薛蛟,入古寺盗取元阳,香山老仙李靖教蛟吞取宝丹,花帐中显出原形,三思惧而斩之,并被薛家将打败而逃。

玩鹿台

婺剧西吴高腔、侯阳高腔。又名《兴周图》。作者不详。商纣王宠爱妲己,任用奸臣费仲、尤浑,暴虐无道,姜后被逼坠楼而死,比干挖心而亡,姜尚避难而遁,黄飞虎反出五关。西伯侯姬昌(周文王)进谏,也被拘羑里。七载后,赦回西岐,立志兴周灭商。一日,渭水访贤,得姜尚,拜为军师。后由其子武王兴兵伐纣,在牧野大获全胜,妲己被杀,纣王自刎,商朝遂亡。

贵州传统剧目有《造鹿台》。

万福宝衣

晋剧剧目。写勤劳朴实的青年农民张勤,为狐仙春姑所爱。一日,张勤深山遇虎,春姑用宝衣驱虎相救。张勤羡慕宝衣,春姑告以宝衣系万种仙草编织而成。张决心采草织衣,春姑愿尽力相助。狼山道士欲得到春姑之宝衣,屡抢未果,遂趁张勤攀登悬崖时,砍断绳索摔伤张勤。春姑闻讯,下山探病。狼山道士乘机再次抢夺。鹿山仙姑同情这对真诚相爱的青年,痛恨狼山道士伤人夺宝。一面为张勤疗伤，一面以假宝衣戏弄道士。道士中计恼羞成怒，呼来天兵天将再夺宝衣。众仙姑在羊、鹿、雀、兔的相助下，击退天兵，俘获妖道。张勤与春姑一同采药织衣，结为伉俪。

该剧由蒋伯骧、许万恒据晋剧传统剧目《狐狸缘》改编，1954 年由张家口市晋剧团首演。

文山狐女

晋剧剧目。作者不详。讲述的是流传于山西省平定县冠山的一段传奇故事。相传在明朝成化年间，平定州乐平乡乔宇在冠山书院读书时巧遇狐仙伴读并私订终身，后来乔宇受人蛊惑，吞掉了能助他学业精进的仙丹，令狐仙丧命。乔宇官拜兵部、吏部尚书之后，回冠山祭奠，令狐仙死而复生。

由阳泉市平定县晋剧剧团演出。

闻仲归天

山西梆子戏。作者不详。商代，妲己怕太师闻仲识破她是九尾狐的真相，在闻仲征北还朝之后设计煽动纣王，命闻仲前去西岐征讨武王。闻仲在绝龙岭与姜子牙正面交锋，失利丧生。

无底洞

锣鼓杂戏。作者不详。叙黄狐精迫害、阻碍唐僧师徒西天取经的故事。

五花洞

川剧剧目。作者不详。书生张仪在书房夜读，五花洞里化名米青娘等五个狐精相继前来相会。待父亲张敬发觉时，张仪已染病临危。淡然和尚盗了梁武帝的袈裟铙钹，路过张宅，张敬即请其治病救人。淡然和尚捉得小狐米青娘，小狐告知让张仪去五花洞温塘洗浴祛病，并愿引领淡然和尚盗取老狐所藏天书。老狐慑于天意，幻化村庄，侍奉张仪净澡。其间，经老狐与淡然和尚撮合，米青娘化为人形与张仪结为夫妇。

五花扇

川剧剧目。百花山金狐爱慕书生范象新。众狐仙竭力成全，并赠"五花扇"以防不测。金狐与范会晤，蟒魔见金狐貌美，顿生邪念，放五毒害死范生。金狐以"五花扇"救活范。蟒魔再次作怪，放瘟疫残害生灵，金狐、范生均遭毒手。在白鹤老人及众狐仙的协助下，蟒魔被诛，妖气驱散，金狐、范生终成眷属。

该剧为神话故事剧，根据盐亭县皮影老艺人李述之发掘本整理改编，程隆碧整理并导演，于1980年由安岳县川剧团在安岳剧场首演。

仙狐缘

川剧剧目。又名《醉中缘》《金凤钗》。冉樵子编剧。书生孟安仁父母早逝，游学在外，一日在水月庵偶遇绝代佳人范十一娘，互生爱意。孟生归去后，夜读诗书，一女突然降临，自言封三娘，是范十一娘闺中好友，特为范十一娘转送金钗而来，并嘱孟即日邀媒下聘。孟生大喜，即托媒说亲，不料范父嫌孟家贫不允。旋即有富绅吴某上门提亲。范父爱财畏势，应下亲事。十一娘志在孟生，悬梁自尽。孟生得知，星夜至西湖边坟茔祭奠。封三娘显动法力，命武丁力士启开棺木，又以起死灵丹使范十一娘复活，孟范二人即夜成亲，跟随封三娘到深山隐匿。范十一娘为与三娘常相聚首，提出与之共侍一夫，被拒绝。一日三娘深山采药，傍晚才归，孟范夫妇定下计谋，范极力劝酒，三娘醉后失身于孟生，醒后羞愤交集，讲出自己身世。自己本为千年修道狐仙，因前番遭雷殛为孟生所救，特来报答恩情，现事已至此，只好含羞离别。大考之日临近，孟生夜告别十一娘，赶考去了。

献凝香

川剧剧目。作者不详。刘耀献凝香三炷给明武宗，武宗焚香，招来狐女与其淫乐，以致罹疾不起，刘耀复请神收服狐女。

小星泪

闽剧剧目。作者不详。河南太平县人柴廷宾，外出经商，途见猎户正追捕一狐，生恻隐心，救脱之。狐修炼已久，有灵异，感其解厄，思恩报德。乃作人言以告廷宾，谓君家有难，亟遄返。廷宾折归，其妾吴氏为其妻金氏所迫已自尽死。狐知廷宾无子，妻又妒而不育，乃幻形为女子，设法潜移化，先医金氏之妒，使其允夫再置妾求嗣，复为介一贫家女曰邵若英，美且贤，廷宾纳之。金氏初亦相安，未凡，见若英怀孕，又生妒心。乘夫出门，大加凌虐，及若英生一男，与婢谋扼杀之。赖仆仗义保护，寄养他所。

心欢乐

皮黄剧目。作者不详。狐女婴宁有异术，嫁给姨兄王子服为妻。因爱花成癖，常购得奇花异草，至后园亲自栽种。邻人鄂生慕婴宁貌美，某日，隔墙调戏，婴宁故意示意三更相会，使蝎子蜇之以作惩戒。

辛十四娘

闽剧剧目。作者不详。明广平人冯骥，夜遇狐女辛十四娘，慕其美，适过辛家，其父迎之，骥以失礼被逐，在荒野间，入亡故舅祖母薛郡君幻化之宅，郡君为主婚，骥乃得娶十四娘。骥友楚公子，素无行，十四娘嘱骥远之，而骥不以为意。一日，骥暮途归来，遇楚，强挽至其家。骥醉宿楚宅，适楚调戏婢宝钗，被妻秦氏发现，痛殴宝钗致死，乃嫁祸于骥，诬以强奸不从害命，贿县官致之冤狱。值正德帝微行至大同，十四娘伪装花古婆哭诉其事，乃获昭雪，并致楚、秦于法。十四娘以俗缘已满，与骥一见而别。

兴唐传

清传奇。作者不详。全剧两册三十七出，叙唐高宗改立武曌为后，王皇后自尽死，国舅王守一投奔九焰山薛刚。高宗崩，武曌假传遗诏登基，自号则天皇帝，贬太子李哲为庐陵王，旋禁之于房州。狄仁杰、李淳风挂印辞官，往房州助李哲中兴，又往九焰山，聘薛刚、王守一、徐敬业等忠臣兴师入朝，辅佐李哲兴唐。武三思奉命征讨九焰山，白狐幻化贫尼助战，大败薛刚。樊梨花提神赐鬼头神剑破妖法，收狐妖，武三思大败。武氏不见武三思复命，闻报薛刚等人杀入宫中，被迫退位。庐陵王李哲登基。

秀才遇仙记

越剧剧目。秀才张鸿渐因官府所缉，别妻离子避走他乡，正走投无路之际，为狐仙女方舜华所救。方舜华慕张鸿渐文章才华，愿以身相许，张鸿渐即与方结为夫妻。一段日子后，张思念妻儿，向方提出回家探望，方为试探张内心真情，便同意张回家。张回到家乡，见到妻子方秀娘，在妻子的盘问下，张说出了与方舜华结合之事，并辱骂方舜华为狐狸精，表示决不再回方舜华处。然此秀娘即方舜华所变，转眼间，张见秀娘变为舜华，十分尴尬，连声求饶。方舜华愤然斥责张之负义，却仍让其回家探望。张回到家中，方秀娘见丈夫平安归来，嘘寒问暖，张却疑心又是方舜华所变，反一改初衷，连声责怪，气得秀娘欲告官府。张才跪地求饶，又有狐仙说情，夫妻二人重归于好。

此剧由顾颂恩、潘文德编剧，南京市越剧团 1987 年首排上演。黄梅戏也有同名剧目，敷演同题材故事。

薛蛟遇狐狸

潮剧剧目。陈舟、何苦整理剧本。唐朝年间，两辽王薛丁山遭奸所害，满门抄斩。其孙薛蛟只身逃脱，聚义在九焰山。狐狸桃花女，扶奸欲擒薛蛟，设美人计。薛蛟洞悉其奸，乃将计就计，骗取妖精宝珠，将其降伏。

此剧于 20 世纪 60 年代由榕江潮剧团、澄海潮剧团等演出。

血罗衫

川剧剧目。作者不详。全剧共二十五场。宋代，王凤鸣上京赴考，纨绔子张培忠为谋夺其未婚妻裴月英，遣门客熊豹在途中杀王。熊、王相遇，义结金兰。熊携血染罗衫归来交差。月英之兄裴宣未轻信此事，亲往京都探望。月英于洞房之夜杀了张培忠，逃往泸江，又为匪所抢。在匪巢遇另一被抢民女卢月英，共同脱险逃出，与马员外之女马月英结为姊妹，一起投军。王生高中状元，押粮边关，与裴宣、熊豹相聚。时值番王作乱，邪术逞威，无可敌。曾受裴女救命之恩的九尾狐，赠三女以宝物，大破番兵。得胜回朝，均得封赏，并遵钦命：王生与裴女、卢女，裴宣与马女成配。

义狐

潮剧剧目。作者不详。太师之子黄彪，路见罗玉凤貌美，跟踪至罗家，留下聘金，迫玉凤过门成亲，罗举家惶恐。玉凤兄罗雄回家见状大怒，扮成玉凤，代嫁至黄门。雄下轿，将黄家殴毁，返家偕母妹投奔茂州妹夫张贵林。黄彪率众追赶罗玉凤等，罗母被杀，罗雄兄妹则续奔茂州。先是罗雄出猎得狐，为张贵林买下放生，后二人结义为兄弟，罗以妹玉凤妻之，贵林回家告母，母命往茂州禀知其父张文忠，途中与罗雄兄妹相遇。狐见罗等被追将及，为救玉凤兄妹及张贵林，乃变为玉凤候黄于途。黄至，不知是狐，带之回家。大妇梁氏大妒，殴狐，狐现原形，咬杀梁氏而去。黄以为系贵林所为，偕母同至茂州寻张父问罪。张文忠苦劝无效，同往见王爷秦瑞良，黄母坚指为张唆使响马谋杀，秦不能决。黄招立赌状谓若为狐则任张所为，否则，则听黄问罪。狐闻立状，乃现原形，咬死黄彪，案情大白。秦代张等上殿奏帝，并请加封张职。

婴宁一笑缘

京剧剧目。斗山山人李准编剧。书生王子服途遇少女婴宁，婴宁一笑而去，王思慕得病，表兄假造女居处以为宽解。王病愈，竟往访之，果遇婴宁之母，得见婴宁。王与婴宁成婚回家，后始知婴宁为狐女。

虞小翠

京剧剧目。作者不详。王太常于雷雨中救老狐免遭雷击，老狐感恩化为人形，送女虞小翠与王子元丰为妻。元丰性痴呆，小翠终日与嬉戏。同巷王给谏素与太常不和，拟害之，小翠知悉，故使元丰著皇帝装，乘机使王给谏窥见。王给谏参王太常于朝，朝廷验元丰所著皇帝服饰均为儿戏之物，王给谏反以诬陷论罪。一日，小翠趁元丰沐浴，将其闷窒水中，用术治其痴呆。王太常夫妇不知究竟，闻讯大惊，责问小翠。小翠不慎，误将玉瓶撞碎，太常夫妇愈加辱骂不休。小翠冤抑难伸，气愤遁去。未几，元丰醒来，呆气顿失。知小翠离去，急追出门，相遇于荒园中，婉转哀求，终携手归来。

云翠仙

新编聊斋五音戏。剧情详见本文第四章第二节，此处略。

斩妲己

京剧剧目。又名《杀妲己》《斩三妖》。作者不详。周兵及各路诸侯伐纣，围困朝歌，妲己亲领胡喜媚、琵琶精二妖用妖术劫周营，连败三次，被子姜子牙擒住，下令斩首。因妲己施展媚术，兵将不能下手，后用陆压所赠"斩将飞刀"方将妲己杀死。

湖北荆河戏又名《别宫斩妖》，秦腔又名《伐朝歌》，川剧又名《取朝歌》，潮剧又名《反朝歌》。此外，汉剧、湘剧、桂剧、滇剧、邑剧、闽西木偶戏、山西梆子、河北梆子均有此剧。

斩狐狸

陕西秦腔剧目。作者不详。武则天执政，惧太子李旦回朝，派武三思统兵攻打，李旦调薛刚领兵抵御。妖仙花艳狐变成人形至武营投军，并用法术将薛迷倒，盗其原气。谢映登在天之灵得知，下凡赠薛法术并收回妖之原丹。武三思知之，立斩狐妖，遂败于薛刚。

斩狐吐丹

汉剧剧目。作者不详。狐妖花月姑动了凡心，对薛蛟一见倾心，然人妖有别，终被薛蛟骗走仙丹失魂落魄。

长生记

明传奇。汪廷讷著。剧情与京剧《青石山》相同。

长亭

京剧剧目。作者不详。狐精生有二男二女，男名狐毡、狐霸，女名长亭、红廷。七月七日中元盛会，狐精携子女赶庙会。红廷见凡尘红男绿女成双成对，不由春心萌动。长亭见状，奉劝妹妹勿动凡念，苦练成仙。吴朝凭身亡，阴魂投胎不成，冥王赐其白光，准其为阳世游魂。游魂看上红廷，夜深前来幽会媾和，红廷不幸染恙。狐精请石太卜前来收妖。不料石太卜看上了长亭，暗通游魂，竟然成了游魂的媒人。经石说项，长亭、红廷分别嫁给了石太卜和游魂。

赵启骂纣

湖北荆河戏。作者不详。妲己蓄意陷害姜皇后，与费仲合谋，买通姜环行刺纣王，嫁祸于姜皇后。纣王将姜皇后剜目、炮烙。王子殿郊、殿洪为母报仇，杀死刺客，纣王将二子问斩。众臣保奏无效，告老老臣商容保本，被处死。赵启恼怒，痛诉纣王无道，历呈十条罪状，亦被纣王炮烙而亡。

中兴图

清传奇。作者不详。汉宗室刘钦之子刘秀率领一帮亲信欲恢复汉室，灭了王莽。桓法钦妻胡连环，本熊耳山明霞洞一个玉面狐精，修炼多年，功行未就，幻化人身，神通奇妙，却不能入箓仙班，难成正果。于是她要图个欢乐，享受荣华富贵，便与桓法钦结为夫妻。桓法钦欲图王郎帝位，便以胞妹名义，将连环献与王郎，封为正宫娘娘。大枪王刘接奉命领兵十万，协助王郎攻打刘秀。刘秀不敌刘接、桓法钦及胡连环，败走。马武赶来，救了刘秀，将他引到台城。众人劝刘秀早正大位，以图远计。商议之中，桓法钦等又攻打城池。马武、姚期出战迎敌，却被连环施展妖术，困在军中。连环又将刘秀手下大将朱华斩杀。众将不敌，逃回城中。王郎命大小三军将台城团团围住，合力攻打。剧情止于此处。

钟馗斩狐

莆仙戏。作者不详。昆仑山狐狸精，神通广大、变化无穷，探知杨贵妃有西番所贡绣囊，挂在胸间，芳香四溢，遣小鬼前往偷窃，此时西番又遣使进贡，四明山精怪白象，欲图淫乱后宫。唐明皇排宴御苑，与贵妃饮酒，舞象作乐。帝去，贵妃入浴，小鬼乘间偷囊，象精化为秀士，欲戏贵妃，钟馗显圣，吃去小鬼，拘象押入百兽园，复奏收服狐狸精，斗法不过，召四神将协助，擒而杀之。明皇夜梦钟馗来奏斩狐逐鬼，救护宫廷功绩。明皇追赠状元及第，饬给神像，起盖庙宇，春秋二祭。

周公桥

河南越调。作者不详。儒生张昭，进京赴试，路遇一狐狸精调情。昭返家，狐精继至，居书斋，宛如夫妇，昭病瘵，昭父张贴募术士。张天师命弟子林昭然来捉妖，狐精将然诳至周公桥下，率众妖击败昭然。张天师至，用翻天印擒了狐狸精。

珠环记

明传奇。邓志谟著。凡两卷三十七出。滑州无水乡才子人参才与和氏之女和淑萍水相逢，一见钟情。应妈受人氏生家所托，去和家说媒。和淑母亲执意要用八珠环作聘礼。巫山神女降临，求人氏生为其洗污，将八珠环一对赠送与他。人参才娶和淑，喜庆热闹。不久，人氏生赴京应试。八珠环则夫妻各执其一，以为日后相会之验。人参才得中状元，授翰林。巫山四鬼，受白猿精、黑狐精指使，分头将一对珠环盗走。路遇镇鬼之钟馗。钟馗将珠环没收。和淑发现珠环被盗，异常焦急，以黄金三百两悬赏珠环。骗子丁拐儿闻讯心动，去京师从人氏生处骗得三百两黄金。东村两位养蚕少女——琼姑和瑶姑，爱慕人参才，二姑由应妈做媒，拟嫁人氏生。人参才出将入相，衣锦还乡。和淑、琼姑、瑶姑作三平头妻。火烧梅树下，地中涌出火焰，掘开一看，有八珠环一对，信是原物。全家欢喜团圆。

摘星楼

京剧剧目。作者不详。周武王伐纣，纣兵累败。殷破败往周营乞和，不成，因骂姜尚，为众将所斩，其子亦败亡。周兵攻城，姜尚并数纣王十大罪。纣王见大势已去，乃坐摘星楼自焚而死。

川剧、秦腔、河北梆子、河南梆子、山西蒲州梆子、汉剧都有此剧目。

紫薇剑

川剧剧目。作者不详。冯先辞别恩父出门游学，路遇学友禧云，二人同去杏花村饮酒。冯先之祖母与父亲早年为国尽忠，祖母死后被封为定军圣母，寿诞之日，群妖为之祝寿。冯先禧云于路途中碰上了回洞的群妖，其一女名辛十四娘，冯生见其貌美，紧追不含。禧云追赶不上，自行回府。冯先追至汝南寺，见到辛父，求亲。辛父斥之为轻薄狂生，将其逐出府门。此时天已黑尽，冯生迷路，忽见远处有灯光，望灯而行，竟至定军圣母家。定军圣母认识孙子，问明缘由，立即遣人叫辛家送来辛十四娘，叫二人立即成亲。十四娘言回家禀明父母，改日过府，一去不返。冯先回到家中，病重不起，后辛府将十四娘送到冯家，冯先立刻病愈，二人拜堂成亲。

自燃鼎

清传奇。作者不详。全剧两卷，现存上卷三十一出。夏朝仲康时，天上十日并出，有穷氏后羿以扶桑弓和细柳箭射九日。他追击九头怪鸟，来到瑶池，盗走了王母的不死药。他回到朝中调兵遣将，将夏帝仲康及皇后囚禁商丘，而后择吉筑坛，受禅登基。立嫦娥为正宫皇后，阿琼为太子，寒浞为相，逢蒙为大司马。一九尾狐修炼千年得道，能通灵变化，她闻夏朝中衰，便要去红尘迷惑后羿，于是变作寡妇洛嫔，假装在坟头痛哭。后羿郊外围猎，见此标致女人，便带到宫中，立为西宫娘娘。洛嫔见后羿百般疼爱阿琼，妒从心起。她与寒浞合谋，设毒计挑拨后羿与嫦娥的关系。后羿果然中计，将嫦娥打入冷宫，并囚禁阿琼。嫦娥蒙冤，十分怨恨，不觉病体沉重。婢女彩婵提醒她身上带有不死药。嫦娥揭去灵符，将仙丹吞服，彩婵闻瓶中香气如醉，便倒水瓶中涮瓶，与内侍毛公公同喝此水，结果三人同上月宫。彩婵变作三足蟾蜍，毛公公变作白兔，终生与嫦娥做伴。后羿终日酒色围猎、不理朝政，寒浞掌朝中大权，他与儿子寒募合谋，使用自燃鼎烹杀后羿。阿琼闻之，触门而死。寒浞登位，立寒募为太子，夏仲康帝及其余党密谋讨伐寒浞，恢复夏室。寒浞派兵围剿，仲康帝及其皇后得众神相助，逃过一劫。此时寒浞为寻女色，听洛嫔之言，欲在天下大开女科，名为选才貌双全女子入仕，实际是为充实后宫。剧情止于此处。

┃附录二┃

日本狐戏剧目汇总表 ①

序号	上演年份 （西历）	上演年份（和历）	题名（日文）	剧种
1	—	室町中期	殺生石	能
2	1581 年 左右	天正九年左右	釣狐	狂言
3	1595	文禄四年	小鍛冶	能
4	1674	延宝二年	しのだづまつりぎつね付あべノ清明出生	净琉璃
5	1678	延宝六年	信田妻	净琉璃
6	—	元禄初期	東山殿追善能	净琉璃
7	—	元禄年间	融通大念仏	净琉璃
8	—	元禄年间	續源氏	净琉璃

---

① 本表统计的是各剧目首演时的信息，重演不再做统计。

本表中的剧目主要来源于《日本戏曲全集》《歌舞伎脚本杰作集》《谣曲全集》《净琉璃全集》《狂言全集》等文献，以及日本立命馆大学艺术研究中心的"日本艺能·演剧综合上演年表数据库"、公益社团法人日本艺人协会开发制作的"歌舞伎公演数据库（战后至现代）"、早稻田大学演剧博物馆的"演剧信息综合数据库"（包括"演剧上演记录数据库""净琉璃、歌舞伎剧本数据库""现代能、狂言上演记录数据库"）等权威网络数据库。

序号	上演年份 （西历）	上演年份（和历）	题名（日文）	剧种
9	—	元禄初期	金山左衛門岩屋城	净琉璃
10	1689	元禄二年	大福丸	歌舞伎
11	1690	元禄三年	金平稲荷参り	净琉璃
12	1691	元禄四年	一の谷坂落	歌舞伎
13	1692	元禄五年	方便信田妻	歌舞伎
14	1692年左右	元禄五年左右	かすが山のにせ鹿	歌舞伎
15	1693	元禄六年	新撰殺生石	歌舞伎
16	1693	元禄六年	不破伴左衛門嶋原狐	歌舞伎
17	1699	元禄十二年	しのだ妻後日	歌舞伎
18	1699	元禄十二年	しのだづま	歌舞伎
19	1699	元禄十二年	名古屋山三	歌舞伎
20	1699	元禄十二年	稲荷塚	歌舞伎
21	1699	元禄十二年	関東小六古郷錦	歌舞伎
22	1700	元禄十三年	本朝廿四孝	歌舞伎
23	1700	元禄十三年	今様女狐会	歌舞伎
24	1700	元禄十三年	丹州千年狐	净琉璃
25	1700	元禄十三年	万年暦いなり山	歌舞伎
26	1701	元禄十四年	天鼓	净琉璃
27	1701	元禄十四年	今様能狂言	歌舞伎
28	1702	元禄十五年	信田会稷山	歌舞伎
29	1702	元禄十五年	勝尾寺開帳	净琉璃
30	1703	元禄十六年	傾城八花形	净琉璃
31	1703	元禄十六年	大和の国藤川村年徳神	歌舞伎
32	1703	元禄十六年	都の恵方	歌舞伎

附录二　日本狐戏剧目汇总表

序号	上演年份 （西历）	上演年份（和历）	题名（日文）	剧种
33	1703	元禄十六年	仁徳天皇三韓退治	歌舞伎
34	1704	元禄十七年	狐川今殺生石	歌舞伎
35	—	元禄末宝永初	愛染明王影向松	净琉璃
36	—	宝永初年	石山寺開帳	净琉璃
37	1705	宝永二年	源氏繁昌信太妻	歌舞伎
38	1705	宝永二年	白髪金時出世後妻	歌舞伎
39	1705	宝永二年	からゑびす	歌舞伎
40	1705	宝永二年	源氏供養	歌舞伎
41	1705	宝永二年	傾城金龍橋	歌舞伎
42	1706	宝永三年	けいせいしのだ妻	歌舞伎
43	1706	宝永三年	けいせい元女塚	歌舞伎
44	1706	宝永三年	新板本間狂言	歌舞伎
45	1707	宝永四年	けいせい願本尊	歌舞伎
46	1707	宝永四年	女帝愛護若	歌舞伎
47	1707	宝永四年	けいせい石山寺	歌舞伎
48	1709	宝永六年	乱菊しのだ妻	歌舞伎
49	1709	宝永六年	竹冠万石餅	歌舞伎
50	1709	宝永六年	泰平御国歌舞伎	歌舞伎
51	1709	宝永六年	稲荷長者九小蔵	歌舞伎
52	1710	宝永七年	葛の葉	歌舞伎
53	1712	正徳二年	婚礼信太妻	歌舞伎
54	1713	正徳三年	しのだ妻嫁比べ	歌舞伎
55	1713	正徳三年	信田森女占	净琉璃
56	1713	正徳三年	磊那須野両柱	歌舞伎

序号	上演年份（西历）	上演年份（和历）	题名（日文）	剧种
57	1717	享保二年	鸚鵡返百年狐	歌舞伎
58	1732	享保十七年	初暦商曽我	歌舞伎
59	1734	享保十九年	蘆屋道満大内鑑	浄琉璃
60	1735	享保二十年	殿造篠田妻	歌舞伎
61	1736	享保二十一年	国富殺生石	歌舞伎
62	1736	元文元年	門出信田妻	歌舞伎
63	1737	元文二年	大内鑑信田妻	歌舞伎
64	1737	元文二年	傾城信田妻	歌舞伎
65	1738	元文三年	楠館千歳狐	歌舞伎
66	1741	寛保元年	今様信田妻	歌舞伎
67	1741	寛保元年	塩谷判官故郷錦	歌舞伎
68	1742	寛保二年	振袖信田妻	歌舞伎
69	1742	寛保二年	今様こんかい信田妻	歌舞伎
70	1745	延享二年	好色占問答	歌舞伎
71	1747	延享四年	義経千本桜	浄琉璃
72	1748	寛延元年	飾蝦鎧曽我	歌舞伎
73	1749	寛延二年	風流釣狐	歌舞伎
74	1750	寛延三年	下総国殺生石	歌舞伎
75	1751	宝历元年	那須野狩人那須野猟師／玉藻前曦袂	浄琉璃
76	1755	宝历五年	娶しの田妻	歌舞伎
77	1757	宝历七年	安倍泰成忌幣	歌舞伎
78	1759	宝历九年	暇乞出世葛の葉	歌舞伎
79	1760	宝历十年	大島台白狐聟入	歌舞伎
80	1762	宝历十二年	玉藻前桂黛	歌舞伎

序号	上演年份（西历）	上演年份（和历）	题名（日文）	剧种
81	1762	宝历十二年	柳雏諸鳥囀	歌舞伎
82	1770	明和七年	関東小六后雛形	歌舞伎
83	1770	明和七年	鏡池俤曽我	歌舞伎
84	1770	明和七年	釣狐春乱菊／工藤の釣狐	歌舞伎
85	1773	安永二年	乱菊稚釣狐	歌舞伎
86	1775	安永四年	御所望釣狐	歌舞伎
87	1777	安永六年	鞍馬獅子／女夫酒替奴中仲	歌舞伎
88	1778	安永七年	女狐縁花笠	歌舞伎
89	1779	安永八年	袖薄播州廻／姫路城音菊礎石	歌舞伎
90	1780	安永九年	准源氏大内言葉	歌舞伎
91	1780	安永九年	仮名写安土問答	净琉璃
92	1781	天明元年	色見草四の染分	歌舞伎
93	1781	天明元年	けいせい都浜荻	歌舞伎
94	1782	天明二年	釣狐花設罠	歌舞伎
95	1783	天明三年	蘭菊女夫狐	歌舞伎
96	1789	寛政元年	小町村芝居正月	歌舞伎
97	1789	寛政元年	けいせい蝦夷錦	歌舞伎
98	1790	寛政二年	釣狐菊寒咲	歌舞伎
99	1793	寛政五年	嫁入信田妻	净琉璃
100	1793	寛政五年	信田妻容影中富	歌舞伎
101	1800	寛政十二年	戯事姿釣狐	歌舞伎
102	1802	享和二年	信田妻名残狐別	歌舞伎
103	1802	享和二年	葛裏葉	歌舞伎
104	1804	文化元年	四天王楓江戸粧	歌舞伎

序号	上演年份（西历）	上演年份（和历）	题名（日文）	剧种
105	1804	文化元年	今様花相槌	歌舞伎
106	1806	文化三年	絵本増補玉藻前曦袂	净琉璃
107	1806	文化三年	念力箭立椙	歌舞伎
108	1807	文化四年	三国妖婦伝	歌舞伎
109	1807	文化四年	今様殺生石	净琉璃
110	1808	文化五年	信田妻粧鏡	净琉璃
111	1808	文化五年	三津拍子相合槌	歌舞伎
112	1811	文化八年	玉藻前尾花錦絵	歌舞伎
113	1811	文化八年	苅枕露濡事	歌舞伎
114	1813	文化十年	御名残尾花留袖	歌舞伎
115	1813	文化十年	化粧殺生石	净琉璃
116	1813	文化十年	神勅嫁入小鍛冶	歌舞伎
117	1814	文化十一年	袖振雪吉野拾遺／名御摂花吉野拾遺	歌舞伎
118	1814	文化十一年	二人聟座定	歌舞伎
119	1816	文化十三年	濃紅葉小倉色紙	歌舞伎
120	1817	文化十四年	風流七化殺生石	净琉璃
121	1817	文化十四年	睦女夫義経	歌舞伎
122	1818	文化十五年	深山桜及兼樹振	歌舞伎
123	1818	文政元年	誰身色和事	歌舞伎
124	1818	文政元年	玉藻前	歌舞伎
125	1819	文政二年	御名残押絵交張	歌舞伎
126	1819	文政二年	奴江戸花槍	歌舞伎
127	1820	文政三年	七五三升摂喝采	歌舞伎
128	1821	文政四年	玉藻前御園公服	歌舞伎

序号	上演年份（西历）	上演年份（和历）	题名（日文）	剧种
129	1822	文政五年	信田妻菊の着綿	歌舞伎
130	1824	文政七年	乱菊露仇枕	歌舞伎
131	1825	文政八年	朝比奈釣狐／寄罠娟釣髭	歌舞伎
132	1828	文政十一年	雪御伽平家	歌舞伎
133	1828	文政十一年	狂乱恋懸罠	歌舞伎
134	1832	天保三年	姿花後雛形	歌舞伎
135	1835	天保六年	源九郎狐御利生	歌舞伎
136	1838	天保九年	若木花容彩四季	歌舞伎
137	1840	天保十一年	吉野山雪振事	歌舞伎
138	1841	天保十二年	裏表千本桜	歌舞伎
139	1845	弘化二年	吾住森六花裡梅	歌舞伎
140	1848	嘉永元年	釣狐罠環菊	歌舞伎
141	1849	嘉永二年	新規一拳酉魁声	歌舞伎
142	1852	嘉永五年	露古郷狐葛の葉	歌舞伎
143	1852	嘉永五年	今様小鍛冶	歌舞伎
144	1852	嘉永五年	誘謂色相槌／新小鍛冶	歌舞伎
145	1853	嘉永六年	名巳菊初音道行	歌舞伎
146	—	—	恋鼓調掛罠	歌舞伎
147	1853	嘉永六年	花櫓千本詠	歌舞伎
148	1857	安政四年	風流飾白狐	歌舞伎
149	1858	安政五年	小春宴三組杯觴	歌舞伎
150	1860	安政七年	月の浮るゝ睦月の釣狐	歌舞伎
151	1861	文久元年	吾住森野辺乱菊	歌舞伎
152	1864	文久四年	優曲三人小鍛冶	歌舞伎

序号	上演年份（西历）	上演年份（和历）	题名（日文）	剧种
153	1869	明治二年	釣狐春乱菊	歌舞伎
154	1871	明治四年	狐静化粧鏡	歌舞伎
155	1871	明治四年	小女郎狐与九郎狐	歌舞伎
156	1876	明治九年	狐小鍛冶	歌舞伎
157	1876	明治九年	信田廼森狐葛葉	歌舞伎
158	1877	明治十年	信田褄妙術一巻	歌舞伎
159	1877	明治十年	三国渡海旭錦袖	歌舞伎
160	1881	明治十四年	小笠原諸礼忠孝 / 小笠原騒動 / 小倉縞邪正経緯	歌舞伎
161	1881	明治十四年	橘春狐葛葉	歌舞伎
162	1885	明治十八年	女化稲荷月朧夜 / 女化稲荷	歌舞伎
163	1885	明治十八年	千歳曽我源氏礎	歌舞伎
164	1889	明治二十二年	三国伝来玉藻前	歌舞伎
165	1897	明治三十年	吉野山の夫婦狐	歌舞伎
166	1902	明治三十五年	実録玉藻前	歌舞伎
167	1952	昭和二十七年	狐と笛吹き	歌舞伎
168	1956	昭和三十一年	雪狐々姿湖	浄琉璃
169	1967	昭和四十二年	十二段君が色音	歌舞伎
170	1984	昭和五十九年	玉藻前雲居晴衣	歌舞伎
171	1986	昭和六十一年	玉藻前化生輝裳	歌舞伎
172	1998	平成十年	三国妖狐物語	歌舞伎
173	2012	平成二十四年	雨乞狐	歌舞伎
174	2017	平成二十九年	狐と宇宙人	狂言
175	2019	令和元年	NARUTO-ナルト	歌舞伎

| 附录三 |

日本狐戏剧情简介

殺生石

能。佐阿弥著。剧情详见第四章，此处略。

该剧由纪海音改编为同名净琉璃剧目，于享保初年在大阪富竹座初演，剧情比能《杀生石》更为复杂。净琉璃《杀生石》包含两条线索，其一是狐妖玉藻前变为中宫（相当于中国的皇后）模样混入宫廷，迷惑鸟羽上皇，致使上皇患病，被安倍泰成作法制服后，变回狐原形逃往那须野，上总之介和三浦之介奉命猎狐，这是该剧的主线。其二是一条辅线，上总之子雪丞和三浦之女松枝相恋，但因两方父亲关系不和，最终走向悲剧的故事。

釣狐

狂言。作者不详。一只百岁老狐眼看着自己的狐族接二连三地被猎人捕杀，自己也终将难逃活命，故铤而走险化作猎人的叔父伯藏主（僧人），上门去劝说他不要再捕杀狐了。它给猎人讲述了玉藻前的故事，以此告诫猎人"狐是一种睚眦必报的、执念很深的动物，不能随便捕杀"。猎人听取了伯藏主（老狐所变）的建议，丢掉了捕兽器。老狐以为劝说成功，安心踏上归途。在回古穴的路上却发现了猎人原本已经丢掉的捕兽器，上面还挂着相当美味的油炸老鼠（这是狐最喜欢吃的食物）。老狐虽知不能去触碰，但终抵挡不住美食的诱惑，露出了狐的本性，将狐爪伸向了油炸老鼠。果然不出所料，老狐终究落入了猎人的圈套，经过一番拼死挣扎，老狐最终还是逃脱了。

歌舞伎《钓狐》初演于元禄十四年（1701），与狂言剧情略有差异，讲的是古狐经常破坏田里的庄稼，无奈之下，一个叫作太郎作的农民在田间设下了捕狐器。此时恰好被一个老狐看见了，老狐变成太郎作的伯父伯藏主（僧人）的模样去劝说太郎作不要再杀生，还让太郎作扔掉捕狐器。太郎作虽不情愿，但还是照做了。一方面，过后太郎作总觉得伯藏主来得有些蹊跷，于是再次设好捕狐器，并在上面挂上狐最喜欢吃的油炸老鼠，然后躲在一旁隐蔽的地方静候。另一方面，老狐以为劝说成功，沾沾自喜地再次来到田间，不料发现了油炸老鼠。老狐禁不住美食的诱惑，扑向了油炸老鼠，落入太郎作的圈套里。老狐经过一番拼死挣扎，最终从太郎作手中逃脱。

此外，歌舞伎中还大量引入了《钓狐》舞蹈表演。

小鍛冶

能。作者不详。稻荷神狐显灵，帮助铸刀名匠三条小锻冶宗近锻造"小狐丸"。

该剧于 1939 年改编为同名歌舞伎剧目在东京明治座上演。

信田妻

净琉璃。山本角太夫著。剧情详见第二章，此处略。

東山殿追善能

净琉璃。作者不详。白狐使用神力帮助关白（辅佐天皇的官职）的女儿追求爱情，却被犬咬死，后被尊奉为稻荷大明神。

融通大念仏

净琉璃。作者不详。继母用狐子调包了公主生的儿子，源九郎狐则出手救助了公主及其孩子。

続源氏

净琉璃。作者不详。宋使和赖亲联合，企图推翻赖光的统治，三条小锻冶宗近在白狐的指引下惩治了恶人赖亲。

一の谷坂落

歌舞伎。作者不详。景清的妻子阿菊是狐所变，它为了让景清讨伐猎狐人平山，而变成女子的模样，和景清结为了夫妇，身份暴露后不得不离开，别子情节和《葛叶》相同。但是，当景清讨伐平山后，狐狸再次现身，继续和景清一起生活。

しのだ妻後日

歌舞伎。作者不详。讲述的是保名之子阿部晴名与狐待宵的恋爱故事，具体内容不详。

しのだづま

歌舞伎。作者不详。保名救了狐，狐化身为葛叶与保名结为夫妇。保名的弟弟大学之助也爱慕葛叶、恶右卫门嫌恶妻子、厨师喜助与妻子阿雅掀起的嫉妒风波等情节缠绕在一起。其间，葛叶一度返回信太森，后又变回人形与保名继续做夫妻，这一点与歌舞伎《一谷逆落》相同。

本朝廿四孝

歌舞伎。作者不详。剧情详见第一章，此处略。
该剧于 1766 年被改编为净琉璃在大阪竹本座上演。

丹州千年狐

净琉璃。近松门左卫门著。太见县县令时景有个侄女叫泽潟姬，被辇亲王看中，亲王命泽潟姬带上家传宝物——用千年狐皮做成的天鼓进宫。时景夫妇嫉妒侄女的好运，谋划着让自己的女儿夕映代替泽潟姬进宫，夕映对父母的险恶用心极为不满，就和自己的爱人吴服小六郎雪长一起出逃了。泽潟姬也和自己的爱人，即小六郎的兄长吴服中将一起私奔了。时景派人去追杀这些违逆的年轻人，在紧急时刻，千年狐之子弥左卫门狐、弥助狐等及时出现，惩治了恶人，保护了善人。

天鼓

净琉璃。近松门左卫门著。能中也有同名剧目，但二者剧情迥异。净琉璃《天鼓》是《丹州千年狐》的改作，讲的是一个名叫富士丸的乐师，新年时经常被召进宫演奏万岁乐。他有个女儿名叫泽潟姬，被亲王看中。富士丸死后，亲王命泽潟姬带上富士丸家传宝物天鼓一同进宫。泽潟姬的叔父时景非常嫉妒侄女的好运，想夺走天鼓，杀死侄女，让自己的女儿夕映代替入宫，在万分危急之时，丹州千年神狐救了泽潟姬，并杀死了时景。

勝尾寺開帳

净琉璃。作者不详。大明朝派使节给日本国送来道祖神的神像，在长崎登陆，肥前国守五岛监物、弹正、宗则负责接待，并上奏朝廷，朝廷派立花武文作为刺史来接应。武文、宗则早就对监物不满，因而想借机陷害监物。道祖神被装在一个铁皮箱里，武文命监物等人打开箱子，稍差错，便可借此治罪于监物。正在这时，监物的儿子小岛之丞和弹正的儿子平户之介来访，两人都喜欢一个叫作若紫的艺伎，曾为了争抢该艺伎而大打出手。于是，武文命两人合作打开铁箱。平户之介血气方刚，想一个人打开箱子，但最终以失败告终。轮到小岛之丞，本以为他会和平户之介一决高下，谁想他拒绝开箱，理由是，明朝天子送给日本帝王的礼物，未经帝王允许打开箱子是不合规矩的。在众人面前丢了脸，监物非常生气，甚至骂儿子辱没了武士的名誉，当得知儿子爱上艺伎的事后，当场断绝了父子关系。小岛之丞离开之前，特意安排家臣云右卫门保护父亲。后云右卫门奉命打开箱子，箱子打开的一刹那，里面的神像变成一条白蛇飞走了。武文大怒，要治监物的罪，命人捉拿监物。紧急关头，云右卫门救走了监物。另一边，小岛之丞欲进京，将若紫和儿子托付给了利右卫门。平户之介趁小岛之丞不在家，欲强行霸占若紫，若紫誓死不从，平户之介杀死了若紫，然后自杀。平户之介之父听闻此事，大怒，抢走了小岛之丞之子。利右卫门从外归来看到此状，万分气恼，埋怨院子里供奉的稻荷神不作为，一气之下打碎了稻荷祠。稻荷神狐向利右卫门道歉，并解释道："我刚好出去玩了，要是我在家定然不会让这样的事情发生，作为弥补，我会找回童子的。"稻荷神狐追上弹正，夺回童子，并使用神力，让弹正主仆心生间隙，互相猜忌、自相残杀，最后只剩弹正一人，精神错乱，最终自杀身亡。恶人得到惩罚，小岛之丞父子团聚，一起去参拜胜尾寺，正逢寺院为佛开龛，小岛之丞父子敬香，为若紫做佛事。

愛染明王影向松

净琉璃。作者不详。美浓国太守右京太夫政元死后，其后妻为了霸占家业，和家老密谋陷害其长子政方。其间有稻荷群狐戏耍恶行僧、救回姬（政方同父异母的妹妹）的情节。

石山寺開帳

净琉璃。作者不详。石山寺的白狐根据观世音的指点，拯救紫式部脱离危难。

源氏繁昌信太妻

歌舞伎。作者不详。保昌的妻子被人杀害了，曾蒙保昌之恩的狐狸，化作其妻子的模样，继续和保昌生活在一起。

信田森女占

净琉璃。作者不详。剧情详见第二章，此处略。

磊那須野両柱

歌舞伎。作者不详。敷演玉藻前故事，该剧中的玉藻前是七面七尾狐，手持弓箭的佛像风格，还没有形成美女一说。

蘆屋道満大内鑑

净琉璃。竹田出云著。剧情详见第二章，此处略。

殿造篠田妻

歌舞伎。作者不详。葛叶没有出现，安部保成是狐所化，这是信太妻题材中少见的情况。具体内容不详。

好色占問答

歌舞伎。作者不详。三上前司的女儿葛叶是安部泰名的妾，泰名因遗失了阴阳道秘籍《金鸟玉兔》的部分卷轴，成了一名无业浪人。在此期间，一只狐狸变成葛叶模样，成了泰名的妻子。后来，狐妻在和芦屋道满斗法时身份被看穿，只好回到信田森中去了。泰名也被道满杀死，后又被其子安倍晴明救活。

義経千本桜

净琉璃。竹田出云、并木千柳、三好松洛合著。本剧虚构的是源平合战的后续故事，在源平合战中立下显赫战功的源义经，遭到兄长源赖朝的猜忌、追讨。为了躲避兄长的迫害，他一路外逃，在逃亡途中遭到知盛、维盛、教经的疯狂复仇，在此背景中插入了狐狸的故事。在本剧中，狐狸化作佐藤忠信的模样出现，称作"狐忠信"。佐藤忠信是义经身边的一名武将，听说母亲抱恙，便告假回乡去探望母亲了。在此间隙，狐狸就充当了佐藤忠信的身份，来到义经身边，为的是追随一个初音之鼓，而这只鼓正是用它父母的狐皮做成的。它的父母亲是大和国的一对千年狐，桓武天皇时期，连年干旱，朝廷便用它们的皮制成鼓，向雨神演奏神乐祈雨。后来，后白河法皇将该鼓赐给了义经。义经又将鼓给了自己的爱妾静御前作信物，并委托狐忠信留在京都保护静。此时义经还不知道忠信为狐所变。后来，静听说义经去了河连法眼馆，就和狐忠信也奔赴而去。到了河连法眼馆，狐忠信的狐身份暴露，不得不向义经和静坦白自己的身世。义经感念狐的孝心，最终将初音之鼓送给了狐狸，狐狸欢天喜地带着鼓回到老巢去了。

该剧后来也被改编为同名歌舞伎剧目。

飾蝦鎧曽我

歌舞伎。中村清三郎著。祐经是神灵，十郎是小锻冶，五郎是助手，共同铸造名剑。

那須野狩人那須野猟師 / 玉藻前曦袂

净琉璃。浪冈橘平著。鸟羽天皇的兄长薄云王子叛乱，在此期间，狐妖玉藻前亦掀风波。

安倍泰成忌幣

歌舞伎。壕越二三治著。朝廷内部争斗中，穿插了九尾狐妖玉藻前的故事，不过玉藻前在剧中所占戏份比较少。具体内容不详。

玉藻前桂黛

歌舞伎。金井三笑著。本剧主角是三浦上总，九尾狐妖玉藻前所占戏份非常少。具体内容不详。

柳雛諸鳥囀

歌舞伎。作者不详。白藏主与狐的一段人狐交替舞蹈表演。

鞍馬獅子／女夫酒替奴中仲

歌舞伎。作者不详。静听说义经被杀了，备受打击，以致精神错乱。她行走在伊势的一条河边，刚好碰见了巡游乡村的太神乐。太神乐给静表演了狮子舞和其他曲艺节目。表演狮子舞的男子实际上是义经的家臣厩喜三太。正在这时，卖酒的伊势屋夫妇（实为源九郎狐）和卖糯米饼的日向屋（实为姥岳的雌狐）也聚了过来，分别讲述了自己的身世。这时，太神乐之神镜的威德使静恢复了神智，静方才得知厩喜三太是义经的家臣，二人互相知道了对方的身份都非常高兴。狐夫妇也表明了自己的身份，雌狐则从担饼的箩筐中抱出义经的儿子源太丸交给静。狐夫妇提到，喜三太的神镜是自己不小心弄丢了的狐族的守护神镜，希望喜三太能还给它们。静感念狐夫妇养育源太丸之恩，作为答谢之礼，静让喜三太将神镜还给了狐夫妇。狐夫妇非常高兴，预言源氏将长盛不衰，之后便消失了。

袖薄播州廻／姬路城音菊礎石

歌舞伎。并木五瓶著。播州城主桃井家有位家臣叫内膳，是一个大奸臣，预谋叛乱。他毒杀了幼君，并施计让忠诚的家臣主水误杀了桃井家的老城主，最终主水也死于内膳之手。桃井家彻底被内膳所取代。失去城主的姬路城便成为一座空城，据说里面有鬼怪出没，因而无人敢靠近。原来是桃井家老城主的侧室砧前企图匡复桃井家，放出流言吸引勇士们前来，很快也招揽了很多义士。原本已经被杀死的主水复活过来了，还和一个叫作阿辰的女子结了婚。原来复活的主水是由与九郎狐所变，阿辰是由与九郎狐的狐妻小女郎狐所变。小女郎狐与九郎狐后来又变成恶人内膳的模样，欺骗内膳党羽，收集到内膳作恶的证据，使内膳恶行昭显天下，最终被众义士杀死。歌舞伎《姬路城音菊础石》在此基础上加入了狐报恩的情节，使九郎狐帮助桃井家除恶的行径更合理化了。

仮名写安土問答

净琉璃。作者不详。小坂女狐为了报恩，变成将军足利义辉的妻子阑君的模样，抚育阑君遗留下的幼儿。

色見草四の染分

歌舞伎。作者不详。女性稻荷神协助小锻冶打剑。

小町村芝居正月

歌舞伎。初代樱田治助著。平安初期，文德天皇病危，写下遗书让其四子惟仁亲王继承皇位，藤原良房辅佐。但是大臣大伴黑主认为应该由长子惟高亲王继位。于是，围绕皇位的继承权两派势力展开了激烈的争斗。黑主命家臣武足盗走了遗书，寄存在纪名虎的母亲大刀自婆处。名虎盗出了继位所必需的村云宝剑，逃往东国。黑主利用咒术封印了龙神，造成连年大旱，百姓叫苦连天。因为惟仁亲王未拿到遗书，哥哥惟高亲王以长子身份继承皇位。惟高亲王让绝世美女兼歌人小野小町姬作和歌祈雨，并欲纳小町姬为后。在此期间，大刀自写给黑主的一封密信暴露，原来黑主表面支持惟高亲王，实际上是想取而代之，并想霸占小町姬。此时传来村云宝剑被盗的消息，黑主以此为由，欲追究少将的责任。小町姬借机逃脱，与爱人少将乔装成商人的模样，一起赴东国找寻村云宝剑。到了东国，少将改名为五郎又，变成一家肉店的老板，小町姬更名为阿露，和五郎又是一对夫妇。但夫妻二人性格不合，经常吵架。汤粉店老板庄兵卫喜欢上了阿露，一天趁五郎又不在家要强行带阿露走，说五郎又已经另娶他人了。果然，五郎又带着新妻子美纪（实为小女郎狐所变）回来了，还要休掉阿露。阿露不肯，美纪同情阿露，提出三人一起生活。一日，阿露发现了庄兵卫落下的一封黑主写给名虎的信，原来庄兵卫就是名虎。于是，美纪现出狐原形，和少将从名虎手上夺回了村云宝剑。少将留下来招募士兵，小女郎狐暗中保护小町姬带剑回京。

另一边，黑主伪造了村云宝剑，欲在神泉苑继位。小町姬前来神泉苑作歌祈雨，被黑主抓获，连同惟仁亲王、藤原良房等人，一并将被处置。在此千钧一发之际，少将的家臣孔雀三郎及时赶到，解救了大家。这时，化作名虎妹妹初音的小女郎狐拿着真正的村云宝剑也赶到了。黑主真面目被揭发，欲垂死挣扎。孔雀三郎在与黑主争斗中，撕裂了封印之筒，龙神飞跃而出，顿时天降甘露。最终，惟仁亲王继位，坏人得到处罚，天下回归太平。

けいせい蝦夷錦

歌舞伎。奈河七五三助著。序幕中，狐变成政冈驱逐恶人，之后狐再也没有出现。

嫁入信田妻

净琉璃。作者不详。《芦屋道满大内鉴》的改作，具体内容不详。

四天王楓江戸粧

歌舞伎。鹤屋南北著。剧情与《小町村芝居正月》相似。

今様花相槌

歌舞伎。作者不详。侍女早咲是稻荷神灵，阿红是小锻冶，二人配合打剑。

絵本増補玉藻前曦袂

净琉璃。佐川藤太、近松梅枝轩著。剧情详见第三章，此处略。

三国妖婦伝

歌舞伎。并木五瓶著。九尾狐妖在天竺化作华阳夫人；之后飞渡唐土，变成妲己，魅惑君王，招致灭国之祸；后又东渡日本，化身成玉藻前，身份败露后，逃往那须野。上总之助和三浦之助奉命赴那须猎狐。

信田妻粧鏡

净琉璃。作者不详。在葛叶狐故事中加入了吉备真备入唐，以及与勘平忠义的事迹等情节，具体内容不详。

苅枕露濡事

歌舞伎。作者不详。玉藻前变作皇宫的宫女，一天身体发出光芒，被坂部和田五郎发现。后来宫中出现两个玉藻前，被上总之助和其妻子磐井看穿其中一人是九尾狐所变，九尾狐妖玉藻前在身份暴露后逃亡到了那须野。

御名残尾花留袖

歌舞伎。福森久助著。信田狐协助女神灵铸剑。

化粧殺生石

净琉璃。作者不详。《玉藻前曦袂》的最后一场，化身为杀生石的玉藻前亡魂的一段舞蹈表演。

神勅嫁入小鍛冶

歌舞伎。作者不详。五郎狐变成宗近的模样，和妻子阿辰造剑的故事。

袖振雪吉野拾遗／名御摄花吉野拾遗

歌舞伎。作者不详。一个叫作三芳野实的女官来拜访隐居在吉野山里的楠正行，说是奉天皇命令来给他做妻子。于是，正行就安排她住下了。紧接着一个叫作又五郎的杂役也来拜访，给正行讲述了宫廷中的祭祀活动。说到最后杂役吐露实情，自己和刚才来拜访的女官实际上是一对夫妻狐，是为正行的一块宝玉而来。正行非常同情二人，就把宝玉送给了它们。于是，夫妻狐欢欢喜喜地回古巢去了。

二人智座定

歌舞伎。作者不详。左近狐、小女郎狐与九郎狐协助小锻冶宗近造剑。

濃紅葉小倉色紙

歌舞伎。奈河晴助著。讲的是白狐报恩，帮助恩人击败敌人的故事。在纷繁复杂的政治斗争中，加入了白狐报恩的故事。主君笹原左京头狩猎时，欲猎杀一只白狐，家臣笹原隼人劝谏救下了白狐，却因此被责令禁足府邸。之后家老犬守兵库密谋造反，隼人在之前所救白狐的帮助下，最终击败兵库，平息了这场叛乱。

睦女夫義経

歌舞伎。作者不详。在该剧中，义经、静是源九郎狐和小女郎狐所化，让敌人烦恼不已。

玉藻前

歌舞伎。作者不详。在鸟羽天皇的御所，宫中女官玉藻前通身发出耀眼的光芒。自此，鸟羽天皇一病不起。阴阳师安倍泰成作法，让玉藻前现出九尾狐原形，逃往那须野，其亡魂附着在一块巨石上，成为杀生石。

奴江戸花槍

歌舞伎。瀬川如皋著。本剧剧情庞杂，与狐狸有关的情节是播磨（兵库县）的小女郎狐化作美女芙蓉前寻宝玉。

玉藻前御園公服

歌舞伎。鹤屋南北著。剧情详见第三章，此处略。

雪御伽平家

歌舞伎。鹤屋南北著。该剧是以清盛为中心展开剧情的。阿玉被误认作常磐御前，于是，阿玉就以常磐的身份嫁给清盛做妾。其实阿玉是狐所变，身份暴露后，她变作玉藻前，之后又变成一个妓女。具体剧情不详。

若木花容彩四季

歌舞伎。中村重助著。大藤内奉源赖朝之命，领着武士们在富士山进行围猎演习。突然一只白狐窜出，众人在后面紧追不舍，白狐惊慌失措之间窜入围猎总督工藤的府邸。正当大藤内一行人争论要不要进去追猎白狐时，工藤听到嘈杂声走了出来。传说白狐可预兆凶吉，工藤听说有白狐窜入自己的府邸，不知是何征兆。众将士纷纷列举白狐预示吉兆的先例，认为方才的白狐是预示工藤此次围猎将大获成功的吉兆，并纷纷向工藤表示祝贺。正在这时，侍者通报，门外有两个游艺人前来祝贺。工藤兴致大增，欣然允诺进见。孰料来人是十郎、五郎兄弟，是来找工藤报杀父之仇的。工藤一眼就认出了两人。只见两兄弟均游艺人装扮，拿着狩猎绳套，当他们来到工藤府邸前时，工藤（白狐所变）也走下府邸，戴着狐面，步步逼近十郎、五郎兄弟。接下来便是双方的一段对峙周旋的表演，歌舞伎中往往称为"钓狐"。最终，双方约定，待工藤圆满完成此次围猎活动后再战，一举清算双方的恩怨。

吉野山雪振事

歌舞伎。作者不详。以《义经千本樱》为底本进行的改作。在白雪皑皑的吉野山里，楠正行隐居于此。一日，一个名叫弁的女官突然来访，说是奉主君之命来给他当妻子。正行正为难之际，又有一个声称弁的女官（千枝狐）和杂役又五郎（塚本狐）来拜访。正行觉得非常可疑，就考验对方道："您是女官，应该非常熟悉宫中的祭祀活动吧?"于是，假女官边说边舞，声情并茂，打消了正行的疑虑。在酒宴上，正行给又五郎递杯，将酒杯用力抛向又五郎，又五郎顺势去接酒杯，抬手投足间在雪地上留下了野兽的足迹。见状，正行再次质问对方，这时两人才道出了实情。原来两人是一对夫妻狐，因正行在京花山院时曾得到了一块宝玉，那块玉对它们狐族来说是非常重要的宝物，它们此行正是为此宝玉而来。正行听完非常同情这对夫妻狐，就将那块宝玉送给了它们。夫妻狐得到宝玉欢喜地飞向古巢去了。

名巳菊初音道行

歌舞伎。樱田治助著。静和忠信为追寻义经奔赴在吉野山中的一段道行表演。实际上，静是贱机狐，忠信是源九郎狐，二人是一对夫妻狐。当真正的静和忠信出现时，夫妻狐身份暴露，才吐露实情。最终，夫妻狐得到了初音之鼓，欢欢喜喜地回老巢去了。

恋鼓調掛罠

歌舞伎。作者不详。义经和妻子乡君一起隐居在大和吉野的深山里。一日，忠信协同静来拜访。故人相见交谈甚欢，义经甚至拿出格外珍藏的初音之鼓。此时，静和忠信才吐露实情。原来二人是一对夫妇狐所变，为初音之鼓而来，因为初音之鼓是用父母的狐皮制作而成的。义经感念夫妇狐对父母的一片深情，最终将初音之鼓送给了它们。

狐静化粧鏡

歌舞伎。河竹默阿弥著。养育义经的遗子经若的静御前，其实是源九郎的狐妻。它这么做是源九郎狐为了报答静、义经赠予初音鼓的恩情。

小笠原諸礼忠孝 / 小笠原騒動 / 小倉縞邪正経緯

歌舞伎。胜谚藏著。执权（镰仓幕府时期的职务名，辅佐将军，总管政务）犬神兵部将怀了自己孩子的大方送给主君小笠原丰前守做侧室，预谋夺位。一天，丰前守打猎时要射杀一只白狐，隼人劝阻而止，丰前守颇为不满，故责令隼人禁足府第。兵部派刺客刺杀隼人，被奴菊平所救。这个菊平其实就是之前被隼人救下的那只白狐所变。隼人看穿了兵部的阴谋，就拜托阿早给小笠原远江守送密信通报信息，但阿早在途中被兵部的私党冈田良助暗杀。虽然密书到了良助手里，但是良助的家人因此遭到阿早的冤魂的折磨而死。良助悔恨不已，决定改过自新，从兵部的宅邸偷来了兵部一党谋反联名书，打算直接向远江守告发。这时阿早的丈夫飞脚小平次来找良助给妻子报仇。双方经过一番激战，良助终败死，临死前把密书托付给了小平次。隼人在白狐的帮助下得救。因联名书被暴露，大方自尽。兵部还企图垂死挣扎，但最终屈服于白狐的神力之下。小平次向远江守告发的那一瞬间，枪声传开了一片。

女化稻荷月朦夜／女化稻荷

歌舞伎。河竹默阿弥著。常陆国根本村的浪人曾根忠三郎以前救过一只负伤的狐狸。这只狐狸后来变成了一个女子，名叫阿秋。阿秋来拜访忠三郎，听说忠三郎的母亲卧病在床，便非常殷勤地侍奉在旁，还帮忠三郎料理家务。日久生情，二人便结为了夫妇，还生了一个儿子。一日，领主带着随从经过，忠三郎的儿子从队列前穿过，随从们拉过孩子就要斩杀，被家老及时制止了。忠三郎的父亲以前在领主府供过职，教习剑术。家老早闻忠三郎的剑术出色，想让忠三郎重事旧主，因此希望他明天能在主君面前和现在的教练比试一场。恰巧这时从江户来了一个算命先生，告诉阿秋："家里有非人类，会祸患家人的。"此时，阿秋听说了忠三郎明天要去比赛的事，不想因为自己而影响丈夫的前途，于是下定决心要离开。次日，忠三郎比赛失败了，原来他是怕对方报复，故意输给了对方。家老知道真相后，坚持让忠三郎再比赛一次。第二天忠三郎去比赛时，阿秋带着儿子来到根本之原这个地方，向儿子坦白了自己的真实身份，然后悲伤地与儿子告别。此时赢了比赛的忠三郎追赶妻子而来。尽管极力挽留，阿秋因为自己非人类的身份，终不肯留下，挥泪告别了丈夫和儿子就离开了。

狐と笛吹き

新作歌舞伎。北条秀司著。剧情详见第二章，此处略。

十二段君が色音

歌舞伎。作者不详。小女郎狐为了拿回用自己丈夫的血锻造的小狐丸剑，变成卖花女阿菊接近佐藤忠信，与《义经千本樱》中的狐想拿回初音之鼓有异曲同工之处，可谓女版狐忠信。

玉藻前雲居晴衣

歌舞伎。鹤屋南北著。鸟羽法皇云游各地修行，当他行至纪州海滨时，看到了封印金毛九尾狐妖的狐冢，其冢上至今还飘散着一股妖气。法皇正想作法制伏，孰料狐冢的咒法却突然被打破，昔日在天竺变为华阳夫人，继而在唐土变为妲己模样的美艳绝伦的女子出现在法皇面前。法皇很快被该女子迷失了心智，当即抛弃佛法，带着她回宫了。佞臣田熊法眼觊觎皇位，蓄谋已久，二十年前就将自己的儿子和天皇的孩子调换了。也就是说，鸟羽上皇是法眼的儿子，而法眼的女儿藻女才是皇家血脉。藻女和安倍泰成的弟弟那须八郎之间有了私生子绿丸。之后，藻女就莫名失踪了。另一边，狐妖认法眼为养父，命名为玉藻前，受到鸟羽上皇的专宠。鸟羽上皇终日沉迷于玉藻前的艳色之中，再也无心理会朝政。鸟羽上皇的弟弟辅仁亲王劝谏，却被治以谋反之罪。于是，亲王命那须八郎拿八咫镜进京以鉴玉藻前的正邪。然而，八咫镜却模糊不清，八郎惶恐之下到纪州路龙山明神洞祈祷，希冀神镜恢复明亮。正在这时，法眼也来到龙山明神洞，在洞口附近挖出二十年前埋藏的许愿书。许愿书的内容写在一块白绢上，但被施了咒法，需要染上戌年戌月戌日出生的一对父子的血，上面的文字才会显现，而八郎和其儿子绿丸刚好就是戌年戌月戌日出生。法眼的家臣金藤次趁八郎不注意偷出了八咫镜，正在这时，玉藻前突然出现，吞噬了金藤次，并夺走了神镜。在一片漆黑中，趁着双方混战，藻女突然出现，拿走了法眼的白绢，八郎扯下了玉藻前的一块袖衣。入京后，八郎发现自己丢失的神镜在玉藻前手上，且自己在黑暗中扯下的妖怪的袖衣竟然是玉藻前的，但没有任何人相信他的话，八郎的处境越发危险。玉藻前答应归还神镜给八郎，但作为条件，必须让绿丸代替他切腹。绿丸死后，其身上流下的鲜血染在了藻女落下的白绢上，散发出浓郁的血腥味，玉藻前开始显现出狐形来。八郎上前追杀玉藻前，追至内殿，被上皇斩杀，其鲜血也浸染在了那块白绢上。法眼的阴谋暴露。上皇斩杀了法眼，并把皇位传给了皇家正统血脉——辅仁亲王。皇家血统得以扶正，神镜重回明净，神力恢复。安倍泰成作法祈祷并借助八咫镜的神力，打败了玉藻前，玉藻前现出九尾狐原形，通身散发着妖异的光芒，逃往那须野去了。

玉藻前化生辉裳

歌舞伎。作者不详。左大臣薄云皇子是鸟羽上皇的哥哥，但他没能登上皇位。他一边憎恨着周围的人，一边暗恋着左大臣藤原道春的女儿桂姬。由于狐妖之计，桂姬被薄云皇子的使者杀害，自己变成桂姬的妹妹藻女的模样，凭借美貌和智谋成为法皇的宠姬，改名为玉藻前。原来这个狐妖在天竺被称为华阳夫人，在中国被称为纣王的宠妃妲己，如今在日本被称为玉藻前。最终，玉藻前的身份被阴阳师安倍泰成识破，变回狐原形从宫中脱离，逃到了遥远的那须野。

三国妖狐物語

歌舞伎。作者不详。共三卷。承袭了歌舞伎《新规一拳酉魁声》的上、中卷，分别敷演九尾狐妖华阳夫人和妲己的故事。下卷讲述的是在那须野，狐化为婢女阿玉的模样，最终被三浦上总看穿身份。

雨乞狐

歌舞伎。作者不详。野狐（源九郎狐之后裔）化身为祈雨巫女跳舞。当求来雨后，又开始了变身舞蹈，依次变为求雨巫女、出嫁狐狸等，最后又快速地变成了野狐。

狐と宇宙人

狂言。作者不详。恶宇宙人 A 想攻占地球，派宇宙人 B 先去地球打探情况。为了不引起人类的怀疑，宇宙人 B 装扮成人的模样来到地球，恰好遇到了狐。由于人类开山辟地，狐眷属们相继被猎杀，因此该狐化作人形来到人类居住的村庄，打算教训教训人类。由此，宇宙人 B 和狐展开了一场滑稽表演。最终，狐将宇宙人 B 骗进沼泽地，宇宙人 B 陷入沼泽不能动弹，狐现出原形要去撕咬宇宙人 B，宇宙人 B 跪行逃跑下场。

NARUTO-ナルト

新作歌舞伎。作者不详。改编自日本人气动漫《火影忍者》。十多年前一只拥有巨大威力的妖兽"九尾狐妖"袭击了木叶忍者村，当时的第四代火影波风水门拼尽全力，以自己的生命为代价将"九尾狐妖"封印在了刚出生的鸣人身上，木叶村终于恢复了平静。一晃十多年过去了，少年鸣人勉强从木叶村的忍者学校毕业，和好朋友佐助和小樱成为下级忍者，在高级忍者卡卡西老师的带领下，三人一起踏上了修行之路。

参考文献

一、日文文献

1. 著作

［1］坂本太郎，家永三郎，井上光貞，ほか. 日本書紀：上［M］. 東京：岩波書店，1965.

［2］坂本太郎，家永三郎，井上光貞，ほか. 日本書紀：下［M］. 東京：岩波書店，1965.

［3］北区飛鳥山博物館. 狐火幻影：王子稲荷と芸能［M］. 東京：東京都北区教育委員会，2004.

［4］沖浦和光. 天皇の国・賤民の国：両極のタブー［M］. 東京：河出書房新社，2007.

［5］大谷篤蔵. 日本古典文学大系45：芭蕉句集［M］. 東京：岩波書店，1962.

［6］大森恵子. 稲荷信仰と宗教民俗［M］. 東京：岩田書院，1994.

［7］大森恵子. 稲荷信仰の世界：稲荷祭と神仏習合［M］. 東京：慶友社，2011.

［8］渡辺保. 千本桜：花のない神話［M］. 東京：東京書籍，1990.

［9］渡辺守邦. 晴明伝承の展開：『安倍清明物語』を軸として［J］. 国語と国

文学，1981（11）：99-109.

［10］肥後和男．日本に於ける原始信仰の研究［M］．東京：東海書房，1950.

［11］伏見稲荷大社．稲荷の信仰［M］．京都：伏見稲荷大社，1951.

［12］伏見稲荷大社．稲荷大社由緒記集成：研究著作篇［M］．京都：伏見稲荷大社社務所，1972.

［13］伏見稲荷大社．稲荷大社由緒記集成：信仰著作篇［M］．京都：伏見稲荷大社社務所，1957.

［14］岡田玉山．絵本玉藻譚［M］．東京：辻岡文助，1887.

［15］高井蘭山．絵本三国妖婦伝［M］．東京：門戸平吉，1889.

［16］高久久．歌舞伎動物記：十二支尽歌舞伎色種［M］．東京：近代文芸社，1995.

［17］高橋貞樹．被差別部落一千年史［M］．沖浦和光，校注．東京：岩波書店，1992.

［18］宮本常一．口承文学論集［M］．東京：八坂書房，2014.

［19］折口博士記念古代研究所．折口信夫全集：第1巻［M］．東京：中央公論社，1965.

［20］折口博士記念古代研究所．折口信夫全集：第2巻［M］．東京：中央公論社，1965.

［21］谷川健一，五来重．日本庶民生活史料集成：第17巻［M］．東京：三一書房，1981.

［22］谷川健一．日本民俗文化資料集成第7巻：憑きもの［M］．東京：三一書房，1990.

［23］谷川健一．神・人間・動物：伝承を生きる［M］．東京：世界平凡社，1975.

［24］黒木勘蔵．近世演劇考説［M］．東京：六合館，1929.

［25］横井見明．源翁和尚と殺生石［M］．東京：森江書店，1911.

［26］荒木繁，山本吉左右．説経節［M］．東京：平凡社，1973.

［27］吉野裕子. 狐：陰陽五行と稲荷信仰［M］. 東京：法政大学出版局，
　　　　2004.

［28］加賀山直三. 歌舞伎の視角：十六種の狂言鑑賞を通して［M］. 東京：
　　　　角川書店，1956.

［29］榎本直樹. 正一位稲荷大明神：稲荷の神階と狐の官位［M］. 東京：岩
　　　　田書院，1997.

［30］今泉忠明. 狐狸学入門［M］. 東京：講談社，1994.

［31］金子準二. 日本狐憑史資料集成［M］. 東京：金剛出版，1966.

［32］金子準二. 日本狐憑史資料集成：続［M］. 東京：金剛出版，1967.

［33］近藤喜博. 古代信仰研究：稲荷信仰論［M］. 東京：角川書店，1963.

［34］井上円了. 妖怪学講義：合本第 4 冊［M］. 増補再版. 東京：哲学館，
　　　　1896.

［35］遠藤嘉基，春日和男. 日本古典文学大系 70：日本霊異記［M］. 東京：
　　　　岩波書店，1967.

［36］東村山ふるさと歴史館. 初代若松若太夫：哀切なる弾き語り　説経
　　　　節［M］. 東村山：東村山ふるさと歴史館，2006.

［37］久松潜一. 日本古典文学大系 28：新古今和歌集［M］. 東京：岩波書
　　　　店，1958.

［38］酒向伸行. 民俗学叢書 21：憑霊信仰の歴史と民俗［M］. 東京：岩田書
　　　　院，2013.

［39］鈴木健一. 鳥獣虫魚の文学史：日本古典の自然 1　獣の巻［M］. 東京：
　　　　三弥井書店，2011.

［40］柳田国男. 狐塚の話［M］. 東京：修道社，1954.

［41］柳田国男. 柳田国男集［M］. 東京：筑摩書房，1965.

［42］柳田国男，ほか. 憑きもの［M］. 東京：河出書房新社，2000.

［43］日本ナショナル・トラスト. 日本民俗芸能事典［M］. 東京：第一法規
　　　　出版，1976.

［44］山折哲雄. 稲荷信仰事典［M］. 東京：戎光祥出版，1999.

［45］盛田嘉徳，岡本良一，森杉夫．ある被差別部落の歴史：和泉国南王子村［M］．東京：岩波書店，1979.

［46］盛田嘉徳．中世賤民と雑芸能の研究［M］．東京：雄山閣，1974.

［47］松村潔．日本人はなぜ狐を信仰するのか［M］．東京：講談社，2006.

［48］松岡静雄．神楽舎黙語［M］．東京：書物展望社，1938.

［49］松前健．稲荷明神：正一位の実像［M］．東京：筑摩書房，1988.

［50］藤沢衛彦．日本民族伝説全集2：関東篇［M］．東京：河出書房，1955.

［51］藤沢衛彦．日本民族伝説全集9：京都・大阪・奈良篇［M］．東京：河出書房，1956.

［52］藤沢衛彦．日本伝説研究：第5巻［M］．東京：六文館，1932.

［53］藤沢衛彦．図説日本民俗学全集4：民間信仰・妖怪編［M］．東京：あかね書房，1960.

［54］小松和彦．安倍晴明「闇」の伝承［M］．東京：桜桃書房，2000.

［55］小松和彦．憑霊信仰論：妖怪研究への試み　増補［M］．東京：ありな書房，1984.

［56］星野五彦．狐の文学史［M］．増補改訂．松戸：万葉書房，2017.

［57］岩崎武夫．さんせう太夫考：中世の説経語り［M］．東京：平凡社，1973.

［58］野村昭．俗信の社会心理［M］．東京：勁草書房，1989.

［59］野間宏，沖浦和光．日本の聖と賎：中世編［M］．東京：人文書院，1985.

［60］伊東涼泉．信仰の念力［M］．東京：愛友社出版部，1930.

［61］沢瀉久孝．万葉集注釈：巻第14［M］．東京：中央公論社，1965.

［62］折口信夫．古代研究［M］．東京：大岡山書店，1929-1930.

［63］真下美弥子，山下克明．簠簋抄［M］//深沢徹．日本古典偽書叢刊：第3巻．東京：現代思潮新社，2004：275.

［64］直江広治．稲荷信仰［M］．東京：雄山閣，1986.

［65］志村有弘，諏訪春雄．日本説話伝説大事典［M］．東京：勉誠出

版，2000.

［66］中村禎里. 動物たちの霊力［M］. 東京：筑摩書房，1989.

［67］中村禎里. 狐の日本史：古代・中世篇［M］. 東京：日本エディタース
　　　クール出版部，2001.

［68］中村禎里. 狐の日本史：近世・近代篇［M］. 東京：日本エディタース
　　　クール出版部，2003.

［69］中村禎里. 日本人の動物観：変身譚の歴史［M］. 東京：ビイング・ネッ
　　　ト・プレス，2006.

［70］諏訪春雄. 安倍晴明伝説［M］. 東京：筑摩書房，2000.

［71］佐佐木信綱. 日本歌学大系：第 1 巻［M］. 東京：風間書房，1958.

2. 论文

［1］八嶌正治.（作品研究）「小鍛冶」［J］. 観世，1975（1）：6-12.

［2］坂井田ひとみ. 日中狐文化の探索［J］. 中京大学教養論叢，1996（4）：
　　　1291-1330.

［3］長尾彩子. 信太妻伝承の研究［J］. 日本文学，2011（107）：43-57.

［4］長沢利明. 殺生石と九尾狐の信仰：栃木県那須地方［J］. 西郊民俗，
　　　1988（123）：1-14.

［5］程亮. 狐仙信仰研究の現状と展望：中国、日本と欧米の先行研究に基
　　　づいて［J］. 東アジア文化研究，2018（5）：31-39.

［6］池田弥三郎.「信太妻の話」の成立［J］. 現代詩手貼，1973（6）：
　　　8-25.

［7］川島朋子. 室町物語『玉藻前』の展開：能〈殺生石〉との関係を中心
　　　に［J］. 国語国文，2004（8）：18-34.

［8］村戸弥生.「小鍛冶」の背景：鍛冶による伝承の視点から［J］. 国語国
　　　文，1992（3）：19-32.

［9］大森恵子. 愛法神・性愛神と稲荷信仰：特に、女狐と女性・神子を中
　　　心にして［J］. 山岳修験，2000（25）：1-17.

［10］大森恵子. 狐と民俗芸能：特に、風流踊り・獅子舞・門付け芸を中心にして［J］. 民俗芸能研究，1994（20）：28-40.

［11］大森恵子. 狐伝承と稲荷信仰：特に、変化型狐伝承と荼吉尼天信仰を中心にして［J］. 日本民俗学，1989（177）：94-116.

［12］大森恵子. 狂言「釣狐」の演出と稲荷信仰［C］// 古稀記念論集刊行委員会. 伝承文化の展望：日本の民俗・古典・芸能. 東京：三弥井書店，2003：49-62.

［13］大森恵子. 能楽「小鍛冶」の演出と稲荷霊験談［J］. 宗教民俗研究，1995（5）：25-51.

［14］大山ゆり. 玉藻前の神話学：文明二年写本『玉藻前物語』を中心に［J］. 国文学論輯，2011（32）：11-31.

［15］岡田荘司.『稲荷大明神流記』の成立［J］. 神道宗教，1972（68）：27-39.

［16］渡辺守邦.『簠簋抄』以前：狐の子安倍の童子の物語［J］. 国文学研究資料館紀要，1988（14）：63-124.

［17］渡辺守邦.「狐の子別れ」文芸の系譜［J］. 国文学研究資料館紀要，1989（15）：135-165.

［18］広瀬ヒサ.「義経千本桜」の成立について［J］. 国文，1969（31）：26-35.

［19］和田正美. 狐の業と女の性と：『蘆屋道満大内鑑』を中心にして［J］. 比較文学研究，1994（65）：65-75.

［20］黒沢幸三. 信太妻の一考察［J］. 文芸研究：文芸・言語・思想，1973（74）：31-42.

［21］横井教章.「殺生石」伝説考：宗教人類学の方法と視座から［J］. 駒沢大学仏教学部論集，1999（30）：291-309.

［22］横山泰子. 比較文化的に見た歌舞伎の妖怪：九尾の狐を中心に［J］. 怪異・妖怪文化の伝統と創造：ウチとソトの視点から，2015（1）：293-305.

［23］吉川正倫. 稲荷信仰と狐の民俗［J］. 大手前女子大学論集，1979（13）：
161-165.

［24］吉野裕. 稲荷信仰溯源：記紀・神話［J］. 文学，1971（11）：96-105.

［25］加賀佳子. 古浄瑠璃「しのだづま」の成立：なか丸とあべの童子［J］.
芸能史研究，1991（115）：32-62.

［26］加藤敦子. 狐女房に見る異界：二人の葛の葉が出会うこと［J］. 比較
日本学教育研究センター研究年報，2017（13）：31-38.

［27］末広弓雄. 狐の芸能に関する考察の一端［J］. 芸能，1995（1）：26-37.

［28］木村康男. 人形浄瑠璃・歌舞伎『蘆屋道満大内鑑』とベン・ジョンソ
ン『ヴォルポーネまたは古狐』：〈狐〉をモチーフにした演劇の洋の
東西比較研究［J］. 東京国際大学論叢，1999（5）：45-73.

［29］牧羊子. 血を執拗に描くことの意味：淡路人形芝居「玉藻前曦袂」［J］.
文芸，1970（6）：187-189.

［30］内山美樹子，神津武男，染谷智恵子.『義経千本桜』：上演方法の変
遷と現行本文の成立時期に関する研究［J］. 早稲田大学大学院文学研
究科紀要，1998（44）：81-95.

［31］浅井真男：歌舞伎放談4：「義経千本桜」第一部　上［J］. 心，1979
（4）：68-80.

［32］浅井真男：歌舞伎放談6：「義経千本桜」第一部　下［J］. 心，1979
（6）：62-66.

［33］清水久美子.「小鍛冶」における能と文楽の扮装［J］. 民族芸術，1999
（15）：136-145.

［34］森谷裕美子. 近世演劇における狐：元禄期を中心に［J］. 国文学研究
資料館紀要：文学研究篇，2019（45）：183-200.

［35］森田みちる.「義経千本桜」の成立をめぐって：歌舞伎との関係を中
心に［J］. 国文目白，2006（45）：86-94.

［36］上田ひろ子.「芦屋道満大内鑑」についての一考察：葛の葉狐を中心
に［J］. 国文研究，1996（39）：71-88.

［37］上田ひろ子. 古浄瑠璃『しのだづまあべの清明出生』以前を探る:『〔ホキ〕内伝』と『〔ホキ〕内伝抄』の比較を中心に［J］. 国語国文学研究，1997（32）：169-181.

［38］石川稔子. 信太狐説話と狐の子孫：尾張一篠田森葛の葉稲荷［J］. 東海地域文化研究，1997（8）：65-80.

［39］田川くに子. 玉藻伝説と『武王伐紂平話』［J］. 文藝論叢，1975（11）：8-13.

［40］田口和夫.「釣狐」の形成と展開：鷺流狂言史の一面［J］. 藝能史研究，1981（74）：6-19.

［41］王貝. 中国と日本の変身譚の歴史的変遷に関する考察：狐、蛇、虎、犬、亀を中心に［D］. 大阪：大阪大学，2016.

［42］網本尚子. 狂言「釣狐」試考［J］. 楽劇学，1995（2）：31-45.

［43］呉艶. 中日戯曲文学に於ける異類婚姻譚［D］. 京都：同志社大学，2002.

［44］呉章娣.「玉藻前物語」考：中国文学との関わりを中心に［J］. 青山語文，2019（49）：27-39.

［45］箱山貴太郎. 稲荷神について：主として狐との関係について［J］. 日本民俗学会報，1964（32）：25-30.

［46］小川知穂. 殺生石伝説と中国の狐伝承の影響［J］. 野州国文学，2007（80）：37-50.

［47］小林直樹. 狐伝承の系譜と「義経千本桜」［C］// 大阪市立大学文学研究科「上方文化講座」企画委員会. 上方文化講座：義経千本桜. 大阪：和泉書院，2013：124-133.

［48］小松和彦. 那須野の殺生石：殺生石［J］. 観世，2004（4）：44-49.

［49］小松和彦. 能のなかの異界（20）稲荷山：「小鍛冶」［J］. 観世，2005（3）：50-55.

［50］徐忱. 日中狐文化比較研究［J］. 南山大学大学院国際地域文化研究，2013（8）：245-279.

［51］野村萬藏. 狂言「釣狐」について［J］. 美術史学，1943（78）：365-368.

［52］葉漢鰲. 中世芸能と中国の古芸能・信仰の比較研究［D］. 東京：学習院大学，1998.

［53］越川力哉. 善なる悪狐：『玉藻前曦袂』にみる玉藻の前［J］. 近世文学研究，2010（2）：53-69.

［54］増尾伸一郎.「葛の葉」の影：狐との異類婚と子別れ［J］. 国文学：解釈と鑑賞，2004（12）：55-65.

［55］中村王洋. ダキニ天と稲荷信仰：特に伏見稲荷との関係について［J］. 密教学，2010（46）：19-53.

［56］中塚亮. 妲己と狐：『封神演義』に見る，イメージ及び物語の成立に至る一過程［J］. 金沢大学中国語学中国文学教室紀要，1999（3）：65-95.

3. 剧本

［1］北条秀司. 北条秀司戯曲選集：第4［M］. 東京：青蛙房，1964.

［2］高野辰之，黒木勘蔵. 近松門左衛門全集：第3巻［M］. 東京：春陽堂，1924.

［3］古浄瑠璃正本集刊行会. 古浄瑠璃正本集：加賀掾編［M］. 東京：大学堂書店，1992.

［4］国立劇場営業部営業課編集企画室. 玉藻前曦袂［M］. 東京：日本芸術文化振興会，2017.

［5］国立文楽劇場営業課. 文楽床本集：国立文楽劇場人形浄瑠璃文楽平成二十二年七月公演［M］. 東京：日本芸術文化振興会，2010.

［6］河竹黙阿弥. 黙阿弥脚本集：第25巻［M］. 東京：春陽堂，1920-1923.

［7］河竹黙阿弥. 黙阿弥全集：首巻　第1-27巻［M］. 東京：春陽堂，1934-1936.

［8］近石泰秋. 浄瑠璃名作集：下［M］. 東京：大日本雄弁会講談社，1951.

［9］郡司正勝. 国立劇場歌舞伎公演上演台本：173-2［M］. 東京：国立劇場，1992.

［10］戸板康二. 名作歌舞伎全集：第 2 巻［M］. 東京：創元社，1968.

［11］戸板康二. 名作歌舞伎全集：第 24 巻［M］. 東京：創元社，1972.

［12］坪内逍遥，渥美清太郎. 大南北全集：第 1 巻［M］. 東京：春陽堂，1925.

［13］坪内逍遥，渥美清太郎. 大南北全集：第 9 巻［M］. 東京：春陽堂，1925.

［14］坪内逍遥，渥美清太郎. 歌舞伎脚本傑作集：第 5 巻［M］. 東京：春陽堂，1921.

［15］坪内逍遥，渥美清太郎. 歌舞伎脚本傑作集：第 7 巻［M］. 東京：春陽堂，1922.

［16］坪内逍遥，渥美清太郎. 歌舞伎脚本傑作集：第 11 巻［M］. 東京：春陽堂，1922.

［17］山脇和泉. 和泉流狂言大成：第 4 巻［M］. 東京：わんや江島伊兵衛，1916-1919.

［18］水谷不倒生. 紀海音浄瑠璃集［M］. 東京：博文館，1899.

［19］水谷弓彦. 絵入浄瑠璃史：中［M］. 東京：水谷文庫，1916.

［20］松山米太郎. 浄瑠璃名作集：上巻［M］. 東京：有朋堂書店，1926.

［21］田中澄江. 日本の古典 16：能・狂言集［M］. 東京：河出書房新社，1972.

［22］渥美清太郎. 国立劇場上演資料集：姫路城音菊礎石［M］. 東京：日本芸術文化振興会，2019.

［23］渥美清太郎. 日本戯曲全集：第 24 巻［M］. 東京：春陽堂，1931.

［24］渥美清太郎. 日本戯曲全集：第 26 巻［M］. 東京：春陽堂，1931.

［25］渥美清太郎. 日本戯曲全集：第 27 巻［M］. 東京：春陽堂，1928.

［26］渥美清太郎. 日本戯曲全集：第 28 巻［M］. 東京：春陽堂，1928.

［27］渥美清太郎. 日本戯曲全集：第 46 巻［M］. 東京：春陽堂，1932.

［28］小松左京. 狐と宇宙人：小松左京戯曲集［M］. 東京：德間書店，1990.

［29］野上豊一郎. 謡曲全集：解註　第 6 卷［M］. 東京：中央公論社，1936.

二、中文文献

1. 著作

［1］康笑菲. 说狐［M］. 姚政志，译. 浙江大学出版社，2011.

［2］杜建华.《聊斋志异》与川剧聊斋戏［M］. 成都：四川文艺出版社，2004.

［3］四川省川剧艺术研究院，四川省川剧学校，四川省川剧院. 川剧剧目辞典［M］. 成都：四川辞书出版社，1999.

［4］何星亮. 图腾与中国文化［M］. 南京：江苏人民出版社，2008.

［5］黄仕忠. 清车王府藏戏曲全编［M］. 广州：广东人民出版社，2013.

［6］纪昀. 阅微草堂笔记［M］. 吉林：吉林大学出版社，2011.

［7］李剑国. 中国狐文化［M］. 北京：人民文学出版社，2002.

［8］李寿菊. 狐仙信仰与狐狸精故事［M］. 台北：台湾学生书局，1995.

［9］李修生. 古本戏曲剧目提要［M］. 北京：文化艺术出版社，1997.

［10］李正学. 狐狸的诗学［M］. 北京：中国社会科学出版社，2014.

［11］卢润样. 谈狐说鬼录［M］. 南京：江苏古籍出版社，1992.

［12］麻国钧. 历代狐仙传奇全书［M］. 北京：农村读物出版社，1990.

［13］评花主人. 九尾狐［M］. 天津：百花文艺出版社，2002.

［14］蒲松龄. 聊斋志异［M］. 吕宝军，孙大为，王显志，译. 成都：西南交通大学出版社，2018.

［15］山民. 狐狸信仰之谜［M］. 北京：学苑出版社，1994.

［16］山西省戏剧研究所，陕西省艺术研究所，河北省艺术研究所，等. 中国梆子戏剧目大辞典［M］. 太原：山西人民出版社，1991.

［17］陕西省艺术研究所. 秦腔剧目初考［M］. 西安：陕西人民出版社，1984.

［18］陶君起. 京剧剧目初探［M］. 北京：中华书局，2008.

［19］汪玢玲. 鬼狐风:《聊斋志异》与民俗文化［M］. 哈尔滨：黑龙江人民出版社，2003.

［20］张净秋. 清代西游戏考论［M］. 北京：知识产权出版社，2012.

［21］朱一玄.《聊斋志异》资料汇编［M］. 天津：南开大学出版社，2002.

［22］庄一拂. 古典戏曲存目汇考［M］. 上海：上海古籍出版社，1982.

2. 论文

［1］胡堃. 中国古代狐信仰源流考［J］. 社会科学战线，1989（1）：222-229.

［2］李传军，马文杰. 庙会与乡土社会的建构：以青岛即墨马山庙会的狐仙信仰为中心［J］. 民间文化论坛，2009（6）：47-54.

［3］李晓静. 探究川剧鬼狐旦人物的表演艺术［J］. 戏剧之家，2017（4）：54.

［4］刘茜. 封神戏研究［D］. 石家庄：河北师范大学，2016.

［5］王方舟，钟文燕，周衡书，等. 花鼓戏《刘海砍樵》中人物服饰特征与艺术表现［J］. 湖北第二师范学院报，2018（6）：80-84.

［6］王加华. 赐福与降灾：民众生活中的狐仙传说与狐仙信仰：以山东省潍坊市禹王台为中心的探讨［J］. 民间文化论坛，2012（1）：82-88.

［7］王菁. 清代“聊斋戏”研究［D］. 泉州：华侨大学，2017.

［8］王琦. 中日狐狸信仰异同比较［D］. 济南：山东大学，2010.

［9］杨晶蕾.《封神天榜》研究［D］. 上海：华东师范大学，2017.

［10］张梅珍. 古典戏曲人妖情缘剧研究［D］. 福州：福建师范大学，2006.

［11］周君. 古典妖戏中的“群妖肖像”比较研究［D］. 桂林：广西师范学院，2018.

［12］周怡. 人妖之恋的文化渊源及其心理分析：关于《聊斋志异》的两个话题［J］. 明清小说研究，2001（3）：52-61.

［13］朱家溍. 贺岁大戏《青石山》［J］. 紫禁城，2006（3）：34-35.

［14］朱月. 天保村的狐信仰［J］. 文化学刊，2007（1）：151-160.

3. 剧本

［1］安徽省文化局剧目研究室. 安徽省传统剧目汇编：淮北梆子戏　第4集［M］. 合肥：安徽省文化局剧目研究室 1961.

［2］安徽省文化局剧目研究室. 安徽省传统剧目汇编：庐剧　第14集［M］. 合肥：安徽省文化局，1959.

［3］安徽省文化局剧目研究室. 安徽省传统剧目汇编：皖南花鼓戏　第3集［M］. 合肥：安徽省文化局，1958.

［4］北京市戏曲编导委员会. 京剧汇编：第35集［M］. 北京：北京出版社，1958.

［5］北京市戏曲编导委员会. 京剧汇编：第62集［M］. 北京：北京出版社，1959.

［6］北京市艺术研究所. 京剧传统剧本汇编：第1卷［M］. 北京：北京出版社，2009.

［7］北京市艺术研究所. 京剧传统剧本汇编：第13卷［M］. 北京：北京出版社，2009.

［8］川剧传统剧本汇编编辑室. 川剧传统剧本汇编：第13集［M］. 成都：四川人民出版社，1959.

［9］川剧传统剧本汇编编辑室. 川剧传统剧本汇编：第19集［M］. 成都：四川人民出版社，1959.

［10］川剧传统剧本汇编编辑室. 川剧传统剧本汇编：第28集［M］. 成都：四川人民出版社，1963.

［11］川剧传统剧本汇编编辑室. 川剧传统剧本汇编：第32集［M］. 成都：四川人民出版社，1963.

［12］刀安钮. 陶禾生［M］. 昆明：云南民族出版社，1982.

［13］冯杰三，宋润芝. 闯宫抱斗：秦腔［M］. 西安：长安书店，1957.

［14］福州市文化局，福建省戏曲研究所. 福建戏曲传统剧目选集：闽剧　第3集［M］. 福州：福建省戏曲研究所，1959.

［15］福州市文化局，福建省戏曲研究所. 福建戏曲传统剧目选集：闽剧 第8集［M］. 福州：福建省戏曲研究所，1959.

［16］甘肃省剧目工作室. 甘肃传统剧目汇编：陇东道情［M］. 兰州：甘肃省剧目工作室，1985.

［17］广西壮族自治区文化局戏曲工作室. 广西戏曲传统剧目汇编：桂剧 第2集［M］. 南宁：广西壮族自治区文化局戏曲工作室，1960.

［18］广西壮族自治区文化局戏曲工作室. 广西戏曲传统剧目汇编：桂剧 第23集［M］. 南宁：广西壮族自治区文化局戏曲工作室，1963.

［19］广西壮族自治区文化局戏曲工作室. 广西戏曲传统剧目汇编：邕剧 第26集［M］. 南宁：广西壮族自治区文化局戏曲工作室，1960.

［20］广西壮族自治区文化局戏曲工作室. 广西戏曲传统剧目汇编：邕剧 第30集［M］. 南宁：广西壮族自治区文化局戏曲工作室，1961.

［21］广西壮族自治区文化局戏曲工作室. 广西戏曲传统剧目汇编：邕剧 第46集［M］. 南宁：广西壮族自治区文化局戏曲工作室，1962.

［22］广西壮族自治区文化局戏曲工作室. 广西戏曲传统剧目汇编：邕剧 第52集［M］. 南宁：广西壮族自治区文化局戏曲工作室，1962.

［23］广西壮族自治区文化局戏曲工作室. 广西戏曲传统剧目汇编：邕剧 第45集［M］. 南宁：广西壮族自治区文化局戏曲工作室，1962.

［24］河南省剧目工作委员会. 河南传统剧目汇编：越调 第1集［M］. 郑州：河南省剧目工作委员会，1962.

［25］河南省戏曲工作室. 河南传统剧目汇编：豫剧 第16集［M］. 郑州：河南省戏剧研究所，1983.

［26］河南省戏曲工作室. 河南传统剧目汇编：豫剧 第20集［M］. 郑州：河南省戏剧研究所，1989.

［27］湖北地方戏曲丛刊编辑委员会. 湖北地方戏曲丛刊：高腔 第12集［M］. 武汉：湖北人民出版社，1959.

［28］湖北地方戏曲丛刊编辑委员会. 湖北地方戏曲丛刊：汉剧 第4集［M］. 武汉：湖北人民出版社，1960.

［29］湖北地方戏曲丛刊编辑委员会. 湖北地方戏曲丛刊：汉剧　第34集［M］. 武汉：湖北人民出版社，1962.

［30］湖北地方戏曲丛刊编辑委员会. 湖北地方戏曲丛刊：汉剧　第35集［M］. 武汉：湖北人民出版社，1962.

［31］湖北地方戏曲丛刊编辑委员会. 湖北地方戏曲丛刊：荆河戏　第20集［M］. 武汉：湖北人民出版社，1960.

［32］湖北省地方戏剧丛刊编辑委员会. 湖北地方戏曲丛刊：襄阳花鼓戏　第8集［M］. 武汉：湖北人民出版社，1960.

［33］湖南省戏曲工作室. 刘海戏金蟾［M］. 长沙：湖南人民出版社，1959.

［34］黄龙奎剧本. 樊梨花第一本：滇剧［M］. 玉溪：玉溪地区滇剧团，1983.

［35］黄龙奎剧本. 封神榜第四本：神话滇剧［M］. 玉溪：玉溪地区滇剧团，1983.

［36］黄仕忠. 清车王府藏戏曲全编：第2册［M］. 广州：广东人民出版社，2013.

［37］黄仕忠. 清车王府藏戏曲全编：第5册［M］. 广州：广东人民出版社，2013.

［38］黄仕忠. 清车王府藏戏曲全编：第9册［M］. 广州：广东人民出版社，2013.

［39］黄仕忠. 清车王府藏戏曲全编：第15册［M］. 广州：广东人民出版社，2013.

［40］江西省文化局剧目工作室. 江西戏曲传统剧目汇编：弋阳腔1［M］. 南昌：江西省文化局剧目工作室，1961.

［41］黎中城，单跃进. 周信芳全集：剧本卷七［M］. 上海：上海文化出版社，2014.

［42］刘金荣，董继先. 闯宫抱斗［M］. 兰州：甘肃人民出版社，1980.

［43］南腔北调人. 戏典：第14集［M］. 上海：上海中央书店，1948.

［44］泉州地方戏曲研究社. 泉州传统戏曲丛书第11卷：傀儡戏　上［M］. 北京：中国戏剧出版社，1999.

［45］任国保，等. 金琬钗：碗碗腔［M］. 西安：陕西人民出版社，1957.

［46］山东省戏曲研究室. 山东地方戏曲传统剧目汇编：柳子戏［M］. 济南：
山东人民出版社，1959.

［47］山东省戏曲研究室. 山东地方戏曲传统剧目汇编：山东梆子　第4
集［M］. 济南：山东人民出版社，1959.

［48］山东省戏曲研究研究室. 山东地方戏曲传统剧目汇编：四根弦　第5
集［M］. 济南：山东省戏曲研究室，1959.

［49］山西人民歌舞团. 土地堂［M］. 太原：山西人民出版社，1956.

［50］山西省上党戏剧院. 上党梆子剧本选4［M］. 出版者不详，2010.

［51］山西省文化厅戏剧工作研究室. 山西地方戏曲汇编：第1集［M］. 太原：
山西人民出版社，1981.

［52］山西省文化局戏剧工作研究室. 山西地方戏曲汇编：第6集［M］. 太原：
山西人民出版社，1982.

［53］山西省文化厅戏剧工作研究室. 山西地方戏曲汇编：第7集［M］. 太原：
山西人民出版社，1983.

［54］山西省文化厅戏剧工作研究室. 山西地方戏曲汇编：第11集［M］. 太
原：山西人民出版社，1984.

［55］山西省文化厅戏剧工作研究室. 山西地方戏曲汇编：第14集［M］. 太
原：山西人民出版社，1984.

［56］陕西省艺术研究所. 陕西传统剧目汇编：秦腔　第37集［M］. 太原：
陕西省艺术研究所，1983.

［57］上海市传统剧目编辑委员会. 传统剧目汇编：京剧　第1集［M］. 上海：
上海文艺出版社，1959.

［58］帅学剑. 安顺地戏1［M］. 贵阳：贵州民族出版社，2012.

［59］杨军. 民国滇戏珍本辑选［M］. 昆明：云南大学出版社，2016.

［60］云南省民族艺术研究所戏剧研究室，中国戏曲志云南卷编辑部. 云南
戏曲传统剧目汇编：滇剧　第2集［M］. 昆明：云南省民族艺术研究所
戏剧研究室，1989.

［61］云南省民族艺术研究所戏剧研究室，中国戏曲志云南卷编辑部. 云南
戏曲传统剧目汇编：傩戏　第 1 集［M］. 昆明：云南省民族艺术研究所
戏剧研究室，1989.

［62］中国戏剧家协会. 中国地方戏曲集成：山西省卷　上［M］. 北京：中国
戏剧出版社，1959.

［63］中国戏曲研究院. 刘海砍樵［M］. 北京：中国戏剧出版社，1959.

后　记

　　我与"狐"的缘分，始于与恩师麻国钧教授共赏戏曲的宝贵时光。麻师一直强调，亲临现场看戏是戏曲研究中不可或缺的重要部分。他频频勉励吾辈学子，珍视每一次观赏戏曲的机会，以拓宽学术视野。

　　2018年12月11日，长安大戏院为纪念宋德珠诞辰一百周年举办了专场演出，其中京剧折子戏《青石山》尤为精彩。演毕，我与麻师再次谈起此戏。麻师兴致盎然："这部戏中的九尾狐角色，让我想起了日本的《杀生石》，它也讲述了狐狸的故事。日本民间关于狐狸的民俗艺能同样丰富多彩，值得深入探究。你若能深入研究，或许会有意想不到的发现。"

　　这次对话激发了我对中日戏剧中狐狸意象的浓厚兴趣。于是，我广泛搜集相关资料，撰写书稿，几经易稿，终成此书。通过这项研究，我希望能够揭示狐狸在中日文化中的多重象征意义，并探讨它们如何反映和影响人类的价值观与文化认同。

　　在艺术人文与社会科学研究领域，对动物的探讨主要涉及两个理论方向。其一是动物伦理学（Animal Ethics）。作为一门多学科交叉的领域，动物伦理学专注于动物的道德地位和人类的道德责任，从哲学和伦理学的角度探讨涉及动物福利与权利的问题。该理论不仅充斥着激烈的辩论和行动主义色彩，还为动物保护运动提供了坚实的哲学与伦理基础。其二是动物批评学（Animal Criticism）。动物批评学关注动物在文化、文学、艺术和媒体中的再现，以及其对人类社会价值观的影响和反映。该理论旨在解析动物性与人性在人类历史与文化中的构建，审视动物在人类社会边缘地位的思想文化基础，并探讨社会中存在的各种形式的压迫、剥削和暴政之间的内在联系。通过此类研究，学者们可以寻求包括阶级、性别、种族歧视在内的广泛文化问题的答案。

本书中对"狐"的研究属于后者，即动物批评领域。狐作为人类文化舞台上的重要角色，既是被观察和凝视的对象，也是反映人类自身形象的镜子。狐与人类社会的互动，反映了特定时代的价值观和关注点。动物故事，虽由人类创作和解读，却不可避免地与现实世界的社会动态和价值观念相连接，反映出与权力结构紧密相关的行为模式。中日两国与狐相关的戏剧在主题上涵盖了"人狐婚恋""狐妖乱世""狐精作祟""狐神助人"等方面，分别象征着跨阶层婚姻的悲剧、阶层群体权力的暴力再分配、边缘人群在现实压抑下的精神报复，以及精神上的自我安慰。由于篇幅所限，本书重点分析了前两个主题，余下主题留待进一步探讨。

在此书出版之际，我谨向导师麻国钧教授致以最深的谢意。麻师不仅是我学术上的引路人，也是我人生的导师。我并非戏曲科班出身，得蒙麻师教导，方能进入充满挑战且博大精深的戏曲学术领域。疫情持续三年，带来诸多挑战，麻师带领我抓住疫情稍缓之机，前往江西万载县，以及日本东京、宫城等地开展田野考察。麻师传授了我田野考察和学术研究的方法，使我深刻理解实地调研的重要性，以及非物质文化遗产传承与保护的紧迫性。更为重要的是，麻师的人格魅力与生活哲学深深影响了我——与人为善、谦卑有礼、感恩生活，保持对科研的热爱。

此外，我还要感谢中央戏剧学院的蔡美云教授，她是我戏曲领域的启蒙老师，使我深刻体会到戏曲艺术的无限魅力。感谢中国艺术研究院的谢雍君教授、中国传媒大学的王永恩教授、北京外国语大学北京日本学研究中心的郭连友教授、中央戏剧学院的曲士飞教授和吴玹教授，诸位先生中肯的专业指导，使我在研究过程中不断完善思路、提升学术水平。同时，我还要感谢东华理工大学的徐国华教授和章军华教授，两位教授既是我在东华理工大学的同事，又是我的师长，他们以其深厚的学术造诣和严谨的治学态度，给予了我很多宝贵的指导和帮助。另外，我还要感谢日本东洋大学的有泽晶子教授、京都府立综合资料馆的土桥诚先生、一桥大学的吉川良和教授。在我赴日考察期间，有幸得到诸位老师的学术启迪，至今受益匪浅。

我还要感谢我的同门师兄张帆、师弟李炳辉、同学陈杰，在我搜集文献资料的过程中给予的大力支持和宝贵建议。我还要特别感谢我的丈夫刘国勇先生。在我攻读博士学位的艰难时期，他不仅承担了家务和育儿的重担，还常与我探讨日本狐文化与蛇文化，为我的研究注入了诸多灵感。

　　最后，我要感谢浙江工商大学出版社的姚媛女士、鲁燕青女士，以及其他相关工作人员，他们在出版过程中提供的专业支持和辛勤工作使得本书顺利出版。

　　由于笔者学识有限，拙作难免有缺漏与差错，望诸位学术前辈及同人不吝赐教，以匡不逮。

刘艳绒

甲辰仲夏于南昌梅岭听山斋